高职高专教育"十一五"规划教材

生化分离技术

生物技术及应用、生物制药技术专业用

李万才　主编

中国农业大学出版社

编 写 人 员

主　　编　李万才

副 主 编　王云庆　刘　慧　李存法　张惠燕

编写人员　李万才（滨州职业学院）

王云庆（黑龙江农业经济职业学院）

刘　慧（杨凌职业技术学院）

李存法（郑州牧业工程高等专科学校）

张惠燕（杭州职业技术学院）

杨洪元（广西职业技术学院）

赵小平（重庆工贸职业技术学院）

王　爽（黑龙江农业经济职业学院）

许　杰（滨州职业学院）

主　　审　林家栋（中国农业大学）

出版说明

高等职业教育作为高等教育中的一个类型，肩负着培养面向生产、建设、服务和管理第一线需要的高技能人才的使命。大力提高人才培养的质量，增强人才对于就业岗位的适应性已成为高等职业教育自身发展的迫切需要。教材作为教学和课程建设的重要支撑，对于人才培养质量的影响极为深远。随着高等农业职业教育发展和改革的不断深入，各职业院校对于教材适用性的要求也越来越高。中国农业大学出版社长期致力于高等农业教育本科教材的出版，在高等农业教育领域发挥着重要的作用，积累了丰富的经验，希望充分利用自身的资源和优势，为我国高等职业教育的改革与发展做出自己的贡献。

经过深入调研和分析以往教材的优点与不足，在教育部高教司高职高专处和全国高职高专农林牧渔类专业教学指导委员会的关心和指导下，在各高职高专院校的大力支持下，中国农业大学出版社先后与100余所院校开展了合作，共同组织编写了一系列以“十一五”国家级规划教材为主体的、符合新时代高职高专教育人才培养要求的教材。这些教材从2007年3月开始陆续出版，涉及畜牧兽医类、食品类、农业技术类、生物技术类、制药技术类、财经大类和公共基础课等的100多个品种，其中普通高等教育“十一五”国家级规划教材22种。

这些教材的组织和编写具有以下特点：

精心组织参编院校和作者。每批教材的组织都经过以下步骤：首先，征集相关院校教师的申报材料。全国100余所高职高专院校的千余名教师给予了我们积极的反馈。然后，经由高职高专院校和出版社的专家组成的选题委员会的慎重审议，充分考虑不同院校的办学特色、专业优势、地域特点及教学改革进程，确定参加编写的主要院校。最后，根据申报教师提交的编写大纲、编写思路和样章，结合教师的学习培训背景、教学与科研经验和生产实践经历，遴选优秀骨干教师组建编写团队。其中，教授和副教授及有硕士以上学历的占70%。特别值得一提的是，有5%的作者是来自企业生产第一线的技术人员。

贴近国家高职教育改革的要求。我国的高等职业教育发展历史不长，很多院校的办学模式和教学理念还在探索之中。为了更好地促进教师了解和领会教育部的教学改革精神，体现基于职业岗位分析和具体工作过程的课程设计理念，以真实工作任务或社会产品为载体组织教材内容，推进适应“工学结合”人才培养模式的课程教材的编写出版，在每次编写研讨会上都邀请了教育部高教司高职高专处、全国高职高专农林牧渔类专业教学指导委员会的领导作教学改革的报告；多次邀请教育部职业教育研究所的知名专家到会，专门就课程设置和教材的体系建构作专题报告，使教材的编写视角高、理念新、有前瞻性。

注重反映教学改革的成果。教材应该不断创新，与时俱进。好的教材应该及时体现教学改革的成果，同时也是教育教学改革的重要推进器。这些教材在组织过程中特别注重发掘各校在产学结合、工学交替实践中具有创新性的教材素材，在围绕就业岗位需要进行知识的整合、与实际生产过程的接轨上具有创新性和非常鲜明的特色，相信对于其他院校的教学改革会有启发和借鉴意义。

瞄准就业岗位群需要，突出职业能力的培养。这些教材的编写指导思想是紧扣培养"高技能人才"的目标，以职业能力培养为本位，以实践技能培养为中心，体现就业和发展需求相结合的理念。

教材体系的构建依照职业教育的"工作过程导向"原则，打破学科的"系统性"和"完整性"。内容根据职业岗位(群)的任职要求，参照相关的职业资格标准，采用倒推法确定，即剖析职业岗位群对专业能力和技能的需求——→关键能力——→关键技能——→围绕技能的关键基本理论。删除假设推论，减少原理论证，尽可能多地采用生产实际中的案例剖析问题，加强与实际工作的接轨。教材反映行业中正在应用的新技术、新方法，体现实用性与先进性的结合。

创新体例，增强启发性。为了强化学习效果，在每章前面提出本章的知识目标和技能目标。有的每章设有小结和复习思考题。小结采用树状结构，将主要的知识点及其之间的关联直观表达出来，有利于提高学生的学习效果和效率，也方便教师课堂总结。部分内容增编阅读材料。

加强审稿，企业与行业专家相结合，严把质量关。从选题策划阶段就邀请行内专家把关，由来自于企业、高职院校或中国农业大学有丰富生产实践经验的教授审核编写大纲，并对后期书稿进行严格审定。每一种教材都经过作者与审稿人的多次的交流和修改，从而保证内容的科学性、先进性和对于岗位的适应性。

这些教材的顺利出版，是全国100余所高职高专院校共同努力的结果。编写出版过程中所做的很多探索，为进一步进行教材研发提供了宝贵的经验。我们希望以此为基点，进一步加强与各校的交流合作，配合各校教学改革，在教材的推广使用、修订完善、补充扩展进程中，在提高质量和增加品种的过程中，不断拓展教材合作研发的思路，创新教材开发的模式和服务方式。让我们共同努力，携手并进，为深化高职高专教育教学改革和提高人才培养质量，培养国家需要的各行各业高素质技能型专门人才，发挥积极的推动作用。

中国农业大学出版社

2008年6月

内 容 简 介

本书针对我国高职教育的特点和发展方向，按岗位工作过程设计教学内容，根据本课程的实际，全书设计了5个代表性教学项目：青霉素的提取分离、牛胰脏中胰岛素的提取分离、银杏黄酮提取分离、牛血中超氧化物歧化酶的提取分离、香菇多糖的提取分离。每一个项目突出实践教学，从认识产品的原料开始，分成4或5个学习任务，并包含许多子任务，逐步学习原料的生物药学价值、产品工艺过程，从项目引出理论知识。每个教学项目后是2个能力拓展实训项目，让学生通过操作演练，达到"教、学、做"合一，提高专业技能的目的；每个教学项目学习还包含必备的理论知识，以"拓展任务"形式列在教学项目中。全书介绍了生物分离纯化的常用技术：原料的预处理技术、萃取技术(包括中草药有效成分分离纯化技术)、固相析出分离技术、吸附与离子交换分离技术、膜分离技术、层析技术、浓缩干燥技术。

本书适用于高等职业院校生物技术及应用专业、生物制药技术专业等相关专业作为教材使用，也可作为生物技术类企业、环保、制药等相关行业技术人员的培训教材。

前　言

我国的高等职业教育发展迅速，根据高职教育的教学模式和人才培养目标要求，高职教育以服务为宗旨，以就业为导向，突出“在做中学，在学中做，边学边做”的特点，理论知识以“必需、够用”为原则，我们编写了本书，本书打破了传统的按章节安排讲授理论知识的教材体系，改为按岗位职业能力为目标，实行项目教学，以工作过程设计教学内容，以生物分离与纯化技术实验方法操作为主线，每一项目针对性强，并有配套的实训项目。

本书编写者都是多年来从事生物分离技术教学有经验的老师编写，其中教学项目一中第二单元的任务一发酵液预处理由黑龙江农业经济职业学院王爽老师编写；任务二提取工艺部分运用技术方法一固-液分离方法由广西职业技术学院杨洪元副教授编写；运用技术方法二萃取分离方法及第六单元项目一、二由陕西杨凌职业技术学院的刘慧副教授编写；第二单元任务三纯化及精制部分运用技术方法干燥技术由滨州职业学院许杰老师编写；教学项目二中第二单元的任务四纯化与精制部分运用技术方法二层析法由郑州牧业工程高等专科学校李存法副教授编写；教学项目三中第三单元纯化及精制部分运用技术方法二吸附分离法由重庆工贸职业技术学院赵小平副教授编写；教学项目四中第二单元任务二中相关知识一至相关知识五由黑龙江农业经济职业学院王云庆副教授编写；教学项目五中第二单元任务二中运用技术方法及相关知识一至相关知识五及本教学项目第四单元项目二由杭州职业技术学院张惠燕副教授编写；全书其他部分由滨州职业学院的李万才副教授编写。

为了使本书适应高等职业教育教学需要及使本书在高职生物技术和制药类专业教学中具有衔接性，我们参考了大量国内外有关书籍和文献，在此一并表示感谢！

本书编写是高职高专教材模式改革的尝试，由于作者水平有限，难免会有错误与不妥之处，敬请广大读者与同仁批评指正。

编　者

2008 年 12 月

目　录

教学项目一　青霉素的提取分离

知识目标

- 了解青霉素的性质，青霉素发酵液的性质
- 了解青霉素发酵液预处理和过滤
- 掌握青霉素的提取，熟悉青霉素的精制及烘干

能力目标

- 掌握分离提纯手段在青霉素分离提纯中的应用
- 培养学生分析问题、解决问题的能力

第一单元　背景知识

知识模块一　青霉素的发现

1929 年，英国细菌学家 Fleming 发现污染在培养葡萄球菌的双蝶上的一株霉菌能杀死周围的葡萄球菌。他将此霉菌分离纯化后得到的菌株经鉴定为点青霉，并将该菌所产生的抗生物质命名为青霉素。

当时的技术条件还无法实现青霉素的提取和精制，弗莱明只好忍痛割爱，中止研究。10 年后，第二次世界大战的战火燃遍欧亚大陆，大量的伤病员和战争受害者急需治疗和抢救，英国的一些科学家恢复了弗莱明的工作，并取得戏剧性的成功。1940 年，英国科学家 Florey 和 Chain 从培养液中制出了干燥的青霉素制品。经实验和临床试验证明，它毒性很小，并对一些革兰氏阳性菌所引起的许多疾病有卓越的疗效。此时，英国已战火弥漫，无法试制，身处大后方的美国承担了青霉素的试制任务。要生产这种当时视为灵丹妙药的青霉素谈何容易，它必须有一种严格地将不需要的微生物排除在生产体系之外的无菌操作技术，必须有一整套从外界通入无菌空气的培养技术，还要有从培养液中将产量不高的青霉素提取出来的分离提取精制技术。这些技术在今天也许是不难做到的，但在半个世纪前却是一项空前的开拓研究。

美国的研究者和生产者们经过艰苦卓绝的努力，终于在1942年实现了世界上第一个抗生素——青霉素的工业化生产。这一惊人的成就给当时千百万在战争死亡线上和疾病死亡线上挣扎的人们带来了生存的希望，也激起了科学家、企业家探索和试制新抗生素的欲望。两年以后的1944年，世界上第二个抗生素——链霉素诞生了。

青霉素的工业化生产不仅给千百万患者带来了福音，而且为发酵工程事业开创了新纪元，使发酵工业从昔日的厌氧发酵为主跃向深层通气好氧发酵工艺，是发酵工业的里程碑。自此以后，近代发酵工业体系便逐步形成发展。除酿酒、丙酮、丁醇等传统发酵工业外，抗生素、氨基酸、有机酸、酶制剂、酵母等发酵产业像雨后春笋般地在世界范围内茁壮成长和飞速发展。

知识模块二　青霉素分类及分子结构

青霉素是6-氨基青霉烷酸(6-aminopenicillanic acid，6-APA)苯乙酰衍生物。侧链基团不同，形成不同的青霉素，主要是青霉素G。工业上应用的有钠、钾、普鲁卡因、二苄基乙二胺盐。青霉素发酵液中含有5种以上天然青霉素(如青霉素F、G、X、K、F和V等)，它们的差别仅在于侧链R基团的结构不同，其中青霉素G在医疗中用得最多，它的钠或钾盐为治疗革兰氏阳性菌的首选药物，对革兰氏阴性菌也有强大的抑制作用。青霉素的结构通式可表示为：

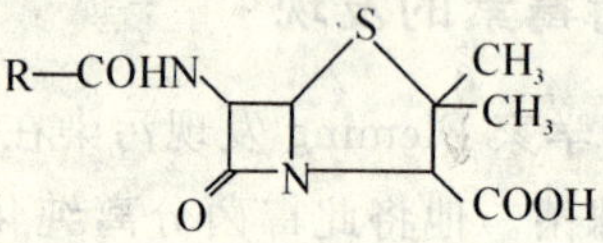

青霉素F：　R为$CH_3CH_2CH=CHCH_2$-

青霉素G：　R为 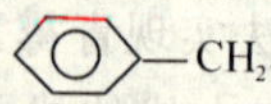

青霉素X：　R为 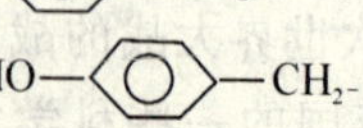

青霉素K：　R为$CH_3(CH_2)$ CH_2-

青霉素F：　R为$CH_3(CH_2)_3$ CH_2-

青霉素V：　R为 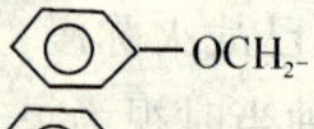

氨苄青霉素：　R为 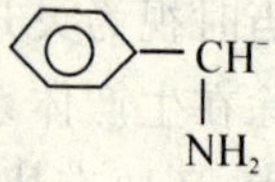

羟氨苄青霉素：　R为 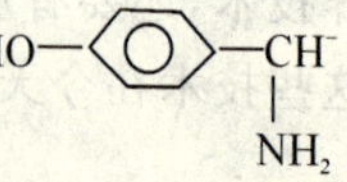

知识模块三 青霉素的单位

目前国际上青霉素活性单位表示方法有两种：一是指定单位(unit)；二是活性质量(μg)，最早为青霉素规定的指定单位是：50 mL 肉汤培养基中恰能抑制标准金黄色葡萄球菌生长的青霉素量为一个青霉素单位。在以后，证明了一个青霉素单位相当于 0.6 μg 青霉素钠。因此青霉素的质量单位为：0.6 μg 青霉素钠等于 1 个青霉素单位。由此，1 mg 青霉素钠等于 1 670 个青霉素单位(unit)。

知识模块四 青霉素作用机理

已有的研究认为，青霉素的抗菌作用与抑制细胞壁的合成有关。细菌的细胞壁是一层坚的厚膜，用以抵抗外界的压力，维持细胞的形状。细胞壁的里面是细胞膜，膜内裹着细胞质。细菌的细胞壁主要由多糖组成，也含有蛋白质和脂质。革兰氏阳性菌细胞壁的组成是肽聚糖占细胞壁干重的 50%～80%(革兰氏阴性菌为 1%～10%)、磷壁酸质、脂蛋白、多糖和蛋白质。其中肽聚糖是一种含有乙酰基葡萄糖胺和短肽单元的网状生物大分子，在它的生物合成中需要一种关键的酶即转肽酶。青霉素作用的部位就是这个转肽酶。现已证明青霉素内酞胺环上的高反应性肽键受到转肽酶活性部位上丝氨酸残基的羟基的亲核进攻形成了共价键，生成青霉噻唑酰基-酶复合物，从而不可逆地抑制了该酶的催化活性。通过抑制转肽酶，青霉素使细胞壁的合成受到抑制，细菌的抗渗透压能力降低，引起菌体变形，破裂而死亡。

知识模块五 青霉素的应用

临床应用：已应用 40 多年，主要控制敏感金黄色葡萄糖球菌、链球菌、肺炎双球菌、淋球菌、脑膜炎双球菌、螺旋体等引起感染，对大多数革兰氏阳性菌(如金黄色葡萄球菌)和某些革兰氏阴性细菌及螺旋体有抗菌作用。优点：毒性小，但由于难以分离除去青霉噻唑酸蛋白(微量可能引起过敏反应)，需要皮试。

各种半合成抗生素的原料：青霉素的缺点是对酸不稳定，不能口服，排泄快，对阴性菌无效。氨苄青霉素耐酸广谱；对抗绿脓杆菌的磺苄青霉素，耐酸、耐酶、口服的乙氧萘青霉素等。提供头孢菌素母核。

第二单元 提取工艺过程

任务一 发酵液预处理

发酵液中的杂质如高价无机离子(Fe^{2+}、Ca^{2+}、Mg^{2+})和蛋白质在离子交换的过程中对提炼影响甚大，不利于树脂对抗生素的吸收。如用溶媒萃取法提炼时，蛋白质的存在会产生乳化，使溶媒合水相分离困难。对高价离子的去除，可采用草酸或磷酸。如加草酸则它与钙离子生成的草酸钙还能促使蛋白质凝固以提高发酵滤液的质量。如加磷酸（或磷酸盐），既能降低钙离子浓度，也利于去除镁离子。

$$Na_5P_3O_{10}+Mg^{2+}=\!=\!=MgNa_3P_3O_{10}+2Na^+$$

加黄血盐及硫酸锌，则前者有利于去除铁离子，后者有利于凝固蛋白质。此外，两者还有协同作用。他们所产生的复盐对蛋白质有吸附作用。

$$2K_4Fe(CN)_6+3ZnSO_4\longrightarrow K_2Zn[Fe(CN)_6]_2\downarrow+2Na^+$$

为了有效地去除发酵液中的蛋白质，需加入絮凝剂。絮凝剂是一种能溶于水的高分子化合物。含有很多离子化基团（如$-NH_2$，$-COOH$，$-OH$）。

运用技术方法一 细胞破碎技术

动物细胞培养的产物大多分泌在细胞外培养液中。微生物的代谢产物有的分泌在细胞外，也有许多是存在于细胞内部，例如大肠杆菌表达的基因工程产物、某些酶制剂（如青霉素酰化酶，碱性磷酸酯酶等）。而植物细胞产物，多为胞内物质。为了提取胞内的蛋白质、酶、多肽和核酸等生物物质，首先必须收集细胞或菌体，进行细胞破碎。细胞破碎就是采用物理、化学、酶或机械的方法，在一定程度上破坏细胞壁和细胞膜，设法使胞内产物最大限度地释放到液相中。破碎后的细胞浆液经固液分离除去细胞碎片后，再采用不同的技术手段进一步分离纯化。

微生物细胞和植物细胞外层均为细胞壁，细胞壁里面的细胞膜和它所包围的细胞浆合称原生质体。而动物细胞没有细胞壁，仅有细胞膜。通常细胞壁较坚韧，细胞膜脆弱，易受渗透压冲击而破碎，因此细胞破碎的阻力主要来自于细胞壁。因为细胞壁是具有一定刚性的坚韧物质，起到保护细胞的作用。当细胞与周围环境交换营养物质或代谢产物时，细胞壁起了调节的作用。此外，细胞壁还具有抗机械撞击作用的功能，如帮助细胞抵抗来自发酵液混合的剪切应力、静压力或渗透压力等，所以是难以破碎的。因此对细胞壁的物理化学结构作详细的了解，对破碎方法的研究和应用非常必要。

一、细胞壁的结构及特点

细胞壁的化学组成是非常复杂的，它不仅取决于所研究的生物类型，还取决于细胞的年龄和生长生理学。

1. 微生物细胞壁的化学组成和结构

(1)细菌的细胞壁。几乎所有细菌的细胞壁都是由坚固的肽聚糖组成,它是一个难溶于水的大分子复合体,由多糖链借短肽交联而成,具有网状结构,包围在细胞周围,使细胞具有一定的形状和强度。

细菌破碎的主要阻力来自于肽聚糖的网状结构(图 1-1),其网状结构的致密程度和强度取决于多糖链上所存在的肽键数量和其交联的程度。交联程度越大,网状结构就越致密,破碎的难度也就越大。

革兰阳性细菌的细胞壁与革兰阴性细菌有很大不同(图 1-2)。革兰阳性细菌的细胞壁较厚,只有一层(20～80 nm),主要由肽聚糖组成,占细胞壁成分的40%～90%,其余是多糖和胞壁酸。其肽聚糖结构为多层网状结构,其中 75%的肽聚糖亚单位相互交联,网格致密坚固。革兰阴性细菌的细胞壁包括内壁层和外壁层,内壁层较薄(2～3 nm),由肽聚糖组成,占细胞壁成分的 10%左右;外壁层较厚(8～10 nm),主要由脂蛋白和脂多糖组成。革兰阴性细菌细胞壁的肽聚糖为单层网状结构,它们只有 30%的肽聚糖亚单位彼此交联,故其网状结构不及革兰阳性细菌的坚固,显得比较疏松。

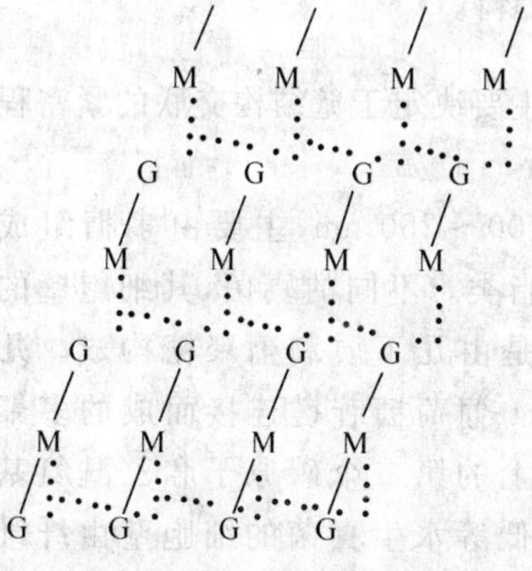

图 1-1　细菌肽聚糖结构

M. N-乙酰胞壁酸;G. N-乙酰胺基葡萄糖

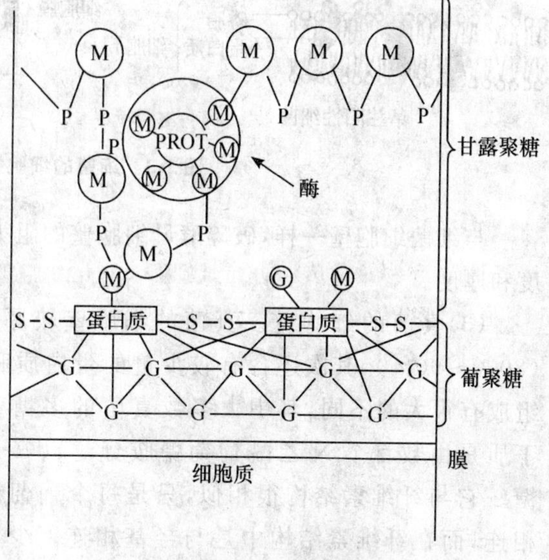

图 1-2　酵母细胞壁的结构

M. 甘露聚糖;P. 磷酸二酯键;G. 葡聚糖

(2)酵母菌的细胞壁。酵母菌的细胞壁与细菌不同,酵母细胞壁由特殊的酵母纤维素构成(图 1-3),它的主要成分为葡聚糖(30%～34%)、甘露聚糖(30%)、蛋白质(6%～8%)等,比革兰阳性菌稍厚,但不及革兰阳性细菌细胞壁坚韧。细胞壁的最里层是由葡聚糖的细纤维组成,它构成了细胞壁的刚性骨架,使细胞具有一定的形状;覆盖在细纤维上面的是一层糖蛋白;最外层是甘露聚糖,由 1,6-磷酸二酯键共价连接,形成网状结构,在该层的内部,有甘露聚糖-酶的复合物,它可以共价连接到网状结构上,也可以不连接。

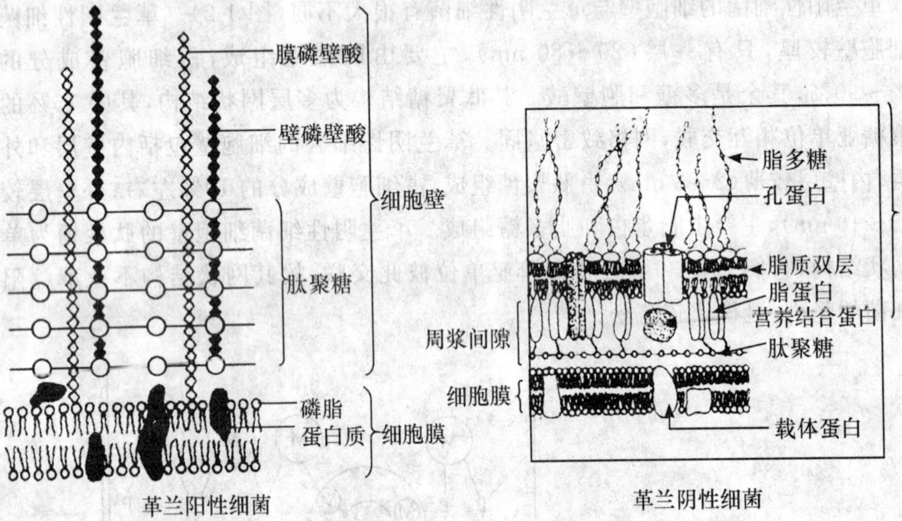

图 1-3 细菌的细胞壁结构

与细菌细胞壁一样,破碎酵母细胞壁的阻力主要决定于壁结构交联的紧密程度和厚度。

(3)真菌的细胞壁。真菌的细胞壁较厚,100～250 nm,主要由多糖组成(80%～90%),其次还含有较少量的蛋白质和脂类。不同的真菌,其细胞壁的组成有很大的不同,其中大多数真菌的多糖壁是由几丁质和葡聚糖构成。几丁质是由数百个 N-乙酰葡萄糖胺分子以 β-1,4-葡萄糖苷键连接而成的多聚糖。它与纤维素结构很相似,只是每个葡萄糖上的第二个碳原子和乙酰氨基相连,而在纤维素结构中是与羟基相连。少数低等水生真菌的细胞壁由纤维素构成。

与酵母和细菌的细胞壁一样,真菌细胞壁的强度和聚合物网状结构有关。不仅如此,它还含有几丁质或纤维素的纤维状结构,所以强度有所提高。

2. 植物细胞壁的化学组成和结构

对于已生长结束的植物细胞壁可分为初生壁和次生壁两部分。初生壁是细胞生长期形成的，次生壁是细胞停止生长后，在初生壁内部形成的结构。二者的主要区别不在于其化学成分，而是在初生壁形成后，细胞仍可以继续增大，而不增加初生壁的厚度。次生壁是在初生壁上增厚的部分，次生壁形成时，细胞不再增大。

初生壁一般较薄（1～3 μm），富有弹性，由多糖和蛋白质构成，多糖主要成分为纤维素、半纤维素和果胶类物质。纤维素系分子是由 1 000～10 000 个 *β*-葡萄糖分子酶促装配成的长链。纤维素分子又可进一步组装成微纤丝，微纤丝再交织成网状，就构成细胞壁的基本骨架。有时，微纤丝又可聚集成粗约 0.5 μm 的大纤丝，散布在微纤丝构成的网架中。此外网眼中的空隙常为溶于水的果胶质、木质素和角质等所填充，从而使整个细胞壁既具有刚性又具有弹性。初生壁的化学组成见表 1-1。

表 1-1　植物细胞初生壁的化学组成

组分	结构和分类	组分	结构和分类
纤维素	*β*-1,4-*D*-葡聚糖	果胶物质	半乳糖醛酸聚糖
半纤维素	木葡聚糖		鼠李半乳糖醛酸聚糖
	甘露聚糖		半乳糖和阿拉伯半乳聚糖
	木聚糖（包括阿拉伯木聚糖和 4-*O*-甲基-葡聚糖醛酸木聚糖）	蛋白质	结构蛋白 各种酶类、凝集素

次生壁一般较厚（4 μm 以上），常由 3 层组成，主要化学成分同样为纤维素。在次生壁中，纤维素和半纤维素含量比初生壁增加很多，纤维素的微纤丝排列得更紧密和有规则，而且存在木质素（酚类组分的聚合物）的沉积。因此次生壁的形成提高了细胞壁的坚硬性，有很高的机械强度。

二、细胞破碎方法及设备

细胞破碎的目的是使胞内产物获得最大限度的释放。目前已发展了多种细胞破碎方法，可归纳为机械法和非机械法两大类。除高压匀浆法和珠磨法在实验室和在工业上都得到应用外，超声波法和其他方法大多处在实验室应用阶段，其工业化的应用还受到诸多因素的限制，因此人们还在寻找新的破碎方法，如激光破碎法、高速相向流撞击法、冷冻-喷射法等。表 1-2 列出了一些常用的细胞破碎方法。

表 1-2 常用的细胞破碎方法

方法		原理	特点
机械法	匀浆法	基于液相的剪切力	适用面广,处理量大,速度快,在工业生产上广泛应用,但不适用于某些高度分支的微生物,另外产热大,可能造成生物活性物质失活
	珠磨法	利用研磨作用破碎	适用面广,处理量大,在工业生产上广泛应用;产热大,可能造成生物活性物质失活
	超声法	利用超声波的空穴作用使细胞破碎	产热量大,且散热不易,成本高,仅适用于小量样品破碎
物理法	干燥法	干燥后的菌体细胞膜渗透性变化,自溶	较剧烈,易引起蛋白质或其他组分变性
	冻融法	胞内冰晶引起细胞膨胀破裂	较温和,但破碎作用较弱,常需反复冻融,仅适于在实验室中使用
	渗透压冲击法	渗透压突然变化,使细胞快速膨胀破裂	较温和,但破碎作用较弱,常与酶法合用
化学法	化学试剂处理	应用化学试剂溶解细胞或抽提某些细胞组分	需选择合适的试剂,减小对活性物质的破坏,可应用于大规模生产
	制成丙酮粉	丙酮迅速脱水,破坏蛋白质与脂质结合的键	迅速脱水,可减少蛋白质变性,促进某些结合酶释放
生物法	酶解法	用酶反应分解破坏细胞壁上特殊的化学键	反应条件温和,但成本较高,一般仅适用于小规模应用
	组织自溶法	利用组织中的酶改变、破坏细胞结构,使组织自溶	反应条件温和,成本低,不适用于易受酶降解的目的物的提取

1. 机械法

为了粉碎微生物细胞,常常选择机械的方法,因为它们的处理量大,破碎速度较快。采用这些方法,细胞由于受到高压产生的高剪切力或超声波的空穴作用而破碎,或与玻璃珠一起的高速搅拌而破碎。但在大多数情况下要采取冷却措施,以便除去由于消耗机械能而产生的过多热量,防止生物活性物质被破坏。

(1)高压匀浆法。高压匀浆法是大规模细胞破碎的常用方法,所用设备是高压匀浆器,由高压主泵和匀浆阀组成。图 1-4 为高压匀浆器的排出阀结构简图。利用高压使细胞悬浮液通过针形阀,由于突然减压和高速冲击撞击环使细胞破碎。在高压匀浆器中,高压室的压力高达几十个兆帕,细胞悬浮液自高压室针形阀喷出时,每秒速度可达几百米。这种高速喷出的浆液射到静止的撞击环上,被迫改变方向从出口管流出。细胞在这一系列高速运动进程中经历了剪切、碰撞及由高压到常压的变化,从而造成细胞破碎。为了控制温度的升高,可在进口处用干冰调节温度,使出口温度调节在20 ℃左右。在工业规模的细胞破碎中,对于酵母等难破碎的及高浓度的细胞或处于生长静止期的细胞,常采用多次循环的操作方法。

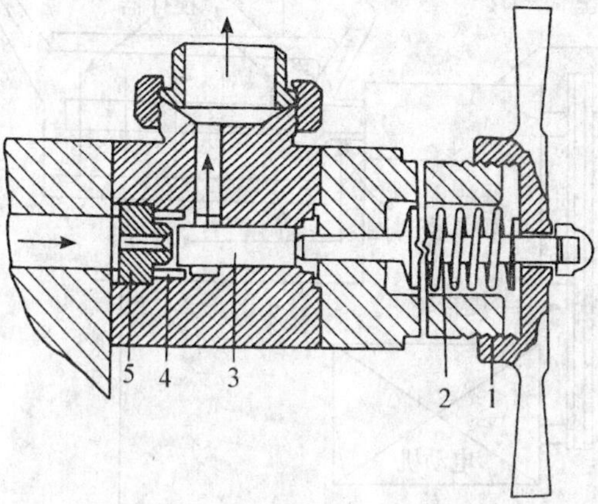

1. 手轮;2. 阀杆;3. 阀体;4. 阀座;5. 撞击环

图 1-4　高压匀浆器排出阀结构简图

影响破碎的主要因素是压力、温度和通过匀浆器的次数。一般说来,增大压力和增加破碎次数都可以提高破碎率,但当压力增大到一定程度后对匀浆器的磨损较大。Brokman 的试验表明在约 175 MPa 的压力下,破碎率可达 100%,但也有试验表明,当压力超过一定值后,破碎率的增加很慢。在工业生产中,通常采用的压力为 55～70 MPa。

细胞破碎的主要阻力来自于细胞壁,不同种类的微生物细胞及同种细胞在不同的环境下,其细胞壁的结构不同,因此破碎性能随菌体的种类和生长环境的不同而不同。一般说来,酵母菌较细菌难破碎,处于静止状态的细胞较处于快速生长状态的细胞难破碎,在复合培养基上培养的细胞比在简单合成培养基上培养的细胞较难破碎。此外,不宜采用高压匀浆法破碎的微生物细胞有易造成堵塞的团状或丝状真菌、较小的革兰阳性菌以及含有包含体的基因工程菌,因为包含体质地坚硬,易损伤匀浆阀。

高压匀浆法的适用范围较广,在微生物细胞和植物细胞的大规模处理中常采用。

(2)珠磨法。采用珠磨法进行细胞破碎被认为是最有效的一种细胞机械破碎法。破碎微生物细胞用的珠磨机有多种形式,工业规模典型的珠磨机结构示意图见图 1-5。珠磨机的主体一般是立式或卧式圆筒形腔体,由电机带动。磨腔内装钢珠或小玻璃珠以提高研磨能力。一般来讲，卧式构型珠磨破碎效率比立式高，其原因是立式机中向上流动的液体在某种程度上会使研磨珠流态化，从而降低其研磨效率。

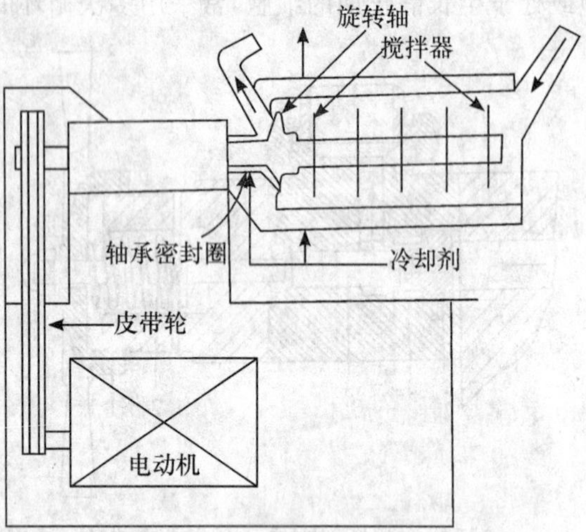

图 1-5 Dyno 珠磨机

①珠磨机的工作原理。进入珠磨机的细胞悬浮液与极细的玻璃小珠、石英砂、氧化铝等研磨剂（直径小于 1 nm）一起快速搅拌或研磨，研磨剂、珠子与细胞之间的互相剪切、碰撞使细胞破碎，释放出内含物。在珠液分离器的协助下，珠子被滞留在破碎室内，浆液流出，从而实现连续操作。破碎产生的热量一般采用夹套冷却的方式带走，但在大型设备中，采用夹套冷却带走热量是一个需要考虑的问题。

②破碎速率常数及其影响因素。破碎的程度常用细胞破碎率或单位细胞释放出的内含物（mg/g）来表示。破碎速率常数与许多操作参数有关，如搅拌转速、料液的循环流速、细胞悬浮液的浓度、玻璃小珠的装置和珠体的直径以及温度等。影响破碎速率的因素也是影响破碎程度的因素。影响破碎速率常数的有以下几个因素。

a. 珠体的大小。珠体的大小应以细胞大小、种类、浓度、所需提取的酶在细胞中的位置关系以及连续操作时不使珠体带出作为选择依据。一般来说，磨珠越小，细胞破碎的速度也越快，但磨珠太小易于漂浮，并难以保留在研磨机的腔体，所以它的尺寸不能太小。通常在实验室规模的研磨机中，珠径为 0.2 mm 较好，而在工业规模操作中，珠粒直径不得小于 0.4 mm。

b. 珠体在磨室中的装量。珠体的装量要适中。装量少时，细胞不易破碎；装量多时，能量消耗大，研磨室热扩散性能降低，引起温度升高，给细胞破碎带来困难。因此研磨机腔体内的填充密度应该控制在 80%～90%，并随珠粒直径的大小而变化。

c. 搅拌速度。增加搅拌速度能提高破碎效率，但过高的速度反而会使破碎率降低，能量消耗增大，所以搅拌速度应适当。

d. 操作温度。据 Currie 等报道，操作温度在 5～40 ℃范围内对破碎物影响较小。同所有一级反应速率一样，温度高时，细胞较易破碎，但操作温度的控制主要考虑的是破碎物，特别是目的产物不受破坏。为了控制温度，可采用冷却夹套和搅拌轴的方式来调节磨室的温度。

e. 被处理细胞的特性。一般来说，酵母比细菌细胞的处理效果好，因为细菌细胞的大小是酵母细胞的 1/10，在高速珠磨机中不易破碎。例如一台 20 L 珠磨机在最适条件下，每小时可处理 200 kg 面包酵母，破碎率超过 85%；而在同样条件下，处理细菌细胞的速度每小时仅 10～20 kg。当然酵母属不同，处理效果也不相同。在同样的条件下，酿酒酵母的破碎效果比热带假丝酵母好。其原因除了两者大小有别，更主要的是由于后者细胞的机械强度比前者细胞的机械强度要高。

延长研磨时间、增加珠体装量、提高搅拌转速和操作温度等都可有效地提高细胞破碎率，但高破碎率将使能耗大大增加。当破碎率超过 80%时，单位破碎细胞的能耗明显上升。除此以外，高破碎率带来的问题还有：产生较多的热能，增大了冷却控温的难度；大分子目的产物的失活损失增加；细胞碎片较小，分离碎片不易，给下一步操作带来困难。因此，珠磨法的破碎率一般控制在 80%以下。此外，破碎率的确定主要是根据产物的总收率，并兼顾下游过程。

(3) 超声波破碎法。频率超过 15～20 kHz 的超声波是人耳难以听到的一种声音，它可使悬浮液中微生物细胞失活，在较高的输入功率下，可破碎微生物细胞。超声破碎机有不同的类型，常用的为电声型，它是由发声器和换能器组成的，发生器能产生高频电流，换能器的作用是把电磁振荡转换成机械振动。通常在 15～20 kHz 的频率下操作，又可分为槽式和探头直接插入介质两种型式。一般破碎效果后者比前者好。

超声波对破碎细胞作用可能与超声波引起空穴现象有关。在相当高的输入声能下，液体中会形成许多小气泡。在声波膨胀相中，这些气泡会增大，而在压缩相中气泡会被压缩，直到不能再压缩时，气泡破裂，释放出猛烈的冲击波。这种冲击波通过介质传播。在气泡发生空穴现象的破碎期间，大量声能被转化成弹性波形式的机械能，引起局部的剪切梯度使细胞破碎。

超声波处理细胞悬浮液时，破碎作用受许多因素的影响，如超声波探头的形状和材料、声强、频率、被处理液体的温度、体积、黏度和处理时间等，此外介质的离子强度、pH 值、菌体的种类也有很大的影响。不同的菌种，用超声波处理的效果不同。杆菌比球菌易破碎，革兰阴性菌细胞比革兰阳性菌易破碎，酵母菌效果较差。菌体浓度太高或介质黏度高均不利于超声波破碎。

超声波在处理少量样品时操作简便，液量损失少，因而在实验室和小规模生产中应用较为普遍。超声波振荡易引起温度的剧烈上升，操作时常应把悬浮液预先冷却到 0～5 ℃，并且还应在夹套中连续通入冷却剂进行冷却。例如在基因工程中，处理大肠杆菌的胞内产物常用该法。通常将菌体悬浮在一定的缓冲液中，置于冰浴内，在一定的声强和振幅下，控制好时间和重复次数，进行超声波破碎。在植物细胞培养中，也有报道采用该法破碎植物细胞壁，如应用于甜菜提取胞内色素。超声波破碎应用中的另一个问题是：超声波产生的化学自由基团能使某些敏感性活性物质失活，但对破碎细胞毫无影响。这个问题可以通过添加自由基清除剂如胱氨酸或谷胱甘肽，或者用氢气预吹细胞悬浮液来缓和。但是要向大量的细胞悬浮液中通入足够的能量以及散热均有困难，故在工业范围中还未采用这种方法。

2.非机械法

非机械细胞破碎方法很多，包括物理法、化学法和生物法等。

(1)物理法。

①渗透压冲击法。渗透压冲击法是指细胞经高渗溶液，如一定浓度甘油或蔗糖溶液处理，使之脱水收缩，然后转入水或缓冲液中，因渗透压突然变化，细胞快速膨胀而破裂，使产物释放到溶液中。此法处理大肠杆菌时，可使磷酸酯酶、核糖核酸酶和脱氧核糖核酸酶等释放至溶液中，蛋白质释放量一般仅为菌体蛋白总量的 4%～7%。此法对革兰阳性菌不适用。

②反复冻融法。将细胞放在低温下（约－15 ℃）突然冷冻，然后在室温下缓慢融化，反复多次而达到破壁作用。由于冷冻，一方面使细胞膜的疏水键结构破裂，从而增加细胞的亲水性；另一方面胞内水结晶，使细胞内外溶液浓度变化，引起细胞溶胀而破裂。此法只适用于细胞壁较脆弱的菌体，破碎率较低，即使反复多次也不能提高收率。另外，还可能引起某些蛋白质变性。

③干燥法。可采用多种方法使细胞干燥，如气流干燥、真空干燥、喷雾干燥和冷冻干燥等。通过干燥使细胞膜渗透性发生变化而破裂，从而改变细胞的渗透性。当采用丙酮、丁醇或缓冲液等对干燥细胞进行处理时，胞内物质就容易被抽提出来。抽提液 pH 值为 8～9 时溶解的蛋白质较多，抽提的温度为 40～50 ℃，对不稳定的产物需用低温处理。

气流干燥主要适用于酵母菌，一般在 25～30 ℃下的气流中吹干，然后用水、缓冲液或其他溶剂抽提。气流干燥时，部分酵母可能产生自溶，所以较冷冻干燥、喷雾干燥易抽提。真空干燥多用于细菌，把干燥成块的菌体磨碎再进行抽提。冷冻干燥适用于较不稳定的生化物质，将冷冻干燥后的菌体在冷冻条件下磨成粉，然后用缓冲液抽提。

干燥法条件变化剧烈，容易引起蛋白质或其他活性物质变性。提取不稳定生化物质时，常加某些试剂进行保护，如半胱氨酸、巯基乙醇和亚硫酸钠等还原剂。

(2)化学法。使用某些化学试剂，如表面活性剂、金属螯合剂、有机溶剂、变性剂及抗生素等改变细胞壁或细胞膜的通透性(渗透性)，从而使胞内物质有选择地渗透出来。这种处理方式称为化学渗透法(chemical permeation)。化学渗透法取决于化学试剂的类型以及细胞壁、细胞膜的结构与组成，不同的化学试剂对不同种微生物作用的部位和方式有所不同。

①表面活性物质。常见的表面活性物质有 Triton X-100、牛黄胆酸钠、十二烷基硫酸钠、吐温(Tween)等。其可促使细胞某些组分溶解，其增溶作用有助于细胞破碎。TritonX-100 是一种非离子型清洁剂，对疏水性物质有很强的亲和力，能结合并溶解磷脂。其主要作用是破坏内膜的磷脂双分子层，从而使某些胞内物质释放出来。在异淀粉酶培养液中，加入 0.4%的 TritonX-100 或 0.1%十二烷基硫酸钠，30 ℃振荡 30 h，胞内异淀粉酶能较完全地被抽提出来，所得比活性高于机械破碎。

②有机溶剂。常用的有机溶剂有丁酯、丁醇、甲苯、二甲苯、氯仿及高级醇等。有机溶剂可溶解细胞壁中的磷脂层，使细胞破坏。例如，把相当于细胞量 10%的甲苯加到细胞悬浮液中，由于甲苯被吸收进细胞壁的类脂中，使胞壁膜溶胀，进而使细胞破碎，胞内物质被释放出来。

③EDTA 螯合剂。可用于处理革兰阴性菌，对其细胞外膜有破坏作用。革兰阴性菌的外层膜结构依靠二价阳离子 Ca^{2+} 或 Mg^{2+} 结合脂多糖和蛋白质来维持，一旦 EDTA 将 Ca^{2+} 或 Mg^{2+} 螯合，大量的脂多糖分子将脱落，使细胞壁外层膜出现洞穴。这些区域由内层膜的磷脂来填补，从而导致内层膜通透性的增加。

④变性剂。常用的变性剂有盐酸胍和脲。一般认为变性剂与水中氢键作用，削弱溶质分子间的疏水作用，从而使疏水性化合物溶于水溶液。如胍能从大肠杆菌膜碎片中溶解蛋白质。用盐酸胍或脲处理 *E. coli* 基因工程菌，可渗透出重组蛋白，并在其他试剂的配合下使二硫键断裂，蛋白质变性解离成亚基，从而被释放出来。

化学法具有对产物的释出选择性好，细胞外形较完整、碎片少，核酸等胞内杂质释放少，便于后步分离等优点，故使用较多。但该法容易引起生物活性物质的失活，因此根据生化物质的稳定性来选择合适的化学试剂和操作条件是非常重要的。另外，化学试剂的加入，常会给随后产物的纯化带来困难，并影响最终产物纯度。如表面活性剂存在常会影响盐析中蛋白质的沉淀和疏水色谱分离，因此必须注意除去。

(3)生物法。

①酶解法。酶解法是利用酶反应，分解破坏细胞壁上的特殊键或某种特殊的物质，从而达到破碎细胞壁的目的。降解微生物细胞壁的酶见表 1-3。酶溶法可分为外加酶法和自溶法两种。

表 1-3 重要微生物细胞壁的降解酶

生物体	酶	水解键的类型
细菌	糖苷酶	肽聚糖中 AGA 和 AAM 之间的 β-(1,4)-糖苷键残基
	N-乙酰胞壁酰基-*L*-丙氨酸酰胺酶	某些糖肽中的 *N*-乙酰胞壁酰基和 *L*-氨基酸残基之间的键
	多肽酶	
	多肽酶	甘氨酸-甘氨酸、丙氨酸-甘氨酸等的肽键
真菌、酵母	β-(1,3)-葡聚糖酶	聚糖中随机 β-(1,3)-糖苷键
	β-(1,6)-葡聚糖酶	聚糖中随机 β-(1,6)-糖苷键
	甘露聚糖酶	(1,2)或(1,3)或(1,6)-β-*D*-甘露糖苷键
	甲壳素酶	甲壳糖和壳糊精中的 *N*-乙酰-6-*D*-氨基葡萄糖苷 β-(1,4)-糖苷键
	蛋白酶	糖蛋白、肽聚糖中的肽键
藻类	纤维素酶	纤维素中的 α-(1,4)-糖苷键

a. 外加酶法。酶解作用需要选择适宜的酶和酶系统，并要控制特定的反应条件，如温度和 pH 值。某些微生物体可能仅在生长的某一阶段或生长处于特定的情况下对酶解才是灵敏的。有时还需附加其他的处理，如辐射、渗透压冲击、反复冻融或加金属螯合剂乙二胺四乙酸（EDTA）等，或者利用生物因素促使酶解作用敏感，以获得一定的效果。

酶解法的特点是专一性强，因此在选择酶系统时，必须根据细胞的结构和化学组成来选择。溶菌酶能专一性地分解细胞壁上肽聚糖分子的 β-1,4-糖苷键，因此主要用于细菌类细胞壁的裂解。例如在巨大芽孢杆菌、枯草杆菌、微球菌等革兰阳性菌悬浮液中加入溶菌酶，很快就产生溶壁现象。但对于革兰阴性菌，单独采用溶菌酶无效果，必须与螯合剂一起使用。这主要是因为革兰阴性菌结构中肽聚糖含量少，并处于细胞壁内层，外表面含有大量脂类（脂蛋白、脂多糖），而脂多糖层需钙镁离子才能维持稳定性，故需利用 EDTA 除去钙镁离子，使脂多糖分子脱落，外层膜出现洞穴，溶菌酶才能发挥作用。放线菌的细胞壁结构类似于革兰阳性菌，以肽聚糖为主要成分，所以也能采用溶菌酶，对于某些种类放线菌，有时为了增强被酶作用的敏感性，在菌丝体培养过程中，添加适量抑制剂，如甘氨酸和蔗糖等，使细胞壁容易溶解。酵母和真菌由于细胞壁的组分和结构与细菌明显不同，主要是纤维素、葡聚糖、几丁质等，因此不能用溶菌酶裂解，常用蜗牛酶、纤维素酶、多糖酶等，有时采用几种酶的混合物会产生更好的效果。植物细胞壁的主要成分是纤维素，常采用纤维素和半纤维素酶裂解。例如 Joumet 等人报道为了制备悬铃木属细胞的原生质体，采用 1%（*W*/*V*，即加入酶的质量与待处理料液体积之比值）纤维素酶和 0.1%（*W*/*V*）果胶酶 Y-23，在一定的条件下溶解细胞壁，可制得 100%原生质体。

外加酶法主要用于实验室规模，如利用酶溶法可从细胞内不同位置选择性地释放目的产物（如克隆的胞内蛋白质）和制取特殊的胞壁葡聚糖聚合物等。此外，酶溶法大量用来剥离细胞壁，将原生质体进行融合，这是细胞工程常用的方法。酶溶法的优点是：选择性释放产物，条件温和，核酸泄出量少，细胞外形完整。酶溶法的缺点：一是溶酶价格高，限制了大规模应用，若回收溶酶则又需增加分离纯化溶酶的操作和设备，其费用也不低；二是酶溶法通用性差，不同菌种需选择不同的酶，且不易确定最佳的溶解条件；三是产物抑制的存在，在溶酶系统中，甘露糖对蛋白酶有抑制作用，葡聚糖抑制葡聚糖酶，这可能是酶溶法导致胞内物质释放率低的一个重要因素。

b. 自溶法。自溶法是酶解的另一种方法，所需溶胞的酶是由微生物本身产生的。事实上，微生物代谢过程中，大多数都能产生一种能够水解细胞壁上聚合物结构的酶，以便使生长繁殖过程进行下去。改变其生长环境，可以诱发产生过剩的这种酶或激发产生其他的自溶酶，以达到自溶目的。影响自溶过程的因素有温度、时间、pH 值、缓冲液浓度和细胞代谢途径等。微生物细胞的自溶常采用加热法或干燥法。例如：对谷氨酸产生菌，加入 0.028 mol/L Na_2CO_3 和 0.018 mol/L $NaHCO_3$ 配成 pH 值 10.0 的缓冲液，使成 3% 的悬浮液并加热至 70 ℃，保温搅拌 20 min，菌体即自溶。又如：酵母自溶需在 45～50 ℃下保温 12～24 h。自溶法在一定程度上可用于工业规模，如酵母自溶物的制备。自溶法的缺点是对不稳定的微生物易引起所需蛋白质的变性；此外，自溶后细胞悬浮液黏度增大，过滤速率下降。因此，自溶法易引起蛋白质变性，悬浮液黏度增大。

三、选择破碎方法的依据

机械法和非机械法之间各有不同的特点：机械法依靠专用设备，利用机械力的作用将细胞切碎，所以细胞碎片细小、胞内物质一般都全部释放，故细胞浆液中核酸、杂蛋白等含量高，料液黏度大，给固液分离带来较大困难。但也具有很多优点，如设备通用性强，破碎效率高，操作时间短，成本低，大多数方法都适合大规模工业化等。非机械法是利用化学试剂或物理因素等来破坏局部的细胞壁或提高壁的通透性，故细胞破碎率低，胞内物质释放的选择性好，固液分离容易。

通常在选择破碎方法时，应从以下 4 个方面考虑：

（1）细胞的处理量。若具大规模应用前景的，则采用机械法。若仅需实验室规模，则选非机械法。

（2）细胞壁的强度和结构。细胞壁的强度除取决于网状高聚物结构的交联程度外，还取决于构成壁的聚合物种类和壁的厚度，如酵母和真菌的细胞壁与细菌相比，含纤维素和几丁质，强度较高，故在选用高压匀浆法时，后者就比较容易破碎。

某些植物细胞纤维化程度大、纤维层厚、强度很高，破碎也较困难。在机械法破碎中，破碎的难易程度还与细胞的形状和大小有关，如高压匀浆法对酵母菌、大肠杆菌、巨大芽孢杆菌和黑曲菌等微生物细胞都能很好适用，但对某些高度分枝的微生物，由于会阻塞匀浆器阀而不能适用。在采用化学法和酶法破碎时，更应根据细胞的结构和组成选择不同的化学试剂或酶，这主要是因为它们作用的专一性很强。

(3)目标产物对破碎条件的敏感性。生化物质通常稳定性较差，在决定破碎条件时，既要有高的释放率，又必须确保其稳定。例如在采用机械法破碎时，要考虑剪切力的影响；在选择酶解法时，应考虑酶对目标产物是否具有降解作用；在选择有机溶剂或表面活性剂时，要考虑不能使蛋白质变性。此外，破碎过程中溶液的pH值、温度、作用时间等都是重要的影响因素。

(4)破碎后固液分离的难易程度。细胞破碎后的固液分离往往是一个突出要解决的问题，机械法破碎(如高压匀浆法)常会使细胞碎片变得很细小，固液分离就困难，因此操作条件的控制很重要。适宜的操作条件应从高的产物释放率，低的能耗和便于后步提取这3个方面进行权衡。

四、细胞破碎效果的测定

细胞的破碎效果可以用破碎率来表示。破碎率定义为被破碎细胞的数量占原始细胞数量的百分比，可采用以下几种测定方法。

1.直接测定法

利用适当的方法检测破碎前后的细胞数量即可直接计算其破碎率。对于破碎前的细胞，可利用显微镜或电子微粒计数器直接计数。破碎过程中所释放出的物质如DNA和其他聚合物组分会干扰计数，可采用染色法把破碎的细胞与未受损害的完整细胞区分开来，以便于计数。例如：如果是酵母，采用Bianchi所提出的方法，就能对完整细胞、破碎细胞和空细胞碎片进行识别和计数，该方法是基于固定在干净片子上的酵母，在细胞壁破碎时能改变其对革兰试剂的反应的事实，即在1 000倍放大镜下观察到完整细胞呈红色或无色，而细胞碎片呈绿色。该方法主要的困难是寻找一种合适、可用的细胞染色技术。

2.目的产物测定法

细胞破碎后，通过测定破碎液中目的产物的释放量来估算破碎率。通常将破碎后的细胞悬浮液用离心法分离细胞碎片，测定上清液中目的产物如蛋白质或酶的含量或活性，并与100%破碎率获得的标准数值比较，计算其破碎率。

3.测定导电率

细胞破碎后，大量带电荷的内含物被释放到水相，使导电率上升。导电率随着破碎率的增加而呈线性增加。由于导电率的大小取决于微生物的种类、处理的条件、细胞的浓度、温度和悬浮液中原电解质的含量等，因此，正式测定前，应预先用其他方法制定标准曲线。

运用技术方法二　凝聚和絮凝技术

凝聚和絮凝技术均能有效地改变细胞、菌体和蛋白质等胶体粒子的分散状态，使其聚集起来，从而增大体积，以便于固-液分离，因此常用于菌体细小而且黏度大的发酵液的预处理中。

一、凝聚

1. 凝聚作用

发酵液中的细胞、菌体或蛋白质等胶体粒子的表面一般都带有电荷，带电的原因很多，主要是吸附溶液中的离子或自身基团的电离。通常发酵液中细胞或菌体带有负电荷，由于静电引力的作用使溶液中带相反电荷的粒子（即正离子）被吸附在其周围，在其界面上形成了双电子层，如图 1-6 所示。这种双电层的结构使胶粒之间不易聚集而保持稳定的分散状态。双电层的电位越高，电排斥作用越强，胶体粒子的分散程度也就越大，发酵液过滤就越困难。

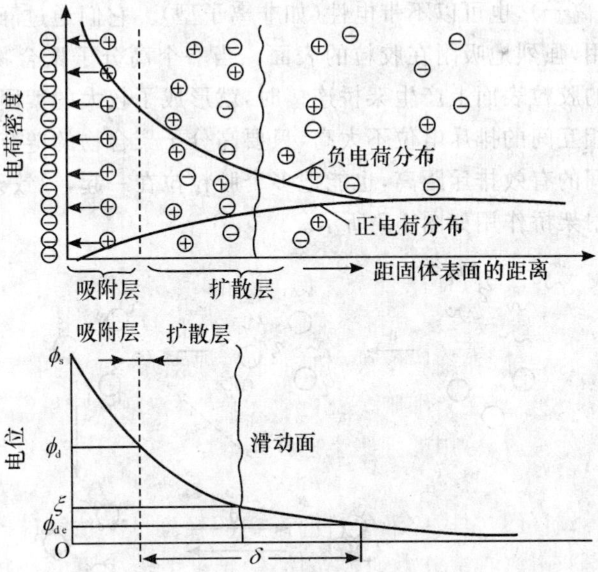

图 1-6　胶体双电子层结构

凝聚作用就是向胶体悬浮液中加入某种电解质，在电解质中异电离子作用下，胶粒的双电层电位降低，使胶体体系不稳定，胶体粒子间因相互碰撞而产生凝集的现象。凝聚过程出现时迅速产生的沉降和剪切梯度使凝聚速度出现明显变化，这类凝聚过程称作同向凝聚；只由布朗运动引起的凝聚过程称作异向凝聚。

2. 凝聚剂

电解质的凝聚能力可用凝聚值来表示，使胶粒发生凝聚作用的最小电解质浓度(mmol/L)，称为凝聚价或凝聚值。根据 Schuze-Hardy 法则，反离子的价数越高，该值就越小，即凝聚能力越强。阳离子对带负电荷的发酵液胶体粒子凝聚能力的次序为：$Al^{3+}>Fe^{3+}>H^{+}>Ca^{2+}>Mg^{2+}>K^{+}>Na^{+}>Li^{+}$。

影响凝聚作用的主要因素是无机盐的种类、化合价及无机盐用量等。在适当的 pH 值条件下使用常用的凝聚剂盐可得到不溶性的水解产物，可以增加颗粒浓度并提高凝聚速度。常用的凝聚剂有硫酸铝［$Al_2(SO_4)_3 \cdot 18H_2O$(明矾)］、氯化铝($AlCl_3 \cdot 6H_2O$)、硫酸亚铁($FeSO_4 \cdot 7H_2O$)、氯化铁($FeCl_3 \cdot 6H_2O$)、$ZnSO_4$、$MgCO_3$等。

二、絮凝

1. 絮凝作用

絮凝剂是一种能溶于水的高分子聚合物，其相对分子质量可高达数万至一千万以上，它们具有长链状结构，其链节上含有许多活性官能团，可以带有多价电荷(如阴离子或阳离子)，也可以不带电性(如非离子型)。它们通过静电引力、范德华力或氢键的作用，强烈地吸附在胶粒的表面。当一个高分子聚合物的许多链节分别吸附在不同的胶粒表面上产生架桥连接时，就形成了较大的絮团，这就是絮凝作用。如果胶粒相互间的排斥电位不太高，只要高分子聚合物的链节足够长，跨越的距离超过颗粒间的有效排斥距离，也能把多个胶粒拉在一起，导致架桥絮凝。高分子絮凝剂的吸附架桥作用如图 1-7 所示。

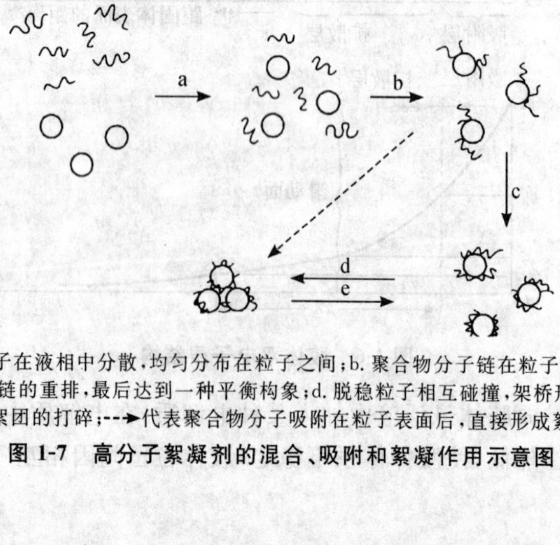

a. 聚合物分子在液相中分散，均匀分布在粒子之间；b. 聚合物分子链在粒子表面的吸附；c. 被吸附链的重排，最后达到一种平衡构象；d. 脱稳粒子相互碰撞，架桥形成絮团；e. 絮团的打碎；--->代表聚合物分子吸附在粒子表面后，直接形成絮团

图 1-7 高分子絮凝剂的混合、吸附和絮凝作用示意图

2. 絮凝剂

(1)对絮凝剂化学结构的一般要求。对絮凝剂的化学结构一般有两方面的要求,一方面要求其分子必须含有相当多的活性官能团,使之能和胶粒表面相结合;另一方面要求其必须具有长链的线性结构,以便同时与多个胶粒吸附形成较大的絮团,但相对分子质量不能超过一定限度,以使其具有良好的溶解性。

(2)絮凝剂的分类及常用絮凝剂。根据絮凝剂活性基团在水中解离情况的不同,絮凝剂可分为非离子型、阴离子型和阳离子型3类。根据其来源的不同,工业上使用的絮凝剂又可分为如下3类:①有机高分子聚合物,如聚丙烯酰胺类衍生物、聚苯乙烯类衍生物。②无机高分子聚合物,如聚合铝盐、聚合铁盐等。③天然有机高分子絮凝剂,如聚糖类胶黏物、海藻酸钠、明胶、骨胶、几丁质、脱乙酰几丁质等。

目前最常用的絮凝剂是人工合成的高分子聚合物,例如有机合成的聚丙烯酰胺(polyacrylamide)类和聚乙烯亚胺(polyethyleneimine)衍生物,根据活性基团在水中的解离情况不同,可分为非离子型、阴离子型(含有羧基)和阳离子型(含有胺基)3类。由于有机合成的聚丙烯酰胺类絮凝剂具有用量少(一般为10^{-6}数量级)、絮凝体粗大、分离效果好、絮凝速度快以及种类多等优点,所以适用范围广。它们的主要缺点是有一定的毒性,特别是阳离子型聚丙烯酰胺,一般不宜用于食品及医药工业。近年来发展的聚丙烯酸类阴离子絮凝剂无毒,可用于食品和医药工业。

3. 影响絮凝效果的因素

影响絮凝的因素很多,絮凝效果与发酵液的性状有关,如细胞浓度、表面电荷的种类和大小等,故对于不同特性的发酵液应选择不同种类的絮凝剂。对于一定的发酵液,絮凝效果还与絮凝剂的用量、相对分子质量和类型、溶液的pH值、搅拌速度和时间等因素有关。同时,在絮凝过程中,常需加入一定的助凝剂以增加絮凝效果。

(1)絮凝剂的结构和相对分子质量。线性结构的有机高分子絮凝剂,其絮凝作用大,而成环状或支链结构的有机高分子絮凝剂效果较差。高分子絮凝剂分子量提高、线性链增长,架桥效果越明显,絮凝效果越好;但分子量增大,絮凝剂的水溶性降低,因此要选择适宜分子量的絮凝剂。

(2)絮凝剂的浓度。料液中絮凝剂浓度增加有助于架桥充分,但过多的加量反而会引起吸附饱和,在每个胶粒上形成覆盖层而使胶粒产生再次稳定现象。如α-淀粉酶发酵液的絮凝试验中,絮凝剂加量对絮凝效果(滤速)的影响如图1-8所示,适宜的加量通常由实验得出。

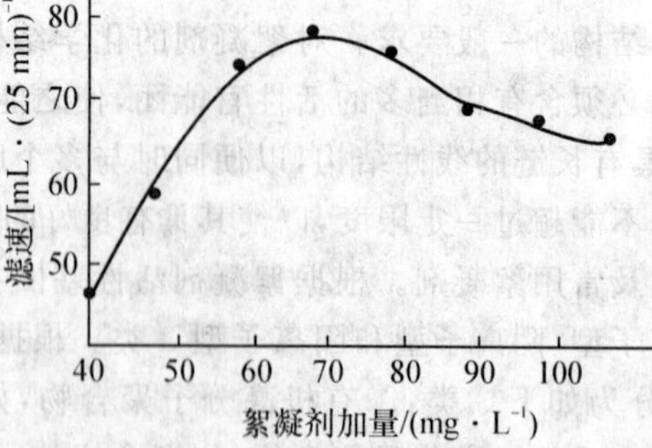

图 1-8 絮凝剂加量对絮凝液滤速的影响

(3)溶液 pH 值。溶液 pH 值的变化常会影响离子型絮凝剂中功能团的电离度，从而影响分子链的伸展形态。电离度增大，由于链节上相邻离子基团间的静电排斥作用，而使分子链从卷曲状态变为伸展状态，所以架桥能力提高。例如，采用碱式氯化铝和阴离子聚丙烯酰胺搭配使用的混凝方法处理碱性蛋白酶发酵液，发酵液 pH 值对阴离子聚丙烯酰胺絮凝效果的影响如图 1-9 所示。由图 1-8 可见，pH 值适当提高能增大滤速，这是因为聚丙烯酰胺分子链上的羧基解离程度提高，而使其达到较大的伸展程度，发挥了最佳的架桥能力。

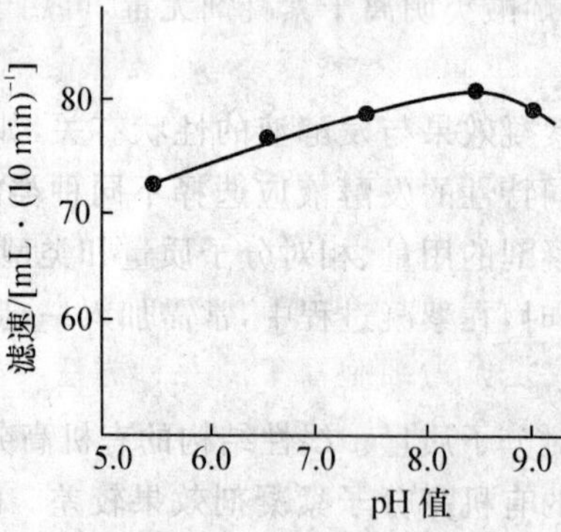

图 1-9 pH 值对絮凝液滤速的影响

(4)絮凝操作温度。当温度升高时，絮凝速率加快，形成的絮凝颗粒细小。因此絮凝操作温度要合适，一般为 20～30 ℃。

(5)搅拌速度和时间。搅拌速度和时间在絮凝过程中也是十分重要的，加入絮凝剂的初期应高转速，使絮凝剂快速均匀分散到料液中，不形成局部过浓，但接着应低速搅拌，有利于絮凝体长大成团；如仍高速搅拌易将絮凝团打碎，影响絮凝效果，所以应采用变速搅拌。

4. 絮凝技术发展的新动向

亲和絮凝是细胞絮凝技术发展的新动向，其絮凝作用是利用絮凝剂和细胞膜表面某种组分间具有的专一性亲和连接作用而产生吸附架桥。例如，J. Bonnerjea等人报道，硼酸盐（如四硼酸钠）能与多羟基的糖类化合物（如甘露糖醇、山梨糖醇）发生专一性络合作用，在一定条件下，形成以硼原子为中心的五元螺环型复合物。利用该原理，用于含多羟基的酵母细胞碎片的絮凝，结果表明仅用低速离心就能使液体澄清。由于专一性强，仅对糖类组分有络合作用，故酶或蛋白质等生物大分子物质回收率高。在从酵母细胞匀浆液中回收乙醇脱氢酶的例子中，乙醇脱氢酶的收率可达 95%以上。

三、新型絮凝技术

微生物絮凝剂是近年来研究和开发的新型絮凝剂。它是利用生物技术，从微生物体或其分泌物提取、纯化而获得的一种安全、高效，且能自然降解的一类具有絮凝细胞功能的物质。其主要成分是糖蛋白、黏多糖、纤维素及核酸等高分子物质，相对分子质量在 10^5 以上。

微生物絮凝剂可按其来源分为 4 类，包括利用微生物细胞壁提取物的絮凝剂、利用微生物细胞壁代谢产物的絮凝剂、直接利用微生物细胞的絮凝剂和克隆技术所获得的絮凝剂。从其来源看，也属于天然有机高分子絮凝剂，因此它具有天然有机高分子絮凝剂的一切优点。目前，微生物絮凝剂的研究工作已由提纯、改性进入到利用生物技术培育、筛选优良的菌种，以较低的成本获得高效的絮凝剂的研究，因此其研究范围已超越了传统的天然有机高分子絮凝剂的研究范畴。

微生物絮凝剂的研究者早就发现，一些微生物如酵母、细菌等有细胞絮凝现象，但一直未对其产生重视，仅是作为细胞富集的一种方法。近十几年来，细胞絮凝技术才作为一种简单、经济的生物产品分离技术在连续发酵及产品分离中得到广泛的应用。具有分泌絮凝剂能力的微生物称为絮凝剂产生菌。最早的絮凝剂产生菌是 Butterfield 从活性污泥中筛选得到。1976 年，Nakamura j. 等人从霉菌、细菌、放线菌、酵母菌等菌种中，筛选出 19 种具有絮凝能力的微生物，其中以酱油曲霉（Aspergillus souae）AJ7002 产生的絮凝剂效果最好。1985 年，Takagi H 等人研究了拟青霉素（Paecilomyces sp. 1-1）微生物产生的絮凝剂 PF101。PF101 对枯草杆菌、大肠杆菌、啤酒酵母、血红细胞、活性污泥、纤维素粉、活性炭、硅藻土、氧化铝等有良好的絮凝效果。1986 年，Kurane 等人利用红平红球菌（Rhodococcuserythropolis）研制成功息生物絮凝剂 NOC-1，对大肠杆菌、酵母、泥浆水、河水、粉煤灰水、活性炭粉水、膨胀污泥、纸浆废水等均有极好的絮凝和脱色效果，是目前发现的最好的微生物絮凝剂。

任务二　提取工艺

运用技术方法一　固-液分离方法

微生物发酵液的成分极为复杂，其中除了所培养的微生物菌体及残存的固体培养基外，还有未被微生物完全利用的糖类、无机盐、蛋白质，以及微生物的各种代谢产物。微生物发酵液的特性可归纳为：①发酵产物浓度较低，悬浮液中大部分是水；②悬浮物颗粒小，相对密度与液相相差不大；③固体粒子可压缩性大；④液相黏度大，大多为非牛顿型流体；⑤性质不稳定，随时间变化，易受空气氧化、微生物污染、蛋白酶水解等作用的影响；⑥成分复杂，杂质较多。这些特性使得发酵液的过滤与分离相当困难。通过对发酵液进行适当的预处理，可改善其流体性能，降低滤饼比阻，提高过滤与分离的速率。发酵液中杂质很多，对后步分离影响最大的是高价无机离子（Ca^{2+}、Mg^{2+}、Fe^{3+}）和杂蛋白等，在预处理时，应尽量除去这些物质。

一、发酵液过滤特性的改变

有关改善发酵液过滤特性的物理化学方法有调酸（等电点）、热处理、电解质处理、添加表面活性物质、添加反应剂、冷冻—解冻及添加助滤剂等。

1. 降低发酵液黏度

由流体力学基本知识可知，滤液通过滤饼的速率与液体的黏度成反比，可见降低液体黏度可有效提高过滤速率。降低液体黏度的常用方法有加水稀释法和加热法等。

采用加水稀释法虽能降低液体黏度，但会增加悬浮液的体积，加大后续处理过程的工作量。而且，单从过滤操作看，稀释后过滤速率提高的百分比必须大于加水比才能认为有效，即若加水1倍，则稀释后液体的黏度必须下降50%以上才能有效提高过滤速率。

升高温度可有效降低液体黏度，提高过滤速率，如含麦芽汁12%的发酵液，在40 ℃时其黏度为1.2×10^{-3} Pa·s，升高至75 ℃时，其黏度可下降50%，过滤速率可加倍。同时，在适当温度和受热时间下可使蛋白质凝聚，形成较大颗粒的凝聚物，进一步改善了发酵液的过滤特性。如链霉素发酵液，调酸至pH值为3.0后，加热至70 ℃维持0.5 h，液相黏度下降至1/6，过滤速率可增大10～100倍。

使用加热法时必须严格控制加热温度与时间。首先，加热温度必须控制在不影响目的产物活性的范围内；其次，温度过高或时间过长，会使细胞溶解，胞内物质外溢，增加发酵液的复杂性，影响其后的产物分离与纯化。

2. 调整 pH 值

pH 值直接影响发酵液中某些物质的电离度和电荷性质，适当调节 pH 值可改善其过滤特性。此法是发酵工业中发酵液预处理较常用的方法之一。在等电点下，两性物质的溶解度最小，此即为等电点沉淀法的依据。如利用等电点（pH 值 3.22）沉淀法提取谷氨酸。对于蛋白质，由于羧基的电离度比氨基大，故蛋白质的酸性性质通常强于碱性，因而大多数蛋白质的等电点都在酸性范围内（pH 值 4.0～5.5）。利用酸性来调节发酵液 pH 值使之达到等电点，可除去蛋白质等酸性物质。在膜过滤中，发酵液中的大分子物质易与膜发生吸附，通过调整 pH 值改变易吸附分子的电荷性质，即可减少堵塞和污染。此外，细胞、细胞碎片及某些胶体物质等在某个 pH 值下也可能趋于絮凝而成为较大颗粒，有利于过滤的进行。

3. 使用惰性助滤剂

惰性助滤剂是一种颗粒均匀、质地坚硬、不可压缩的粒状物质，用于扩大过滤表面的适用范围，使非常稀薄或非常细小的悬浮液在过滤时发生的快速挤压和介质堵塞现象得到减轻，易于过滤。其原因是充当过滤介质的助滤剂表面具有吸附胶体的能力，并且由此助滤剂颗粒形成的滤饼具有格子型结构，不可压缩，滤孔不会被全部堵塞，可以保持良好的渗透性，既能使悬浮液中细小颗粒状胶态物质截留在格子骨架上，又能使清液有流畅的通道。所以使用惰性助滤剂能大大提高过滤能力和生产效率，改善滤液澄清度，降低过滤成本。

可作为惰性助滤剂的材料很多，如硅藻土、膨胀珍珠岩、石棉、纤维素、未活化的炭、炉渣、重质碳酸钙或这些材料的混合物。

助滤剂的用量须经优化，而优化的标准取决于过滤的目的。每单位质量助滤剂的滤液最大产量很可能是最常用的判断标准，但是最长的周期、最快的流速或者滤饼空间的最大利用率则是另一些判断标准，它们各自要求不同的助滤剂添加速率。为了优化而进行的试验，通常是利用实验室或中试规模的过滤实验来完成的，同时，还应注意过滤参数如压力和滤饼厚度的变化所带来的影响。

4. 使用反应剂

有时，加入某些不影响目的产物的反应剂，可消除发酵液中某些杂质对过滤的影响，从而提高过滤速率。

加入反应剂可和某些可溶性盐类发生反应生成不溶性沉淀，如 $CaSO_4$、$AlPO_4$ 等。生成的沉淀能防止菌丝体黏结，使菌丝具有块状结构，沉淀本身可作为助滤剂，并且能使胶状物和悬浮物凝固，从而改善过滤性能。如在新生霉素发酵液中加

入 $CaCl_2$ 和 Na_3PO_4，生成的 $Ca_3(PO_4)_2$ 沉淀可充当助滤剂；另一方面可使某些蛋白质凝固。又如环丝氨酸发酵液用氧化钙和磷酸处理，生成 $Ca_3(PO_4)_2$ 沉淀，能使悬浮物凝固，多余的磷酸根离子还能除去钙离子、镁离子，并且在发酵液中不会引入其他阳离子，以免影响环丝氨酸的离子交换吸附。正确选择反应剂和反应条件，能使过滤速率提高 3～10 倍。

如发酵液中含有不溶性多糖物质，则最好用酶将其转化为单糖，以提高过滤速率。万古霉素用淀粉作培养基，发酵液过滤前加入 0.025%的淀粉酶，搅拌 30 min 后，加入 2.5%硅藻土助滤剂，可使过滤速率提高 5 倍。

二、固-液分离

1. 固-液分离原理

在药物生产过程中，通常利用机械方法进行固液分离。按其所涉及的流动方式和作用力的不同，可分为过滤、沉降和离心分离。

过滤是以某种多孔性物质作为介质，在外力的作用下，悬浮液中的液体部分通过介质孔道，而固体颗粒被截留下来，从而实现固液分离的过程。过滤介质两侧的压力差是实现固液分离的推动力，它可以通过重力、加压、抽真空或惯性离心力来获得，又可分为常压过滤、真空抽滤和离心过滤。过滤常用于分离固体量较大的悬浮液。

沉降是依靠外力的作用，利用分散物质(固相)与分散介质(液相)的密度差异，使之发生相对运动，而实现固液分离的过程。用于实现沉降过程的作用力可以是重力，也可以是惯性离心力，即分为重力沉降和离心沉降。沉降主要用于固体粒子含量较少、颗粒细小的悬浮液的分离。

离心分离是利用惯性离心力和物质的沉降系数或浮力密度的不同而进行的一项分离、浓缩或提炼操作。离心分离不但可用于悬浮液中液体或固体的直接回收，而且可用于两种互不相溶液体的分离(如液-液萃取)和不同密度固体乳浊液的分离(如制备超离心技术)等。离心分离对那些固体颗粒较小或液体黏度较大，过滤速度很慢，甚至难以过滤的悬浮液十分有效，对那些忌用助滤剂或助滤剂使用无效的悬浮液的分离，也能得到满意的结果。离心分离可分为离心过滤、离心沉降和超离心 3 种形式。

在药物生产过程中，真空抽滤和离心分离(包括离心过滤、离心沉降)应用较多。

2. 固-液分离方法

固-液分离是将悬浮液中的固体和液体分离的过程，在生物活性物质的分离纯化过程中不可避免地要用到固-液分离技术，如将生物组织的提取液与细胞碎片分离，将发酵液中细胞、菌体、细胞碎片以及蛋白质沉淀物分离等。常规的固-液分离技术主要有过滤和离心分离等。

(1)过滤。

①过滤方式。传统的过滤操作是在某一支承物上放置过滤介质，注入含固体颗粒的溶液，使液体通过，固体颗粒留下。按料液流动方向不同，将过滤分为常规过滤(conventional filtration)和错流过滤(cross-flow filtration)。

A. 常规过滤。常规过滤是指料液流动方向和过滤介质垂直的过滤方式。常规过滤时，固体颗粒易被填塞在过滤介质上，形成滤饼，料液必须穿过滤饼和过滤介质的微孔。恒压下，随着滤饼厚度的增加，滤速不断减慢。

B. 错流过滤。错流过滤是指料液的流动方向与过滤方向垂直，利用较高的悬浮流速冲刷过滤面，减少滤渣在过滤面上的沉积，对大部分物料来说不易堵塞，可连续过滤。现代膜分离过程主要采用这种过滤方式，如微滤和超滤。与常规过滤方式相比，错流过滤具有如下优点：

a. 收率高。由于过滤过程中，洗涤充分、合理，少量多次，故滤液稀释量不大的情况下，获得高达97%～98%的收率。

b. 滤液质量好。凡体积大于膜孔的固体，包括菌体、培养基、杂蛋白等均不能通过膜进入滤液，大部分杂质被排除掉，给后续分离及最终产品质量均带来好处。

c. 减少处理步骤。鼓式真空过滤机一般需预涂助滤剂，板框过滤机则需清洗，拆装费时、费力，而错流过滤只需在 18～20 h 连续操作之后，用清水沿原管流洗 4～6 h。

d. 对染菌罐易于批处理，也容易进行扩大生产。

(2)离心分离。离心分离法速度快，效率高，操作时卫生条件好，占地面积小，能自动化、连续化和程序控制，适合于大规模的分离过程，但是设备投资费用高、能耗也较高。根据操作原理，可将离心机分为过滤式离心机和沉降式离心机。

3. 影响固液分离的因素

由化学反应、生物反应和天然物质等获得的含有目的药物成分的混合物，其成分复杂，种类繁多，使固液分离较困难。发酵液属非牛顿型液体，其流变特性与许多因素有关，主要取决于细胞或菌体的大小和形状，以及介质的黏度。综合分析，影响固液分离的主要因素如下。

(1)混合物中悬浮微粒的性质和大小。一般情况下，悬浮微粒越大，粒子越坚硬，大小越均匀，固液分离越容易。如发酵液中的细菌菌体较小，分离较困难，图 1-10 为发酵液中各种悬浮粒子形状和大小的示意图。由图 1-10 可见，真菌或经絮凝后的絮凝体,体积最大。如青霉素,为真菌类抗生素,菌体直径可达 10 μm,固液分离就容易,采用常规过滤,如板框过滤或鼓式真空过滤就能达到目的。而细菌和细胞碎片体积最小,常规的离心和过滤效果很差,不能得到澄清的滤液和紧密的滤饼,通常应采用高速离心,或者用各种预处理方法来增大粒子体积,再进行常规的固液分离。而胶体粒子通常悬浮于液体部分中,必须采用凝聚与絮凝技术,增大悬浮粒子的体积,以利于固液分离,从而获得澄清的滤液。

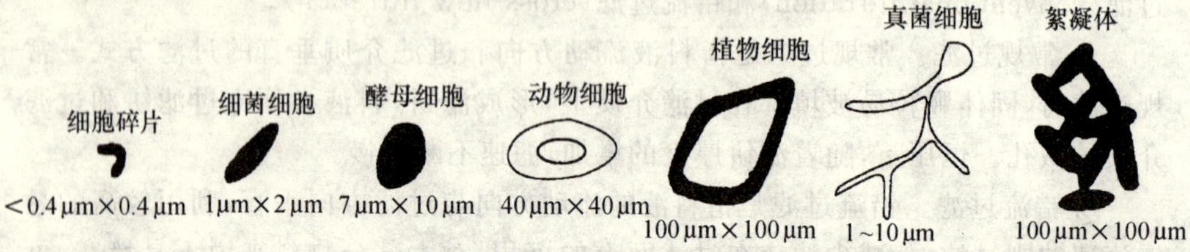

图 1-10　发酵液中悬浮粒子的形状和大小

(2)混合液的黏度。混合液的黏度是另一重要影响因素。固液分离速度通常与黏度成反比,黏度越大固液分离越困难。混合液黏度的大小受很多因素影响:细胞或菌体的种类和浓度是一个重要因素,通常丝状菌、动物或植物细胞悬浮液黏度较大,浓度增大、黏度也提高。发酵液中蛋白质、核酸大量存在,会使黏度明显增大,通常细胞破碎或细胞自溶后,胞内的蛋白质、核酸、酶等大量释放,黏度都特别大。因此,细胞破碎的程度应加以适当控制,发酵放罐的时间要适宜。培养基成分也是影响黏度的一个因素,如用黄豆粉、花生粉作氮源,淀粉作碳源,黏度都会升高。此外,某些染菌发酵液(如染细菌),则黏度会增大。发酵过程的不正常处理也会影响黏度,如发酵后期加消沫油或发酵液中含大量过剩的培养基,都会使黏度增大。

(3)助滤剂的使用。当固体颗粒易受压变形时,采用一般过滤分离很困难,常采用加助滤剂的方式,以顺利完成过滤分离操作。助滤剂是一种不可压缩的多孔微粒,它能使滤饼疏松,滤速增大。使用助滤剂可使悬浮液中大量的细微胶体粒子吸附到助滤剂的表面上,从而使滤饼的可压缩性下降,过滤阻力降低。

助滤剂的使用方法有两种:(a)在滤布上预涂一层助滤剂,作为过滤介质使用,待过滤完毕后与滤饼一起除去;(b)助滤剂按一定比例均匀地混入待滤的悬浮液中,然后一起进入过滤机,使其形成较松的滤饼,降低其可压缩性,让滤液可以顺畅流通。采用方法(a),在一个真空旋转过滤机的转鼓上,预涂上助滤剂,就可以对非常细小或可压缩的低固含量(≤5%)悬浮液进行过滤。在改进的真空旋转过滤机上,采用一把缓慢向鼓面移动的刮刀,在操作时,将滤饼连同一层助滤剂一起刮去,使过滤表面不断更新,以维持正常的过滤速度,直到助滤剂被全部移走后,再重新涂层。采用方法(b),则多数是助滤剂与压滤机结合起来使用,对于菌体较细小、黏度较大的发酵液,可加入助滤剂后进行压滤,或者先将含助滤剂的悬浮液通过压滤机,形成过滤介质,然后对混有助滤剂的料液进行过滤,这样可提高滤饼的渗透性。对于后一种方法,一般在助滤剂用量等于进料液中固体含量时,滤速最快;并且在使用时需要一个带搅拌器的混合槽,充分搅拌混合均匀,防止分层沉淀。常用的助滤剂有硅藻土、纤维素、石棉粉、珍珠岩、白土、炭粒、淀粉等,其中最常用的是硅藻土。选择和使用助滤剂时应考虑以下几个方面:

①根据目的药物的性质选择助滤剂品种。当目的药物存在于液相时,应注意目的药物是否会被助滤剂吸附,是否可通过改变 pH 值来减少吸附;当目的药物存在于固相时,一般使用淀粉、纤维素等不影响产品质量的助滤剂。

②根据过滤介质和过滤情况选择助滤剂品种。当使用粗目滤布时易泄漏,采用石棉粉、纤维素、淀粉等助滤剂可有效地防止泄漏。当使用细目滤布时,宜采用细硅藻土,若采用粗粒硅藻土,则料液中的细微颗粒仍将透过助滤层而到达滤布表面,从而使过滤阻力增大。当使用烧结或黏结材料制成的过滤介质时,宜选用纤维素助滤剂,这样可使滤饼易于剥离,并可防止堵塞毛细孔。

③粒度选择。助滤剂的粒度及粒度分布对过滤速率和滤液澄清度影响很大。当粒度一定时,过滤速率与澄清度成反比,过滤速率大,澄清度差;过滤速率小,则澄清度好。助滤剂的粒度必须与悬浮液中固体粒子的尺寸相适应,如颗粒较小的悬浮液应采用较细的助滤剂。商品硅藻土助滤剂有多种规格,粒度分布不同,因此使用前应针对不同料液的特性和过滤要求,通过实验,确定其最佳型号。

④用量的确定。助滤剂的用量必须适宜。用量过少,起不到有效的助滤作用;用量过大,不仅浪费,而且会因助滤剂成为主要的滤饼阻力而使过滤速率下降。当采用预涂助滤剂的方法时,间歇操作助滤剂的最小厚度为 2 mm;连续操作则要根据所需的过滤速率来确定。当助滤剂直接加入发酵液时,一般采用的助滤剂用量等于悬浮液中的固形物含量,其过滤速率最快,如以硅藻土作为助滤剂时,通常细粒用量为 500 g/m^3,中等粒度用量为 700 g/m^3,粗粒用量为 700～1 000 g/m^3。

(4)操作条件。固液分离操作中,温度、pH 值等的控制也会影响固液分离速率。温度升高,流体黏度降低;调整 pH 值,也可改变流体黏度,从而使固液分离效率得到提高。

(5)固液分离设备和技术。采用不同的固液分离技术,如过滤、沉降和离心分离,其分离效果不同;同一种分离技术,选用的设备结构、型号不同,其分离效果也不同。在选择固液分离设备时,应根据被分离混合物的性质、分离要求、操作条件等因素综合考虑。

4. 固液分离设备

(1)过滤设备。

A. 板框压滤机。板框压滤机(plate and frame filter press)是目前较常用的一种过滤设备。它由多个滤板和滤框交替重叠排列而组成滤室的一种间歇操作加压过滤机。滤板两面铺有滤布,用压紧装置把滤板和滤框压紧,滤框中的空间构成过滤的操作空间。在板框的上端开有孔道从第一块滤板一直通到最后一块滤框,悬浮液在压力下送入,并由每一块滤框上的支路孔道送入过滤空间。滤板表面刻有垂直的或纵横交错的浅沟,其下端开有供液体排出的孔道。滤液在压力下通过滤布流入滤板表面的浅沟中,顺浅沟往下流,最后汇集于滤板下端的排液孔道中排出。固体颗粒被滤布截留在滤框中,一定时间后,松开滤板和滤框,卸除滤渣(图 1-11)。

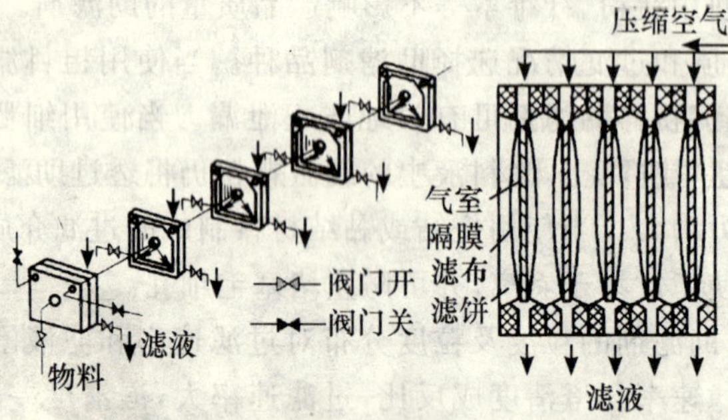

图 1-11 板框式压滤机工作原理示意图

板框压滤机的过滤面积大,能耐受较高压力差,故对不同过滤特性的发酵液适应性强,同时还具有结构简单,造价较低,动力消耗少等优点。但是这种设备不能连续操作,设备笨重,劳动强度大,非生产的辅助时间长(包括解框、卸饼、洗滤布、重新压紧板框等),生产能力低,一般过滤速度为 22～50 L/(m^2 · h)。

自动板框过滤机(automatic board filter press)是一种能自动清除滤饼的板框压滤机。它除具有压滤机本体外,还有压滤机的紧固装置,开板用的油泵装置、辅助阀,以及清除滤饼等辅助装置。进料过滤时,用泵将悬浮液从滤板上部的加压口压入滤室内,在滤室内的两片滤布进行过滤。待过滤完毕后,即向橡胶压榨隔膜内侧注入 2 MPa 压力的高压水,以使滤饼进行压榨脱水。待压榨脱水工序完成后,将橡胶隔膜中的水排出,即可卸除滤饼。待滤饼卸出以后,滤布由上部转轮带动而开始上升,与此同时,由喷嘴喷出 2 MPa 的高压水对滤布进行洗涤,直到滤布升回原位。此设备大大缩短了非生产的辅助时间,并减轻了劳动强度。

B. 真空鼓式过滤机。在大规模医药生产中,真空转鼓过滤机是常用的过滤设备之一。它具有自动化程度高、操作连续、处理量大的特点，非常适合于固含量较高（>10%）的悬浮液的分离，如在抗生素生产中，对霉菌、放线菌和酵母菌发酵液的过滤效果较好。由于受推动力（真空度）的限制，真空转鼓过滤机一般不适合于菌体较小和黏度较大的细菌发酵液的过滤，而且采用真空转鼓过滤机过滤所得固相的干度不如加压过滤。目前，在标准型转鼓真空过滤机的基础上，又开发出一些新设备，如无格式转鼓真空过滤机、滤布循环行进式（RCF）转鼓真空过滤机等。新机型的特点是结构简单、单位面积过滤能力大、洗涤能力强、效率高。

真空鼓式过滤机能连续操作，实现自动控制，其基本原理是普通的真空吸滤。操作过程分为 4 个阶段：吸滤、洗涤、吸洗液、刮除固形物。但是用这种方法压差较小，主要适用于菌丝较粗的真菌发酵液的过滤，如青霉素发酵液的过滤，滤速可达 800 L/(m^2 · h)。

而对菌体较细或黏稠的发酵液，则需在转鼓面上预铺一层 50～60 mm 厚的助滤剂，在鼓面缓慢移动时，利用过滤机上的一把特殊的刮刀将滤饼连同极薄的一层助滤剂（约 1 mm）一起刮去，使过滤面积不断更新，以维持正常的过滤速度（图1-12和图 1-13）。

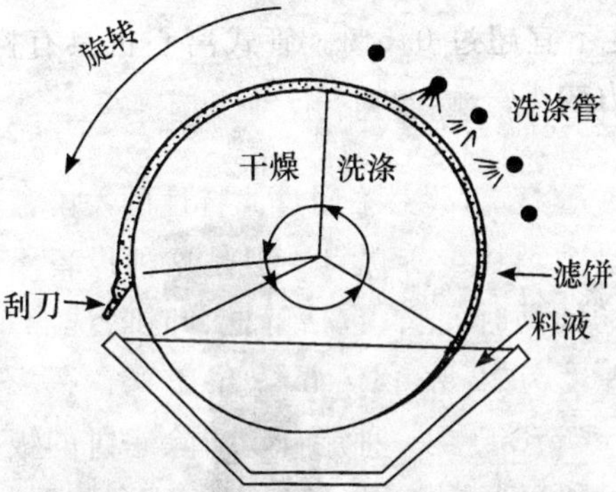

图 1-12　真空鼓式过滤机工作原理示意图

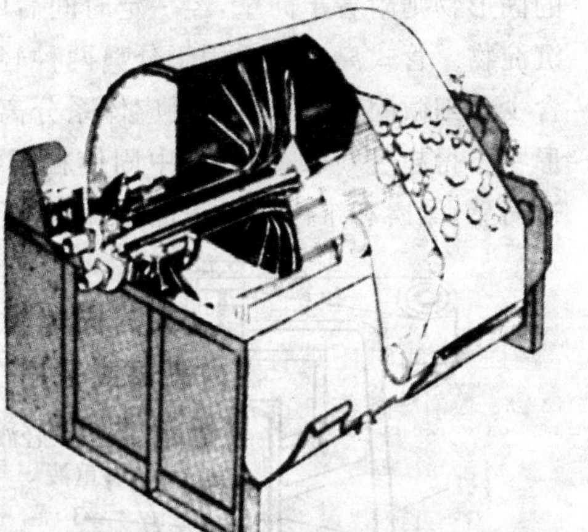

图 1-13　真空鼓式过滤机

（2）离心设备。在药物生产过程中，应用较多的是离心分离设备。常用的有真空转鼓过滤机、碟片式离心机等。

A. 过滤式离心机（filtering centrifuge）的转鼓壁上开有均匀密集的小孔，转鼓内表面覆盖过滤介质（滤布），加入转鼓的悬浮液随转鼓一同旋转，在离心力作用下，悬浮液中的液体流经过滤介质并由转鼓壁上的孔甩出，固体被截留在过滤介质表面，实现液体与固体的分离。国内广泛应用的是三足式离心机，立式转股悬挂于三根支柱上，它具有稳定性好，操作平稳，进出料方便，操作简单，适应性强和占地面积小等优点，可用于分离悬浮液中直径为 0.01～1.0 mm 的颗粒和结晶状物质，如工业中已用于收集 *L*-谷氨酸、*L*-苹果酸和蛋白质及酶类沉淀物。其缺点是处理量有限，需人工卸料，劳动强度大。

B. 沉降式离心机（sedimentation centrifuge）的转筒或转鼓壁上没有开孔，也不需要滤布，在离心力作用下，固体沉降于筒壁或转鼓壁上，余下的即为澄清的液体。对于发酵液，通常采用沉降式离心设备，因为它适合于含固体量较低（10%）的场合，而过滤式离心设备主要用于分离晶体和母液。

工业上应用的沉降式离心机有管式离心机、碟片式离心机、螺旋卸料离心机等。管式离心机转子半径较小，是一种转速高、分离效率也高的离心机（图 1-14 和图 1-15）。料液由底部进入转鼓内，筒内有沿辐射方向排列的三角挡板，可以带动液体与转筒以同一速度旋转，转速可达每分钟 10 000 r 以上。在离心力作用下，料液分层，重液流向转鼓壁，轻液流向转鼓中心。重液沿筒壁和挡板的外侧向上流动，经出口流出。轻液沿三角挡板的中心内侧由另一出口流出。由液体中分离出的固形物则附着于筒壁，经一定时间后停车清洗，通过人工操作从转筒中挖出固体沉淀物。管式离心机适用于分离两种轻重不同而又互不相溶的液体，对于溶液中含少量细微固体悬浮物的反应体系分离效果也较好，但转管中允许积存的含液固形物不得超过 6 kg，故料液中固体粒子浓度不宜超过 0.5%。管式离心机具有构造简单、紧凑和维修方便等优点，但生产能力较小。

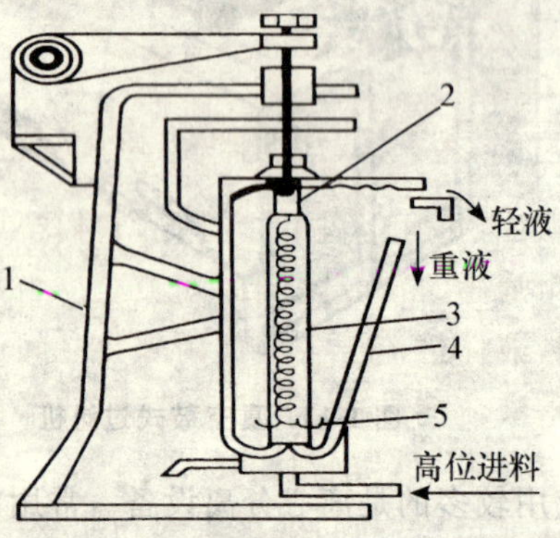

1. 机架；2. 分离盘；3. 转筒；4. 机壳；5. 挡板

图 1-14 管式离心机工作原理示意图

图 1-15 管式离心机外形

C. 碟片式离心机（disc centrifuge）也是一种常用的离心分离设备，是在管式离心机基础上发展起来的。其转子中加入许多重叠碟片，缩短了颗粒沉降距离，其分离因数为 1 000～20 000，分离效率高，最大允许处理量达 300 m·s/h，一般用于大规模的分离过程。此类离心机适用于分离乳浊液或含少量固体的乳浊液。其结构大体可分为 3 部分：第一部分是机械传动部分，由电机、离合器、齿轮、油箱等组成；第二部分是由转鼓碟片架、碟片分液盖和碟片（图 1-16 和图 1-17）组成的分离部分；第三部分是输送部分，在机内起输送已分离好的两种液体的作用，由向心泵等组成。欲分离的料液自碟片架顶加入，进入转鼓后，因离心力之故，料液便经过碟片架底部之通道流向外围，固体沉淀物被甩向鼓壁。

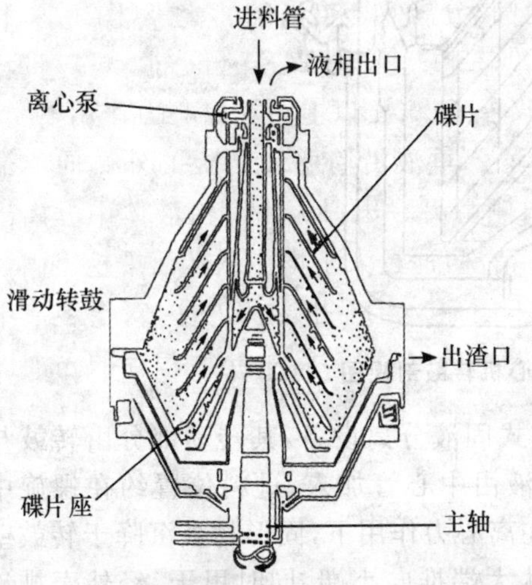

图 1-16　DHC 型碟片离心机工作原理示意图

图 1-17　DHC 型碟片离心机外形

转鼓内有一叠碗盖形金属片，俗称为碟片，每片上各有 2 排孔，它们至中心的距离不等，这样将碟片叠起来时便形成 2 个通道。碟片之间的间隙至少为欲分离的最大固体颗粒直径的 2 倍。因离心作用，液体分流于各相邻两碟片之间的空隙中，而且在每一层空隙中，轻液流向中心，重液流向鼓壁，于是轻重液分开，最后分别由向心泵输出。图 1-18 所示为 OEP 型离心机转鼓剖视图。

根据排渣方式，碟片式离心机可分为标准型、自动间歇排渣型和连续排渣型。标准型离心机无特殊排渣装置，每次操作结束后需拆除碟片，人工排渣，因而主要用于液—液分离或含极少量固体料液的分离；自动间歇排渣型的转子由下两半组成，可定期开启，使沉降物借离心力甩出，可用于含固形物较多料液的分离；连续排渣型离心机转子外有若干喷嘴，操作过程中可连续排出含液量较高的流动性渣液。

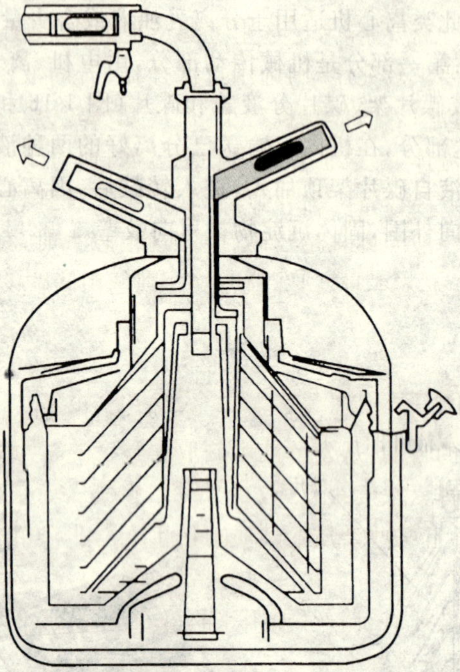

图 1-18 OEP 型离心机转鼓剖视图

D. 螺旋卸料式离心机是一种连续操作式固液分离设备，其转动部分由转鼓与螺旋两部分组成，结构如图 1-19 所示。料液由中心管加入，进料位置约在螺旋中部，其前面部分为沉降区，后面为甩干区，在离心力作用下，固形物被沉降于转鼓壁上，液体由左侧溢流孔排出。固体经螺旋从大端推向小端，同时甩干，经外壳排渣孔排出。调节溢流挡板上溢流口位置、转鼓转速和进料速度时，可以改变固形物含水量和液体澄清度，生产能力则随进料速度而改变。

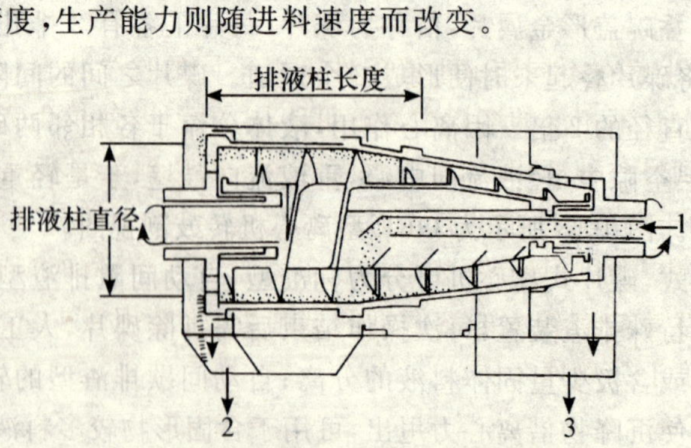

1. 料液进口；2. 液相出口；3. 固相出口

图 1-19 卧式螺旋卸料离心机原理示意图

固液分离设备类型较多,性能差异较大,选择时应考虑多方面的因素。首先要根据混合物的性质和分离要求,考虑选用过滤还是沉降,是否选用惯性离心力作为推动力。若固液分离要求较完全,则选用过滤操作;若固液密度差较大,可考虑选用沉降,否则宜选用过滤;若固体颗粒较小,流体黏度较大,则需选用离心分离;对于易挥发或易燃烧的流体,一般不宜选用真空过滤;而对于有毒的混合液,则一般选用密闭操作的固液分离设备。另外,还要根据工艺过程特点和生产规模进一步选择确定设备类型。一般当固含量较高、生产规模较大时,宜选用连续式、劳动强度小的设备;如果生产工艺本身就是间歇式的,则选用间歇设备可以节省设备费用和操作费用。

运用技术方法二　萃取分离方法

化学提取和精制的目的:从发酵液中制取高纯度的、合乎药典的抗生素成品。

由于发酵液中青霉素浓度很低,仅 0.1%～4.5%,而杂质浓度比青霉素的高几十倍甚至几千倍,并且某些杂质的性质与抗生素的非常相近,因此提取精制是一件十分重要的工作。

发酵液中常见的杂质有:菌丝、未用完的培养基、易污染杂菌、产生菌的代谢产物、预处理需要加入的杂质等。

在提炼过程中要遵循下面 4 个原则:

(1)时间短;

(2)温度低;

(3)pH 值适中;

(4)勤清洗消毒。

常用的提取方法有溶媒萃取法、离子交换法和沉淀法等。

1.溶媒萃取法

这是利用抗生素在不同的 pH 值条件下以不同的化学状态(游离态、碱或盐)存在时,在水及水互不相溶的溶媒中溶解度不同的特性,使抗生素从一种液相(如发酵滤液)转移到另一种液相(如有机溶媒)中去,以达到浓缩和提纯的目的。利用此原理就可借助于调节 pH 值的方法时抗生素从一个液相中被提取到另一液相中去。所选用的溶媒与水应是互不相溶或仅很小部分互溶,同时所选溶媒在一定的 pH 值下对于抗生素应有较大的溶解度和选择性,方能用较少量的溶媒使提取完全,并在一定程度上分离掉杂质。

2.离子交换法

利用离子交换树脂和抗生素之间的化学亲和力,有选择性地将抗生素吸附上去，然后以较少量的洗脱剂将它洗下来。

3. 沉淀法

沉淀法是一种分离抗生素简单而经济的方法，浓缩倍数高，因而也是很有效的方法。

青霉素的提取采用溶媒萃取法。青霉素游离酸易溶于有机溶剂，而青霉素盐易溶于水。利用这一性质，在酸性条件下青霉素转入有机溶媒中，调节 pH 值，再转入中性水相，反复几次萃取，即可提纯浓缩。选择对青霉素分配系数高的有机溶剂。工业上通常用醋酸丁酯和戊酯，萃取 2～3 次。从发酵液萃取到乙酸丁酯时，pH 值选择 2.8～3.0，从乙酸丁酯反萃到水相时，pH 值选择 6.8～7.2。为了避免 pH 值波动，采用硫酸盐、碳酸盐缓冲液进行反萃。所得滤液多采用二次萃取，用 10%硫酸调 pH 值 2.8～3.0，加入醋酸丁酯。在一次丁酯萃取时，由于滤液含有大量蛋白，通常加入破乳剂防止乳化。第一次萃取，存在蛋白质，加 0.05%～0.1%乳化剂 PPB。

相关知识一　萃取基本知识

一、基本概念

1. 萃取的概念和组分

萃取技术是利用溶质在互不相溶的两相之间分配系数的不同而使溶质得到纯化或浓缩的技术，是工业生产中常用的分离、提取的方法之一。溶质是指被萃取的物质；而原溶剂是指原先溶解溶质的溶剂；萃取剂是指加入的第三组分。

2. 萃取分类

萃取技术根据参与溶质分配的两相不同而分成液-固萃取和液-液萃取两大类。萃取技术也可以根据萃取原理的不同分成物理萃取、化学萃取、双水相萃取和超临界流体萃取等。每种萃取方法各有特点，适用于不同种类的生物产物的分离纯化。

(1)液-固萃取。用溶剂从固体中抽提物质叫液-固萃取，也称为浸取，多用于提取存在于细胞内的有效成分。例如，在抗生素生产中，用乙醇从菌丝体中提取庐山霉素、曲古霉素；用丙酮从菌丝体内提取灰黄霉素等。液-固萃取的方法比较简单，也不需要结构复杂的设备，但在多数情况下生物活性物质大量存在于胞外的培养液中，需用其他的萃取方法如液-液萃取法进行处理。

(2)液-液萃取。用溶剂从溶液中抽提物质叫液-液萃取，也称溶剂萃取。根据所用萃取剂性质不同或萃取机制的不同，液-液萃取可分成多种类型。经典的液-液萃取指的是有机溶剂萃取，在生物产物中可用于有机酸、氨基酸、维生素等生物小分子的分离和纯化。

20 世纪 60 年代以来相继出现了液膜萃取和反胶团萃取等溶剂萃取新技术。20 世纪 70 年代以后，双水相萃取技术快速发展，为蛋白质特别是胞内蛋白质的提取纯化提供了有效的手段。此外，20 世纪 70 年代后期，利用超临界流体为萃取剂的超临界流体萃取法开始用于生物活性成分的精制分离。在生物制药中的纤维素的水解、细胞破碎、药物成分的分离纯化和超细颗粒的制备等方面显现出良好的应用前景。随着各种萃取新技术出现，液-液萃取技术不断地向广度与深度发展。萃取技术更趋全面，适用于各种生物产物的分离纯化。

二、萃取的基本理论

1. 分配定律

在恒温恒压条件下，溶质在互不相溶的两相中达到分配平衡时，如果其在两相中的相对分子质量相等，则其在两相中的平衡浓度之比为常数，这个常数称为分配系数。

$$A=C_2/C_1$$

适用条件：相同分子形态存在于两相中的溶质的浓度之比。不适合化学萃取，固溶质在各相中并非以同一种分子状态存在。

如果原料中有两种溶质，A(产品)与 B(杂质)，由于溶质 A、B 的分配系数不同，如 A 的分配系数大于 B，于是经萃取后，溶剂相中 A 的含量就较 B 多，这样经萃取后 A 和 B 得到了一定程度的分离，产品的纯度提高。溶剂对溶质 A、B 分离能力的大小用分离因数来表示。

$$\beta=\frac{\dfrac{y_A}{x_A}}{\dfrac{y_B}{x_B}}$$

β 为分离因数，或称选择性，β 值的大小反映了萃取分离的效果。

多数情况下，溶质在各相中并非以同一种分子形态存在，特别是化学萃取中，这时分配系数常用溶质在两相中的总浓度之比来表示。

$$m=\frac{c_2}{c_1}=\frac{y}{x}$$

2. 弱电解质的分配平衡

溶剂萃取常用于有机酸、氨基酸和抗生素等弱酸或弱碱性电解质萃取。萃取达到平衡状态时，一方面弱电解质在水相中达到解离平衡；另一方面未解离的游离电解质在两相中达到分配平衡。

对弱酸性和弱碱性电解质，解离平衡关系为：

$$AH \xrightleftharpoons{K_a} A^- + H^+$$

萃取平衡时，弱酸的分配系数为：

$$m_a = \frac{A_a[H^+]}{K_a + [H^+]}$$

弱碱的分配系数为：

$$m_b = \frac{A_b K_b}{K_b + [H^+]}$$

3.化学萃取平衡

由于氨基酸和一些极性较大的抗生素水溶性很强，在有机相中的分配系数很小，甚至为0，利用一般的物理萃取效率很低，甚至无法萃取，这时可用化学萃取解决。常用于氨基酸的萃取剂有：季铵盐类（氯化三辛基甲铵）、磷酸酯类[二(2-乙基己基)磷酸]等。

应用举例：利用阴离子交换萃取剂：氯化三辛基甲铵（TOMAC）

$$m_A = K_{eCl} m_{Cl} \left(1 + \frac{[H^+]}{K_2} + \frac{[H^+]^2}{K_1 K_2}\right)^{-1}$$

阳离子交换萃取剂：二(2-乙基己基)磷酸（D_2EHPA，记作 HR）

$$m_A = K_{eCl} m_{Cl} \left(\frac{K_2}{K_2 + [H^+]}\right)$$

三、液-液萃取条件选择

1.水相物理条件的影响

(1)pH 值。由分配系数的计算可知，无论是物理萃取还是化学萃取，水相 pH 值对弱电解质分配系数有显著影响。物理萃取时，弱酸性电解质的分配系数随 pH 值降低而增大，而弱碱性电解质则正相反，而分配系数又直接影响萃取收率；另外，溶液的 pH 值也影响药物的稳定性。

①红霉素萃取。红霉素是碱性电解质，在乙酸戊酯和 pH 值 9.8 的水相之间分配系数为 44.7，而水相 pH 值降至 5.5 时，分配系数降至 14.4。

②青霉素萃取。青霉素是较强的有机酸，pH 值对其分配系数有很大影响。在较低 pH 值下有利于青霉素在有机相中的分配，当 pH 值大于 6.0 时，青霉素几

乎完全分配于水相中。因此，选择适当的 pH 值，不仅有利于提高青霉素的收率，还可根据共存杂质的性质和分配系数，提高青霉素的萃取选择性。

③红霉素反萃取。反萃取操作同样可通过调节 pH 值实现。红霉素在 pH 9.4 的水相中用醋酸戊酯萃取，而反萃取用 pH 5.0 的水溶液。

(2)温度。选择适当的操作温度，有利于目标产物的回收和纯化。

由于生物产物在较高温度下不稳定，故萃取操作一般在常温或较低温度下进行。

(3)无机盐。无机盐的存在可降低溶质在水相中的溶解度，有利于溶质向有机相中分配。但盐的添加量要适当，用量过多会使杂质转入有机相，以利于目标产物的选择性萃取。

2. 有机溶剂或稀释剂的选择

选择合适的有机溶剂，可使目标产物有较大的分配系数和较高的选择性。由相似相溶的原理，重要的相似是在分子的极性上。选择与目标产物极性相近的有机溶剂为萃取剂，可以得到较大分配系数。

有机溶剂满足的条件：

(1)价廉易得；

(2)与水相不互溶；

(3)容易回收和再利用；

(4)与水相有较大的密度差，且黏度小，表面张力适中，相分散和相分离较容易；

(5)毒性低，腐蚀性小，闪电低，使用安全；

(6)不与目标产物发生反应。

常用于抗生素类生物产物萃取的有机溶剂有丁醇等醇类、乙酸乙酯、乙酸丁酯和乙酸戊酯等乙酸酯类以及甲基异丁基甲酮等。化学萃取氨基酸的稀释剂主要有煤油、己烷、异辛烷、正十二烷等。

3. 化学萃取剂

由于氨基酸和一些极性较大的抗生素的水溶性很强，在有机相中的分配系数很小甚至为零，利用一般的物理萃取效率很低，须采用化学萃取。

由于萃取剂与抗生素形成复合物分子的疏水性比抗生素高，从而在有机相中有很高的溶解度。因此，在抗生素萃取中，萃取剂又称带溶剂。

应用：青霉素为有机酸，可与四丁胺等脂肪碱通过离子键结合而容易溶于氯仿中。因此，对于在一定 pH 值下容易物理分配于有机相中的目标产物(如青霉素)，亦可通过加入萃取剂，增大其在不同 pH 值的水相中对有机相的分配系数，使其在稳定性高的 pH 值下进行萃取操作。

4.乳化现象

乳化:水或有机溶剂以微小液滴形式分散于有机相或水相中的现象。产生乳化后使有机相和水相分层困难。

产生乳化原因:发酵液中存在蛋白质和固体颗粒等物质,具有表面活性剂的作用,使有机溶剂(油)和水的表面张力降低,油或水易于以微小液滴的形式分散于水相或油相中,形成了乳浊液。

水包油型(O/W 型)乳浊液:油滴分散于水相。

油包水型(W/O 型)乳浊液:水滴分散于油相。

在通常的有机溶剂萃取操作中需尽量避免乳化现象的产生。

防止乳化现象的方法:

(1)操作前对发酵液进行过滤或絮凝沉淀处理,除去大部分蛋白质及固体微粒,防止乳化现象发生。

(2)产生乳化后,根据乳化的程度和乳浊液的形式采取适当的破乳手段。

①乳化现象不严重:采用过滤或离心沉降的方法;

②O/W 型乳浊液:加入亲油性表面活性剂;

③W/O 型乳浊液:加入亲水性表面活性剂。

四、液-液萃取设备

1.混合-澄清式萃取

混合-澄清式萃取器由料液与萃取剂的混合器和用于两相分离的澄清器构成(图 1-20)。

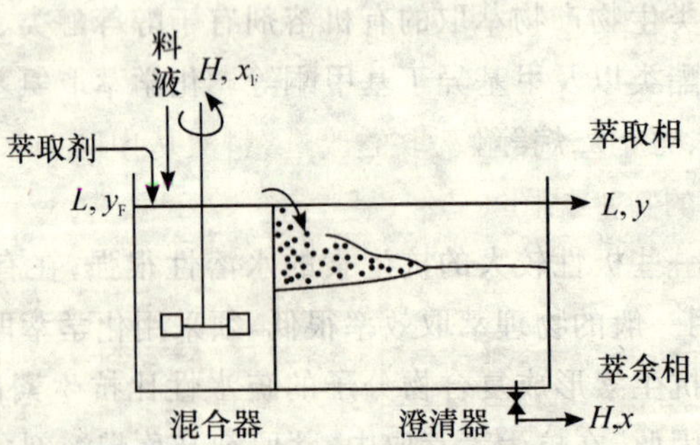

图 1-20 混合-澄清式萃取设备示意图

2.多级错流接触萃取

单级接触萃取,由于只萃取一次,所以萃取效率不高,为达到一定的萃取收率,间歇操作时需要的萃取剂量较大,或者连续操作时所需萃取剂的流量较大。所以需要采取多级萃取。多级错流萃取见图 1-21。

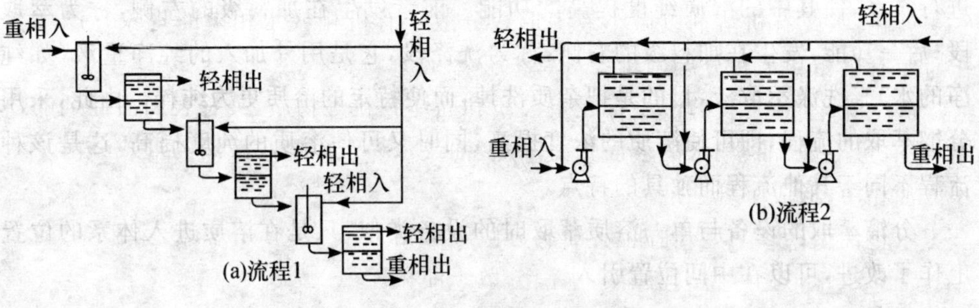

图 1-21　多级错流萃取示意图

3. 多级逆流接触萃取

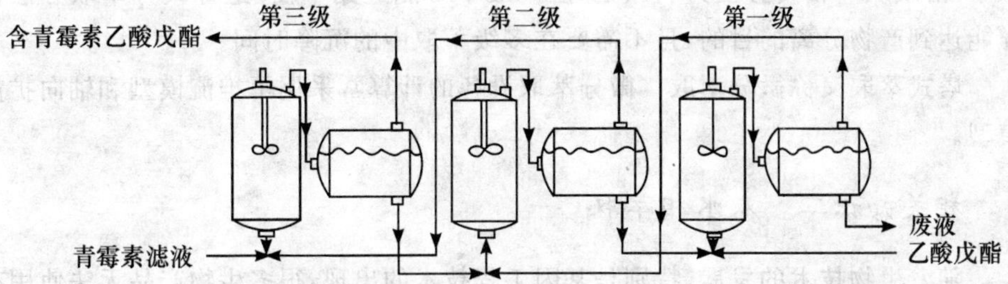

在三级逆流萃取装置中用乙酸戊酯从澄清的发酵液中分离青霉素

图 1-22　多级逆流接触萃取

多级逆流接触萃取：将多个混合-澄清器单元串联起来分别在左右两段的混合器中连续通入料液和萃取液，使料液和萃取液逆流接触，即构成多级逆流接触萃取。

4. 分馏萃取

分馏萃取是对多级逆流接触萃取的改进，料液从中间的某一级加入。

分馏萃取过程的特点见图 1-23。

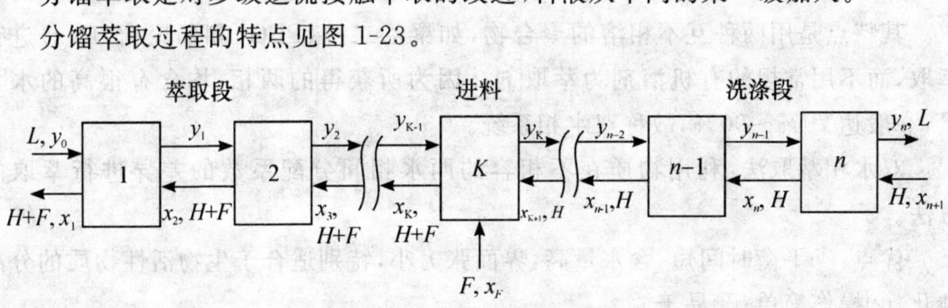

图 1-23　分流萃取流程示意图

分馏萃取过程兼有两种功能，即从料液中把溶质分离出来的功能和对萃取液进行洗涤，使其中的溶质纯度提高的功能。前者发生在加料级的左侧，称为萃取段；后一功能，发生在加料级的右侧，称为洗涤段，它是用外加入的纯净重液（如纯净的水）来洗涤萃取液，目的是把杂质洗掉，而使特定的溶质更为纯粹。由此，采用分馏萃取的流程，即可使溶质的浓度提高，同时又可使溶质的纯度提高，这是该种流程不同于其他流程而独具的特点。

分馏萃取的设备与单一溶质萃取时的设备类似，只是在溶质进入体系的位置上作了改进，可以在中间位置引入。

5. 微分萃取

当轻相和重相连续不断地逆流通过萃取器时，就会产生微分萃取，在两相的接触中，溶质从一相转移至另一相中，但一般不可能达到平衡，这种微分萃取方法同样能达到产物分离的目的，且不需要在多级萃取中的沉降时间。

塔式萃取又称微分萃取。微分萃取设备的计算常采用平推流模型和轴向扩散模型。

相关知识二　双水相萃取

随着生物技术的发展，特别是基因工程技术的出现，很多生物产品无法使用有机溶剂萃取的方法来进行分离纯化，其原因是有机溶剂对这些生物物质有毒害作用。因此需要开发大规模生产的、经济简便的、快速高效的分离纯化技术，其中双水相萃取技术是极有前途的新型分离技术。

一、基本概念

双水相萃取是近年来发展起来的一种新萃取方法，主要用于酶和蛋白质的萃取。其特点是用两种互不相溶的聚合物，如聚乙二醇（PEG）和葡聚糖（Dex）进行萃取，而不用常规的有机溶剂为萃取剂。因为所获得的两相，均含有很高的水含量，一般达70％～90％，故称双水相系统。

双水相萃取法：利用物质在不相容的两水相间分配系数的差异进行萃取的方法。

优点：①平衡时间短，含水量高，界面张力小，特别适合于生物活性物质的分离纯化；②操作简单；③易于放大。

二、双水相系统

一些天然的或合成的水溶性聚合物水溶液，当它们与第二种水溶性聚合物相混时，只要聚合物浓度高于一定值，就可能产生相的分离，形成双水相体系。双水相体系的主要成因是聚合物之间的不相容性，即聚合物分子的空间阻碍作用使相互间无法渗透，从而在一定条件下分为两相。一般认为，只要两种聚合物水溶液的水溶性有所差异，混合时就可发生相分离，并且水溶性差别越大，相分离倾向也就越大。聚乙二醇（PEG）/葡聚糖（dextran，DEX）、聚乙二醇/聚乙烯醇、聚乙烯醇/甲基纤维素、聚丙二醇/葡聚糖、聚丙二醇/甲氧基聚乙二醇等均为双聚合物的双水相系统。

此外，某些聚合物的溶液在与某些无机盐等低相对分子质量化合物的溶液相混时，只要浓度达到一定值，也会产生两相。这就是聚合物—低相对分子质量化合物双水相体系。最为常用的聚合物—低相对分子质量化合物体系为 PEG/磷酸钾、PEG/磷酸铵、PEG/硫酸钠、PEG/葡萄糖等。上相富含 PEG，下相富含无机盐或葡萄糖。与一般的水—有机溶剂体系相比较，双水相体系中两相的性质差别（如密度和折射率等）较小。由于折射率的差别甚小，有时甚至都难以发现它们的相界面。两相间的界面张力也很小。

1. 双水相系统的形成图（图 1-24）

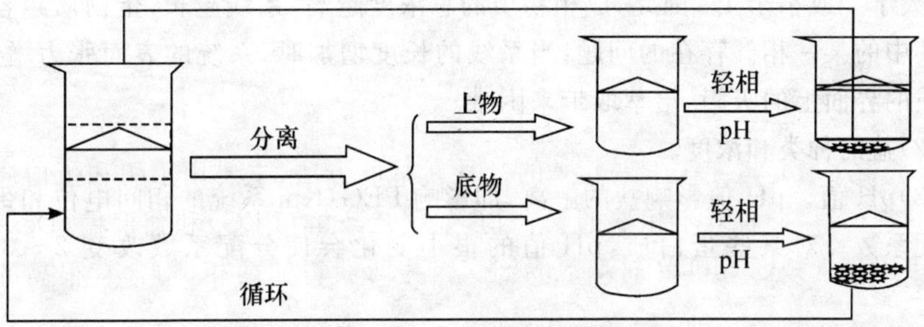

图 1-24 双水相系统的形成图

双水相系统的类型：双水相系统分为两大类：高聚物/高聚物、高聚物/低分子。

2. 双水相中的分配平衡和相平衡

溶质在双水相中的分配系数：

$$m=\frac{\text{上相平衡总浓度}(\mathrm{mol/dm^3})}{\text{下相平衡总浓度}(\mathrm{mol/dm^3})}=\frac{c_2}{c_1}$$

图 1-25 为双水相系统的典型相图。

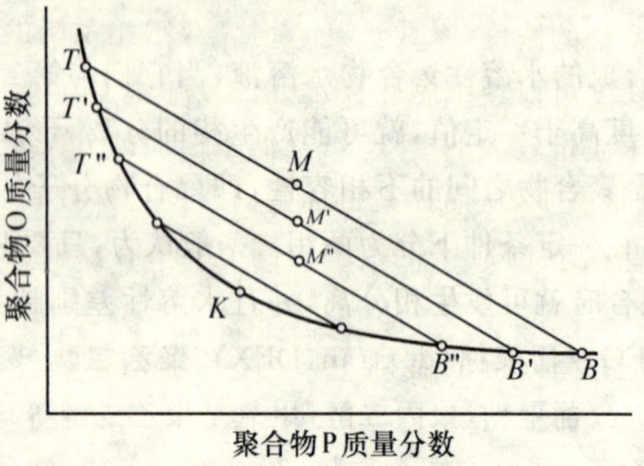

图 1-25 聚合物 P、O 水系统的相图示意图

3. 影响分配系数因素

影响双水相萃取的因素：聚合物种类；聚合物的平均分子量；聚合物的分子量分布；离子种类；连接线长度（取决于浓度）；离子强度和 pH 值。

(1)成相聚合物。与分子量有关，若降低聚合物的分子量，则蛋白质分配于富含该聚合物的相中。如 PEG/DX 系统，若降低 DX 的分子量，则 m 减小。这一规律具有普遍意义。成相系统的总浓度：增大时，系统远离临界点，系线长度增加，两相性质的差别（疏水性等）增大，蛋白质分子的分配系数将偏离临界点处的值（$m=1$），即大于 1 或小于 1。因此，成相物质的总浓度越高，系线越长，蛋白质越容易分配于其中的某一相。存在的问题：当系线的长度增加时，系统的表面张力增加，导致溶质的界面上的吸附，给萃取带来困难。

(2)盐的种类和浓度。

(3)pH 值。pH 值影响盐的解离，即影响 PEG/Kpi 系统的相间电位和蛋白质的分配系数。对某些蛋白质，pH 值的很小变化会使分配系数改变 2～3 个数量级。

(4)温度。分配系数对操作温度不敏感。所以大规模双水相萃取一般在室温下进行，不需冷却，这是因为：①成相聚合物 PEG 对蛋白质有稳定，常温下蛋白质一般不会发生失活或变性；②常温下溶液黏度较低，容易相分离；③常温操作节省冷却费用。

4. 双水相系统的选择

根据目标蛋白质和共存杂质的表面疏水性、相对分子质量、等电点和表面电荷等性质上的差别，综合利用静电作用、疏水作用和添加适当种类和浓度的盐，可选择性萃取目标产物：

(1)若目标产物与杂蛋白的表面疏水性 HFS 相差较大，可充分发挥盐析作用；

(2)提高成相系统的浓度(系线长度)，增大双水相系统的疏水性 HF；

(3)改变系线长度可以使细胞碎片选择性分配于 PEG/盐系统的下相；

(4)用相对分子质量较大的 PEG 可降低蛋白质的分配系数，使萃取到 PEG 相(上相)的蛋白质总量减少，从而提高目标蛋白质的选择性；

(5)在磷酸盐存在于 pH≥7 的范围内调节 pH 值也可提高目标产物的萃取选择性。

在上述理论的经验分析的基础上，设计合理的试差试验，可确定最佳萃取系统。

双水相萃取过程包括以下几个步骤：双水相的形成；溶质在双水相中的分配；双水相的分离等。

5. 多步萃取

细胞匀浆液中的目标产物可以经过多步萃取获得较高的纯化倍数。

第一步：萃取使细胞碎片、大部分杂蛋白和亲水性核酸、多糖等发酵副产物分配于下相，目标产物分配于上相。如目标产物尚未达到所需纯度，向上相中加入盐使其重新形成双水相。

第二步：第二步萃取可除去大部分多糖和核酸。

第三步：使目标产物分配于盐相，以使目标产物与 PEG 分离，便于 PEG 的重复利用和目标产物的进一步加工处理。

以上步骤中，如果第一步的选择性足够大，可省略中间步骤，在第二步中即将目标产物分配于盐相。

表 1-4 为在甲酸脱氢酶纯化中萃取工段的较大特征。

表 1-4 在甲酸脱氢酶(FDA)纯化中萃取工段的放大特征

步骤	10 mL 规模时 FDA 的收率/%	放大规模时 FDA 的收率/%	放大因子
A	95	94(250 mL)	25 000
B	84	80(350 mL)	35 000
C	93	93(386 mL)	38 600
D	100	100(233 m L)	23 300
总收率	74	70	(2～4)×10 000

在双水相萃取过程中，当达到相平衡后可采用连续离心法进行相分离。由于

达到相平衡所需时间较短，因此双水相萃取法容易实现连续操作，这在蛋白质类生物大分子的下游加工过程各种单元操作中是不多见的。

三、双水相萃取技术应用

1.分离和提纯各种蛋白质(酶)

用 PEG/$(NH_4)_2SO_4$双水相体系，经一次萃取从 α-淀粉酶发酵液中分离提取 α-淀粉酶和蛋白酶，萃取最适宜条件为 PEG1000(15%)-$(NH_4)_2SO_4$(20%)，pH 8，α-淀粉酶收率为 90%，分配系数为 19.6，蛋白酶的分离系数高达 15.1。比活率为原发酵液的 1.5 倍，蛋白酶在水相中的收率高于 60%。通过向萃取相(上相)中加入适当浓度的$(NH_4)_2SO_4$可达到反萃取。实验结果表明，随着$(NH_4)_2SO_4$浓度的增加，双水相体系两相间固体物质析出量也增加。固体沉淀物即可干燥后生产工业级酶制剂，也可将固体物加水溶解后用有机溶剂沉淀法制造食品级酶制剂。用双水相体系从牛奶中纯化蛋白，研究了牛血清蛋白(OSA)、牛酪蛋白、β-乳球蛋白在 PEG/磷酸盐体系中的分配以及 PEG 相对分子质量、pH 值和盐的加入对 3 种蛋白分配的影响。实验结果表明，增加 NaCl 浓度，可提高分配系数，最佳 pH 值为 5。对牛血清和牛酪蛋白，可得到更高的分配系数。

图 1-26 细胞内蛋白质的双水相萃取法工艺流程。

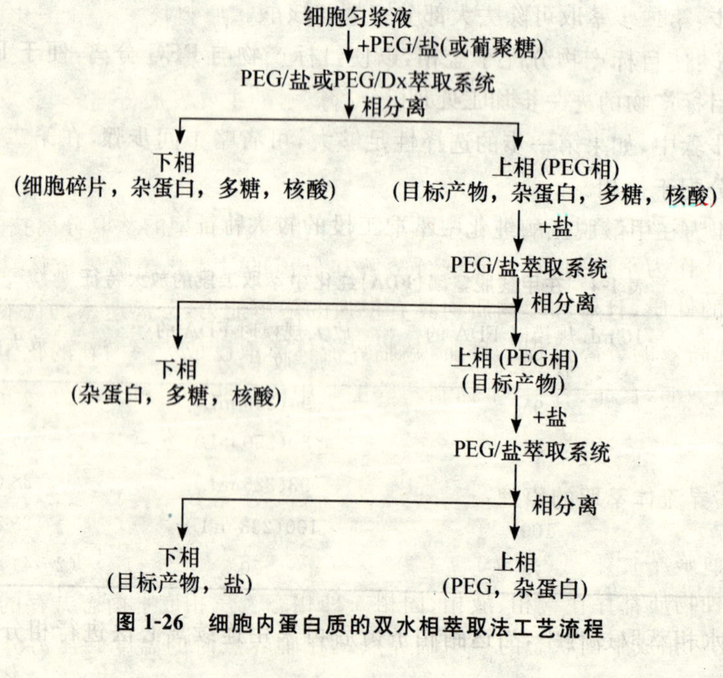

图 1-26　细胞内蛋白质的双水相萃取法工艺流程

2.提取抗生素和分离生物粒子

用双水相技术直接从发酵液中将丙酰螺旋霉素与菌体分离后进行提取，可实现全发酵液萃取操作。采用 PEG/Na_2HPO_4体系，最佳萃取条件是 pH 8.0～8.5、PEG2000(14%)/Na_2HPO_4(18%)，小试收率达 69.2%，对照的乙酸丁酯萃取工艺的收率为 53.4%，相对分子质量不同的 PEG 对双水相提取丙酰螺旋霉素的影响不同，适当选择低相对分子质量的 PEG 有利于减小高聚物分子间的排斥作用，并能降低体系黏度，有利于抗生素分离。采用双水相技术，可直接处理发酵液，且基本消除乳化现象，在一定程度上提高了萃取收率，加快了实验进程，但引起纯度下降，需要进一步研究和改进。

3.天然产物的分离与提取

中草药是我国医药宝库中的瑰宝，已有数千年的历史，但由于天然植物中所含的化合物众多，特别是中草药有效成分的确定和提取技术发展缓慢，我国传统中药难以进入国际市场。双水相萃取技术可用于许多天然产物的分离纯化，效果明显。

尽管双水相萃取技术用于大规模生产具有许多明显的优点，但大量文献表明，双水相萃取技术在工业中还没有被广泛利用。部分原因是两相间的溶质分配对于具有高度选择性、需要从上千种蛋白中分离一种蛋白这种情况提供了很小的范围。另外，如何从聚合相中回收目的产物、循环利用聚合物与盐以降低成本问题还有待进一步研究。目前双水相萃取技术应用的主要问题是原料成本高和纯化倍数低。因此，开发廉价双水相体系及后续层析纯化工艺，降低原料成本，采用新型亲和双水相萃取技术，提高分离效率将是双水相分离技术的主要发展方向。

相关知识三　超临界流体萃取

超临界流体萃取是近 20 年来迅速发展起来的一种新型的萃取分离技术，是利用超临界流体作为萃取剂，对物质进行溶解和分离的过程。超临界流体具有气体和液体之间的性质，且对许多物质均具有很强的溶解能力，分离速率远比液体萃取快，可以实现高效的分离过程。目前，超临界流体萃取已成为一门新的化工分离技术，并开始在炼油、食品、香料、生物制药等工业中的一些特定组分的分离上展示了它的应用前景。

一、超临界流体萃取的原理

1.流体的临界特征

任何一种物质都存在气相、液相、固相 3 种相态。三相成平衡态共存的点叫三相点。液、气两相成平衡状态的点叫临界点。在临界点时的温度和压力分别称为临界温度和临界压力。不同的物质其临界点所要求的压力和温度各不相同。稳定的纯物质及由其组成的固定组成混合物具有固有的临界状态点。临界状态点是气-液不分的状态，混合物既有气体的性质，又有液体的性质。此状态点的温度 T_c、压力 p_c、密度 ρ 称为临界参数。在纯物质中，当操作温度超过它的临界温度 T_c，无论施加多大的压力，也不可能使其液化。所以 T_c 温度是气体可以液化的最高温度，临界温度下气体液化所需的最小压力 p_c，就是临界压力。

图 1-27 为临界点附近的 p-T 相图。

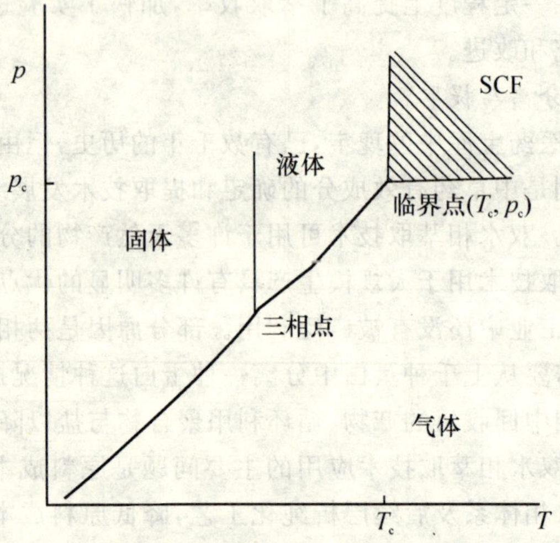

图 1-27 临界点附近的 p-T 相图

2. 超临界流体特征

超临界流体是处于临界温度和临界压力以上的非凝缩性的高密度流体。处于超临界状态时，气-液两相性质非常相近，以致无法分别，所以称为超临界流体。超临界流体没有明显的气-液分界面，既不是气体，也不是液体，是一种气-液不分的状态，性质介于气体和液体之间，具有优异的溶剂性质，黏度低，密度大，有较好的流动、传质、传热和溶解性能。流体处于超临界状态时，其密度接近于液体密度，并且随流体压力和温度的改变发生十分明显的变化，而溶质在超临界流体中的溶解度随超临界流体密度的增大而增大。超临界流体萃取正是利用这种性质，在较高压力下，将溶质溶解于流体中，然后降低流体溶液的压力或升高流体溶液的温度，使溶解于超临界流体中的溶质因其密度下降，溶解度降低而析出，从而实现特定溶质的萃取。

可作为超临界流体的物质很多，如二氧化碳、一氧化亚氮、六氟化硫、乙烷、庚烷、氨等(表 1-5、表 1-6)，用作萃取剂的超临界流体应具备以下条件：①化学性质稳定，对设备没有腐蚀性，不与萃取物发生反应；②临界温度应接近常温或操作温度，不宜太高或太低；③操作温度应低于被萃取溶质的分解变质温度；④临界压力低，以节省动力费用；⑤对被萃取物的选择性高（容易得到纯产品）；⑥纯度高，溶解性能好，以减少溶剂循环用量；⑦货源充足，价格便宜。如果用于食品和医药工业，还应考虑选择无毒的气体。

表 1-5 部分超临界流体萃取剂的临界参数

流体	临界温度/℃	临界压力/10^5 Pa	临界密度/(g/cm^3)	流体	临界温度/℃	临界压力/10^5 Pa	临界密度/(g/cm^3)
CO_2	31.06	73.9		甲醇	240.4	81.0	0.272
SO_2	157.6	79.8	0.525	乙烷	88.7	49.4	0.203
N_2O	36.5	72.7	0.451	丙烷	−42.1	43.2	0.220
水	374.3	224	0.326	丁烷	10.0	38.5	0.228
氨	132.4	114.3	0.236	戊烷	36.7	34.2	0.232
苯	288.9	49.5	0.302	乙烯	9.9	51.9	0.227
甲苯	318.5	41.6	0.292				

表 1-6 超临界流体与气体、液体的性能比较

项　目	气体（常温、常压）	超临界流体 (T_c, p_c)	超临界流体 $(T_c, 4p_c)$	液体（常温、常压）
密度/(g/cm^3)	0.002～0.006	0.2～0.5	0.4～0.9	0.6～1.6
黏度/[10^5 kg/(m·s)]	1～3	1～3	3～9	20～300
自扩散系数/(10^4 m^2/s)	0.1～0.4	0.7×10^{-3}	0.2×10^{-3}	$(0.2～2)\times10^{-5}$

目前研究较多的超临界流体是二氧化碳。CO_2临界温度为 31.1 ℃，临界压力为 7.2 MPa，临界条件容易达到。在超临界状态下，流体兼有气-液两相的双重特点，既具有与气体相当的高扩散系数和低黏度，又具有与液体相近的密度和物质良好的溶解能力。其密度对温度和压力变化十分敏感，且与溶解能力在一定压力范围内成比例，所以可通过控制温度和压力改变物质的溶解度。同时CO_2具有化学性质不活泼、无色无味无毒、安全性好、价格便宜、纯度高、容易获得等优点，特别适合天然产物有效成分的提取。

3. 超临界流体萃取特点

用超临界CO_2萃取技术进行生物活性物质的分离提取，和传统萃取分离方法相比，具有许多独特的优点：

(1)萃取和分离合二为一，当饱含溶解物的二氧化碳超临界流体流经分离器时，由于压力下降使得CO_2与萃取物迅速成为两相（气-液分离）而立即分开，不存在物料的相变过程，不需回收溶剂，操作方便。不仅萃取效率高，而且能耗较少，节

2. 用超临界CO_2从咖啡中脱除咖啡因

超临界萃取首先收到商业效益的实例是用超临界CO_2从咖啡豆中萃取咖啡因。开始是用烘烤过的咖啡豆进行萃取，但是影响其芳香性，现已作了改进，超临界CO_2可以有选择性地直接从原料中萃取咖啡因而不失其芳香味。具体过程为将绿咖啡都预先用水浸泡增湿，用70～90 ℃，16～22 MPa的超临界CO_2进行萃取，CO_2可循环使用；咖啡因从豆中向流体相扩散然后随CO_2一起进入水洗塔，用70～90 ℃水洗涤，约10 h后，所有的咖啡因都被水吸收；该水经脱气后进入蒸馏器回收咖啡因。通过萃取，咖啡豆中的咖啡因可以从原来的0.7%～3%下降到0.02%以下，具体工艺流程见图1-29。此工艺也可用于从茶叶中萃取咖啡因等。

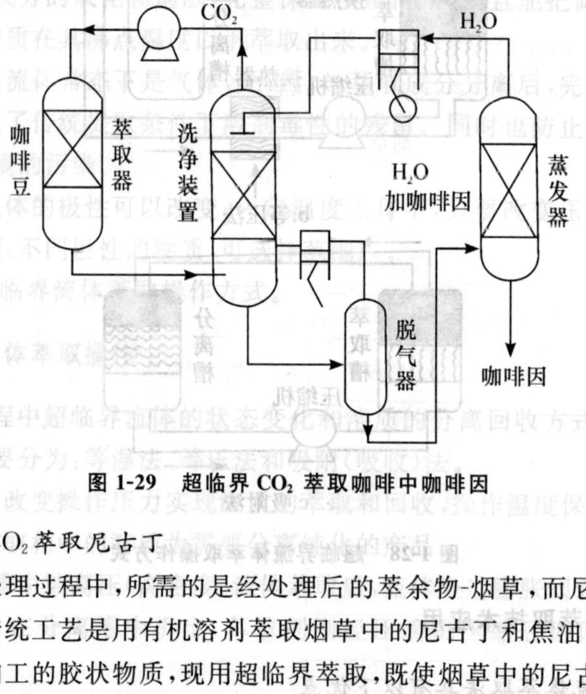

图1-29 超临界CO_2萃取咖啡中咖啡因

3. 超临界CO_2萃取尼古丁

在烟草的处理过程中，所需的是经处理后的萃余物-烟草，而尼古丁萃取物是次要的东西。传统工艺是用有机溶剂萃取烟草中的尼古丁和焦油，常会产生一种不利于进一步加工的胶状物质，现用超临界萃取，既使烟草中的尼古丁含量降低到所求水准，又使其香味损失极少。

尼古丁超临界流体萃取分单级和多级过程。

表1-7为超临界流体萃取技术应用。

单级工艺流程中水含量约25%，温度控制在55 ℃，压力为21 MPa。萃取后的烟草经干燥后可进一步加工处理，萃取物-尼古丁可通过减压升温或吸附等方法进行分离。单级萃取的缺点是不利于保留烟草香味。

表 1-7　超临界流体萃取技术应用

应用范围	品　种
功能性油脂	沙棘油、小麦胚芽油、鱼油、葡萄籽油等
中药及中药提取物	穿心莲提取物、当归油、丹参提取物、厚朴提取物、薄荷油、五味子油、车前子油、柴胡油、川穹油、姜黄色素、菟丝子油、枸杞子油、鸦胆子油、天然咖啡因、紫草素、丹皮酚、乳香提取物、野菊花油、苍术油、香附油、青蒿素、霍香游、紫苏叶油、熊果酸
调味品	姜油、辣素、辣椒色素、花椒油、胡椒油
香料、香精	辛夷花精油、烟叶精油

多级萃取工艺流程图见图 1-30，第一级中，CO_2 有选择地将香味从新鲜烟草中移去，加入到已脱除尼古丁和香味的烟草中去。第二级中将烟草增湿，在等温等压的循环操作中脱除尼古丁。第三级中，通过反复溶解和沉淀，将香味均匀分布在烟草中。经这样萃取后的烟草尼古丁含量可降低 95%左右。

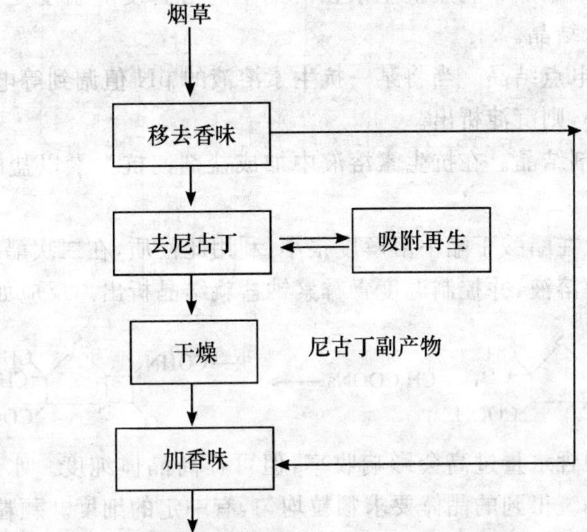

图 1-30　超临界 CO_2 多级萃取尼古丁示意图

任务三 纯化及精制

这是青霉素生产的最后工序。对产品进行精制、烘干和包装的阶段要符合“药品生产管理规范”的规定。

1.脱色和去热原质

脱色和去热原质是精制注射用青霉素中不可缺少的一步。色素是在发酵过程中所产生的代谢产物,它与菌种和发酵条件有关。热原质是在生产过程中由于被污染后杂菌所产生的一种内毒素。生产中一般用活性炭脱色去热原质,但需注意脱色时 pH 值、温度、活性炭用量及脱色时间等因素,还应考虑它对抗生素的吸附问题,否则影响收率。

2.结晶

抗生素精制常用结晶法来制得高纯度成品。常用的几种结晶方法有:

(1)改变温度结晶。利用抗生素在溶剂中的溶解度随温度变化而显著变化的这一特性来进行结晶。

(2)利用等电点结晶。当将某一抗生素溶液的 pH 值调到等电点时,它在水溶液中溶解度最小,则沉淀析出。

(3)加成盐剂结晶。在抗生素溶液中加成盐剂使抗生素以盐的形式从溶液中能够沉淀结晶。

青霉素钠盐在醋酸丁酯中溶解度很小,利用此性质,在二次醋酸丁酯萃取液中加入醋酸钠乙醇溶液,并控制温度青霉素钠盐就结晶析出。反应如下:

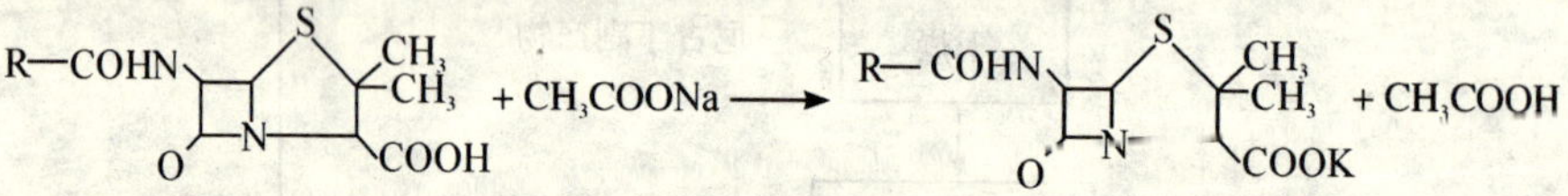

醋酸丁酯中含水量过高会影响收率,但可提高晶体纯度。水分在 0.9%以下对收率影响较小。得到的晶体要求颗粒均匀,有一定的细度。颗粒太细会使过滤、洗涤困难。晶体经丁醇洗涤,真空干燥即可等到成品。

运用技术方法 干燥技术

一、干燥工艺过程

一个完整的干燥工艺过程,是由加热系统、原料供给系统、干燥系统、除尘系统、气流输送系统和控制系统组成,见图 1-31。

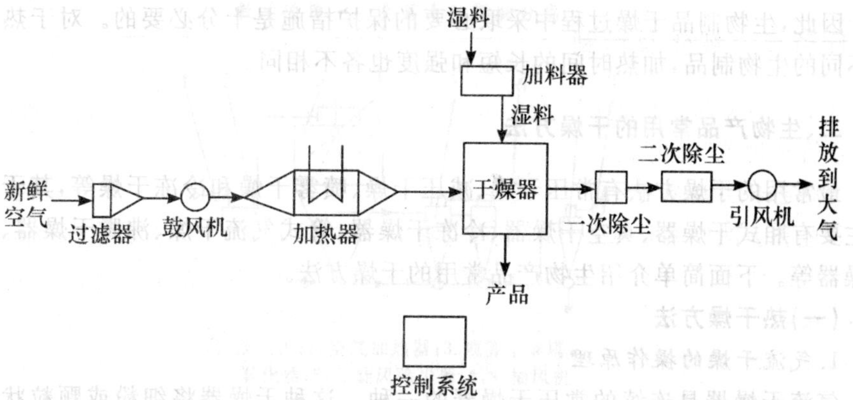

图 1-31 干燥工艺流程

固体物料的干燥包括两个基本过程，首先是使物料加热以使湿分气化的传热过程，然后是汽化后的湿分空气由于其蒸气分压较大而扩散进入气相的传质过程，而湿分从固体物料内部借助扩散等的作用而源源被输送到固体表面，则是一个物料的内部传质过程。因此，干燥的特点是传热和传质同时并存，两者相互影响又相互制约，有时加热加速传质过程的进行，有时加热却减缓传质过程的进行。在生产操作、设备选型和干燥过程的解析过程中，都应该注意这一点。

要详细了解干燥的基本过程，需要确定物料干燥速率。物料的干燥速率是指干燥时单位干燥面积，单位时间内气化的水量，其影响因素如下：

(1)物料的性质、结构和形状。物料的性质和结构不同，物料与水分的结合方式以及结合水与非结合水的界线不同，干燥速率也不同。物料的形状、大小以及堆积方式不仅影响干燥面积，而且也影响干燥速率。

(2)干燥介质的温度和湿度。干燥介质的温度越高，湿度越低，干燥速率越大。但干燥介质的温度过高，最初干燥速率过快不仅会损坏物料，还会造成临界含水量的增加，反而会使后期的干燥速率降低。

(3)干燥操作条件。干燥操作条件主要是干燥介质与物料的接触方式，以及干燥介质与物料的相对运动方向和流动状况。

(4)干燥器的结构形式。干燥器的结构形式不同，也会影响干燥速率。

大部分的生物制品，以干的形式出厂时，还含有 5%～12%的水分。在干燥生物原料的过程中，水分的去除和热的作用会引起极重要的变化，影响成品的质量。例如，对热不稳定的物质如活的微生物或活性蛋白，在干燥的过程中，随着水分的脱除，物料的结构受到破坏，电解质和有毒物的浓度会增加，使蛋白质变性和酶钝

类、果汁的冷冻干制品储藏期为 8～24 个月。但是设备投资和运转费用都比较昂贵，只适宜用于高值产品。

真空冷冻干燥一般采用预冻结，就是先将含水分的生物物质快速低温冻结，然后在高真空容器中进行生物物质的升华脱水，最后达到干燥目的成为冻干生物制品。生物制品的脱水干制是高温下使食品中的水分从液态转化为气态，而真空冻结干燥是在低温下使食品中的冰结晶体直接升华成为水蒸气。为达到这种目的，必须要保证食品中的水溶液保持在三相点以下，三相点即固态、液态和气态三相共存或处于平衡点，如图 1-33 所示。

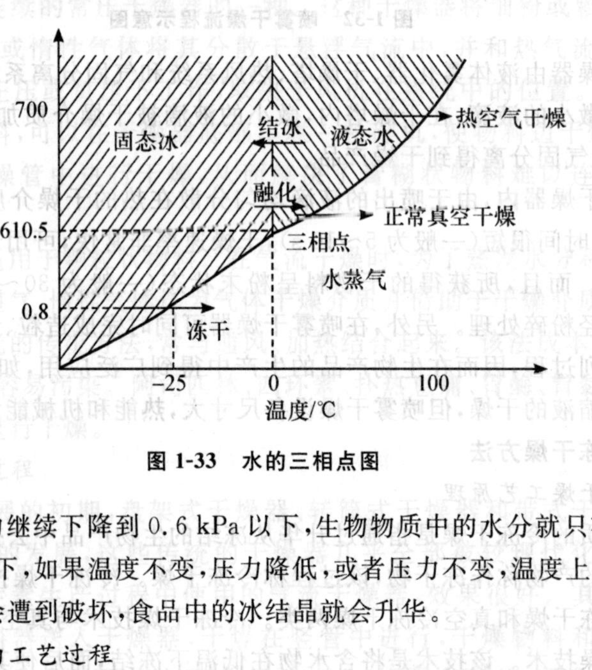

图 1-33　水的三相点图

在环境中压力继续下降到 0.6 kPa 以下，生物物质中的水分就只有固态、气态两相，在这种状态下，如果温度不变，压力降低，或者压力不变，温度上升，这时冰—气状态的平衡就会遭到破坏，食品中的冰结晶就会升华。

2. 冷冻干燥的工艺过程

(1)预冻。冻干工艺过程的第一步为预冻，即将待处理样品完全冻结。在这个过程中，样品成为冰晶和分散的溶质。为了提高干燥效率，应尽可能提高制品升华的表面积，以加快冻干的速度。制品冻结速度的快慢，是影响制品质量的重要因素。一般情况下，溶液速冻时(每分钟降温 10～50 ℃)，形成在显微镜下可见的晶粒；慢冻时(每分钟降温 1 ℃)，形成肉眼可见的晶粒。此过程中，冰的晶体逐步长大，溶质逐渐结晶析出。同一体积的待处理液体，快速冷冻形成更多微小的冰晶体，其冻干升华的表面积较大，可加快制品升华干燥的过程。溶液慢冻时由于冻结体内冰晶体大，溶质晶核与冰之间的间隙较大，利于深层冻结体升华水分的排出，也可缩短干燥时间。速冻生成细晶升华后留下的间隙较小，使下层升华受阻。速冻成的成品粒子细腻、外观均匀、比表面积大、多孔结构好、溶解速度快，成品的引湿相对强于慢冻成品。慢冻形成的粗晶在升华时留下较大的空隙，可提高冻干效率，适用于抗生素等制品的生产。溶液冷冻所形成的冰晶形态、大小、分布情况等直接影响成品的活性、构成、色泽以及溶解性能等。到底采用何种冻结方式进行冷冻干燥，需要根据制品的特点来决定。冷冻干燥法的目的，就在于保持生物药品原有性质的长期稳定状态。

原料液冷冻干燥时，需装入适当的容器才能预冻结成一定的形状进行冷冻干燥。为了保证冻结干燥后的制品具有一定的形状，原料液溶质浓度应该在 4%～25%之间，以 10%～15%最佳。生物制品尤其是药品在容器中成形一般制品分装厚度不宜超过 15 mm，并应有恰当的表面积和厚度之比，表面积要大且厚度应小。

冻结温度应控制恰当。首先要保证样品冻结结实，但冻结温度过低不仅会造成浪费能源，有时还会引起过冷现象，即制品温度虽已达到溶液的共晶点，但溶质仍不结晶。为了避免过冷现象的发生，制品冻结的温度应低于共熔点以下的一个范围，并保持一定的时间，使其完全冻结。需冻干的产品，一般先配制成水溶液或悬浊液，其冰点低于溶剂的冰点，应在预冻之前确定制品的共熔点温度。

一般情况下，在预冻之前，应选择以下 3 个工艺参数：①预冻的速率。快速冷冻，会形成小冰晶，晶格之间的空隙也小，在升华时水蒸气就不容易排除，也就不利于升华；反之，慢冻形成的冰晶大，晶格之间隙比较大，这样就有利于水蒸气的排除，也有利于升华速率的提高，但冻干后样品的复原性较差，溶解速度也较慢。②预冻的最低温度。最低温度应适当低于制品的共熔点 10～15 ℃即可（一般生物制品的预冻温度控制在－35～－30 ℃即可）。③预冻时间。通常情况下 2～3 h 就可以完成预冻过程。如果冻结器温度平衡，升华停止。为了保持升华表面与冷凝器的温差，冻干过程中必须对制品提供足够的热量。但要注意为制品提供热量有一定的限度，不能使制品的温度超过制品自身的共熔点温度；否则，会出现制品熔化、干燥后制品体积缩小、颜色加深、溶解困难等问题。如果为制品提供的热量太少，则升华的速率很慢，会延长升华干燥的时间。

对于生物产品来说，理想的升华干燥压力控制范围应在 20～40 Pa 之间，温度应控制在低于共晶点的一个范围。在大量升华阶段，随着制品的不断干燥，制品的温度也有小幅上升，直至肉眼已见不到冰晶的存在。此时，90%以上的水分已被除去。

(2)解吸附干燥。解吸附干燥又称二级干燥或二次干燥。制品在一级升华干燥过程中虽已去除了绝大部分水分，但如果将制品置于室温下，残留的水分（吸附水）足以使制品分解。因此，有必要继续进行真空干燥，即二次干燥，以去除制品中以吸附方式存在的残留水分。制品中剩余的残留水分的理化性质与常态水不同。残留水分包括化学结合水与物理结合水，如化合物的结晶水、蛋白质通过氢键结合的水以及固体表面或毛细管中的吸附水等。由于残留水分受到溶质分子多种作用力的束缚，其饱和的蒸气压力被不同程度地降低，使其干燥速率明显下降。

对于生物制品，如生物药品，其水分含量低于或接近2%较好，原则上不超过3%。二级干燥所需的温度和时间由制品中水分的残留量来决定。一级干燥以后，样品的温度已达到0 ℃以上，90%左右的水分已被除去。此时可直接加大供热量，将温度升高至制品的最高可耐温度，以加快干燥速度。迅速提高制品温度，有利于降低制品中残余水分含量和缩短解吸干燥时间。制品的最高许可温度视制品的品种而定。一般为20～45 ℃。例如，病毒性制品的最高许可温度为25 ℃；细菌性制品的最高许可温度为30 ℃左右；血清、抗生素等的最高许可温度可提高到40 ℃以上甚至更高。实验表明，此阶段干燥箱内压强在10～30 Pa之间比较合适。

3. 冷冻干燥设备

冷冻干燥设备形式很多，但基本上都是由制冷系统、预冻系统、升华系统、冷凝系统、真空系统、热源系统组成，如图1-34所示为冷冻干燥系统组成示意图。

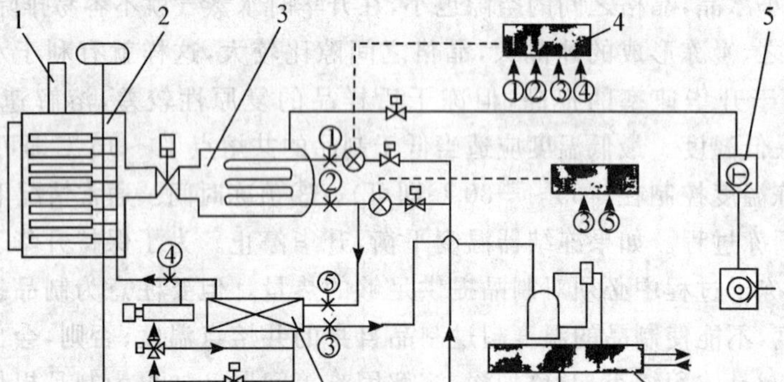

1. 液压系统；2. 冻干箱；3. 捕水器；4. 电控系统；
5. 真空系统；6. 制冷系统；7. 加热系统

图1-34　真空冷冻干燥器组成

冻干机的冻干箱有圆筒形或方形两种，它是用来盛装需冻干物料的装置。箱内设置制冷和加热用的隔板、测温探头，箱壁上装有观察窗和测真空度的规管。

捕水器是用来冷凝从被冻干物料中升华出来的水蒸气的专用部件，它相当于专抽水蒸气的冷凝泵，其作用是减少真空系统的负荷，保护油润滑的机械泵不被污染，提高泵的寿命。捕水器内设有大面积的低温冷凝表面，其温度通常在－80～

－30 ℃之间。真空系统有两大类：一类是捕水器前边配置各种机械真空泵；另一类是喷射泵，其真空度一般在 1～200 Pa 之间。

制冷系统由压缩机、冷凝器、膨胀阀和蒸发器组成。按所需的制冷温度，选配制冷机组的型式。单级制冷系统达－30 ℃，双级制冷系统可达－50 ℃，复叠式制冷系统可达－80 ℃。

电控系统主要由控制台、控制仪表、测量仪表、调节仪表、记录仪表和电路等组成。电控系统可分成手动、半自动和全自动 3 种，用户可根据需要选择。

加热系统的作用是对冻干箱内的物品进行加热，以便使物料内的水分不断升华，直至达到规定的残余水分要求。加热方式分直热式和间热式两种，直热式主要是电加热，间热式需要热媒和热交换器，热媒多为水、油或水蒸气。

生物物质用冻干机大多数采用冻干分离型结构。先将预处理好的物料装盘，送入速冻生产线预冻；或将装好物料的盘子装上架车，送入冷库预冻。预冻好的物料，连同料盘（或车）一起装入冻干器的干燥仓内，抽真空进行升华干燥。为提高升华干燥速率，在适当时机进行加热，直到干燥结束，停止加热，停真空泵，停制冷压缩机，向干燥仓内放入干燥空气，打开真空仓门，取出物料，进行真空包装。

医药用冻干机一般都采用冻干合一型结构。物料需放在冻干机预冻以减少染菌的机会，保证冻干物料的质量。图 1-35 所示为中型医药用间歇式冻干机，其工作过程如下所述。

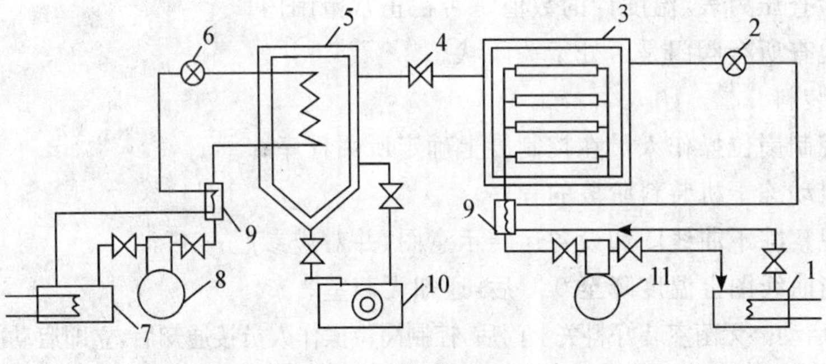

1,7. 冷凝器；2,6. 膨胀阀；3. 干燥室；4. 阀门；5. 低温冷凝器；
8,11. 制冷压缩机；9. 热交换器；10. 真空泵

图 1-35 间歇式真空冷冻干燥装置示意图

将准备好的物料放在料盘内，放入冻干箱内的隔板上，关好冻干箱门，开动制冷机 11，对冻干箱内的湿物料进行预冻。当预冻温度达到该物料的共晶点温度以下，低于共晶点温度 5 ℃之后，停留 0.5 h 以上，然后开始抽真空。为节省

时间，通常在达到共晶点温度时，开动制冷机 8 对捕水器 5 制冷。预冻结束时停止制冷机 11，开动真空泵 10，开启阀门 4，对冻干箱抽真空。从湿物料中升华出来的水蒸气被捕水器 5 凝结，成霜，而不凝结性气体被真空泵 10 排到周围环境空间。为补充水蒸气升华所需的潜热，在开始抽真空 10 min 之后，即可开动加热系统 12，加热速率需要严格控制，通常应保持被冻干物料的温度在其共晶点温度之下 1 ℃左右，待完成升华干燥之后，再逐渐提高温度，但最高不能超过被冻干物料的允许温度。利用取样法、称重法、压升法、温度对比法或水分在线测量法等中的任何一种方法，都可以判断冻干是否结束。当确认冻干结束时，停止加热，停止冻干机和真空泵，打开冻干箱，取出冻干物料，进行真空包装。

真空冷冻干燥过程是一个影响因素复杂的过程，在确定冻干设备和冻干工艺时，首先应了解被干燥物料的特性和干燥要求，还应熟悉各类冻干设备的性能，掌握冻干曲线的测定方法，以便确定适宜的冻干工艺过程。

4. 冻干机的操作程序

(1)操作前的检查。

①检查循环水压力、压缩空气压力是否满足要求；

②检查硅油油位，真空泵的油位及颜色是否正常；

③检查压缩机油位、氟利昂液位及湿含量显示器颜色是否在正常范围内；

④检查计算机程序是否正常；

⑤检查压力表、温度计的数值是否在正常范围内；

⑥检查所有阀门是否处于关闭状态。

(2)装料。

①控制岗位操作人员在控制屏上确定所用程序；

②启动冻干机装料阶段的程序；

③观察冻干曲线图和设备运转示意图，并对应参照；

④当曲线图上温度降至 0 ℃后，通知无菌室。

(3)启动。无菌室装好料关上门后，控制岗位操作人员接通知后，立即启动冻干程序。

(4)运行。

①注意观察冻干曲线是否与设定曲线相吻合；

②观察设备控制系统、真空系统、加热系统和制冷系统等是否正常；

③观察各阶段在运行中各部件和各个阀门动作是否正确；

④仪表应指示准确，设备运行无异常声响；

⑤观察各个油位、液位应符合要求，制冷剂湿含量显示应在规定范围内。

(5)停机。二期干燥压力达到设定要求时，操作停机，此时注意压缩机需等5 min左右时间运行保护后才停。

(6)化霜。

①确定化霜程序各参数，检查无误后启动化霜程序；

②观察化霜过程中各阀门开关是否正确，水温、水量是否满足要求；

③水泵运转应正常，各连接点无水泄漏。

(7)卸料。

①启动降温程序，进行产品降温，待温度降至15 ℃时，停机；

②通知无菌室放空出料。

(8)注意事项。

①启动压缩机时，注意观察压缩机声音是否正常；高、中、低压力表的数值应在正常范围内；

②启动真空泵时，注意观察有无异常噪声，真空度是否能达到工作要求；

③检查液压系统运行时有无异常噪声，液压压力是否达到要求；

④所用程序未经工艺员允许不得私自更改程序；

⑤操作人员不得离岗，必须定时巡检，做好记录；

⑥清洗冻干机后，启动冻干机时必须检查冻干箱排水阀是否关闭。

单元教学案例

1. 工业青霉素钾盐生产工艺流程(图1-36)

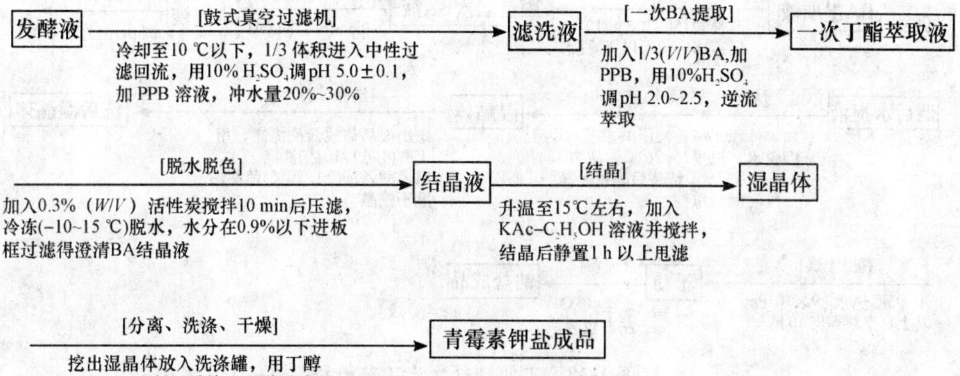

图1-36　工业青霉素钾盐生产工艺流程

2. 注射用钾盐生产工艺流程(图 1-37)

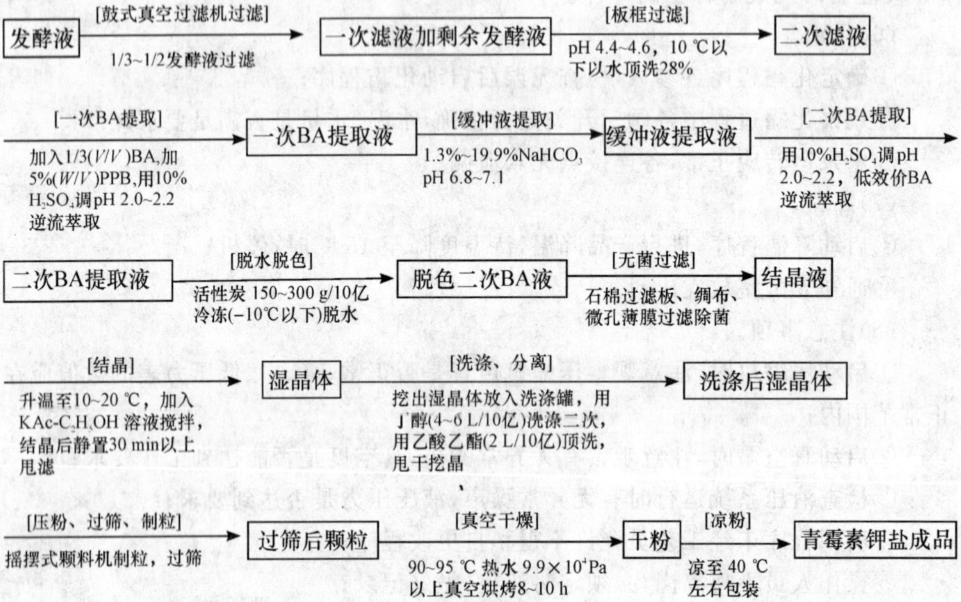

图 1-37 注射用钾盐生产工艺流程

3. 工业钠盐生产工艺流程(图 1-38)

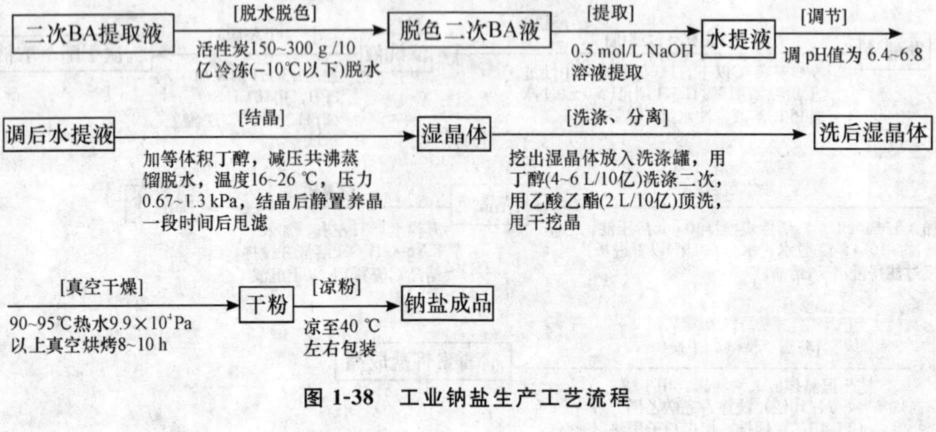

图 1-38 工业钠盐生产工艺流程

4. 以普鲁卡因青霉素工艺流程为例(图 1-39)

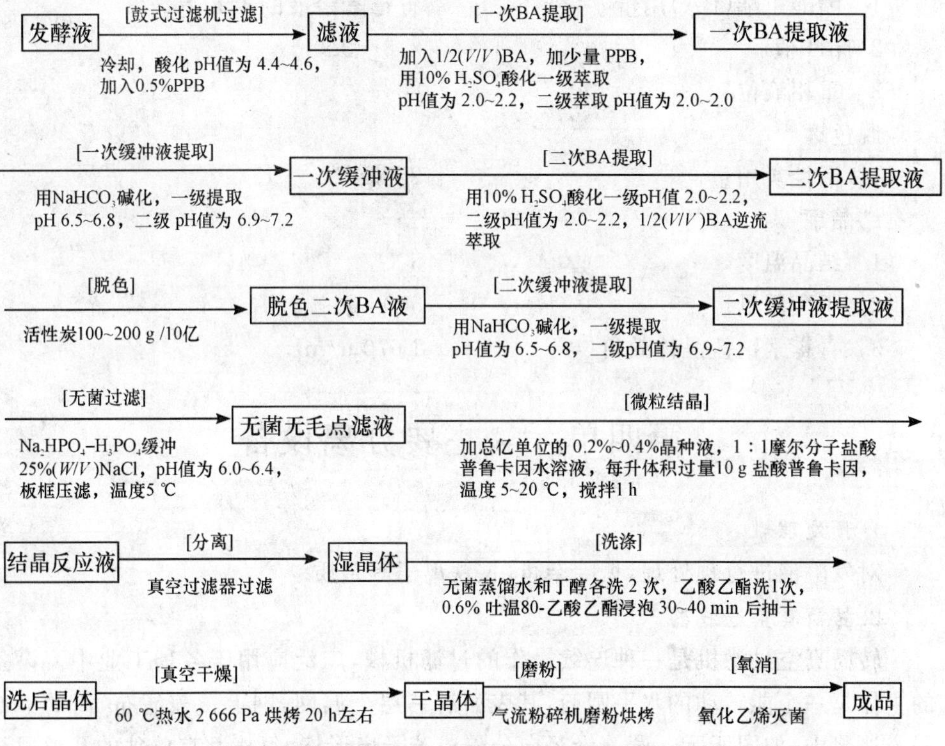

图 1-39　普鲁卡因青霉素工艺流程

第三单元　主要分离工艺指标

以处理发酵液 5 000 kg 为例。

一次 BA 萃取

1	醋酸丁酯(BA)用量	青霉素溶液的 1/3
2	pH 值	2.8～3.0
3	破乳剂用量	100 kg
4	重相液位	80％

一次反萃取

1	碳酸氢钠用量	青霉素溶液的 2.5
2	pH 值	6.8～7.2
3	重相液位	80％

二次BA萃取

1 醋酸丁酯(BA)用量	青霉素溶液的1/3
2 pH值	2.8～3.0
3 重相液位	80%
脱色罐	
1 活性炭用量	25 kg
结晶罐	
1 结晶温度	5 ℃
2 丁醇用量	500 kg
3 青霉素钠盐晶体效价	1 670 u/mL

第四单元 主要分离设备

1. 预处理罐

对发酵液进行预处理，去除杂蛋白、铁离子等杂质。

2. 转筒真空过滤器

转筒真空过滤机是一种连续操作的过滤机械，广泛应用于各种工业中。设备的主体是一个能转动的水平圆筒，其表面有一层金属网，网上覆盖滤布，筒的下部浸入滤浆中，如图所示。圆筒沿径向分隔成若干扇形格，每格都有单独的孔道通至分配头上。圆筒转动时，凭借分配头的作用使这些孔道依次分别与真空管及压缩空气管相通，因而在回转一周的过程中每个扇形格表面即可顺序进行过滤、洗涤、吸干、吹松、卸饼等项操作。

3. 混合罐(萃取罐)

在该罐中，利用醋酸丁酯溶剂进行萃取。

4. 分离机(离心机)

在离心力作用下，将两种密度不同且不相容的溶液分离，轻相由顶部溢流而出，重相由底部排出。

5. 脱色罐

利用活性炭吸附脱色，然后过滤得滤液。

6. 结晶罐

冷却结晶罐，有搅拌装置，使结晶颗粒保持悬浮于溶液中，并同溶液有一个相对运动，提高溶质质点的扩散速度，加速晶体长大。

7. 真空抽滤机

通过抽真空，使晶体与滤液分离。

8. 洗涤罐

9. 真空干燥机

真空干燥机是一种在真空条件下操作的接触式干燥过程，与常压干燥相比，真空干燥温度低，水分可在较低的温度下汽化蒸发，不需要空气作为干燥介质，减少空气与物料的接触机会，故适用于热敏性和在空气中易氧化物料的干燥。

第五单元　能力拓展

项目一　成品鉴定

成品鉴定是根据药典的要求逐项进行分析，包括效价鉴定、毒性试验、无菌检查、热源质试验、水分测定、水溶液酸碱度及混浊度测定、结晶颗粒的色泽及大小的测定等。对于药典上未有规定的新抗生素，则可参照相近抗生素，按经验规定一些指标。

酸碱度检测。取本品，加水制成每 1 mL 中含 30 mg 的溶液，测定。pH 值应为 5.0～7.5。溶液的澄清度与颜色取样品 0.3 g，加水 5 mL 使其溶解，溶液应澄清无色；如显浑浊，与浊度标准液比较，均不得更浓；如显色，与黄色或黄绿色标准比色液比较，均不得更深。

吸光度。取样品，加水制成每 1 mL 中含 1.80 mg 的溶液，在 280 nm 的波长处测定吸光度，不得大于 0.10；在 264 nm 的波长处有最大吸收，吸光度应为 0.80～0.88。

细菌内毒素。取样品测定，每 100 青霉素单位中含内毒素的量应小于 0.01 EU。

无菌。取样品，用青霉素酶法灭活后或用适宜溶剂溶解后，转移至不少于 500 mL 的 0.9%无菌氯化钠溶液中，用薄膜过滤法处理后测定。

效价测定。取本品适量，精密称定，加水溶液并定量稀释制成每 1 mL 中约含 0.5 mg 的溶液，摇匀，精密量取 10 μL，注入液相色谱仪，记录色谱图；另取青霉素对照品适量，同法测定。按外标以峰面积计算，其结果乘以 1.065 8，即为本品效价。每 1 mg 相当于 1 670 青霉素单位。

项目二 成品分装

抗生素产品一般分装为大包装的原料药，以供制剂厂进行小包装或制剂加工。也有一些抗生素工厂在无菌条件下用自动分装机进行小瓶分装。

图 1-40 为青霉素自动分装机组，图 1-41 为青霉素产品包装。

图 1-40 青霉素自动分装机组

项目三 青霉素使用说明书

青霉素别名青霉素 G；peillin G 盘尼西林、配尼西林、青霉素钠、苄青霉素钠、青霉素钾、苄青霉素钾。

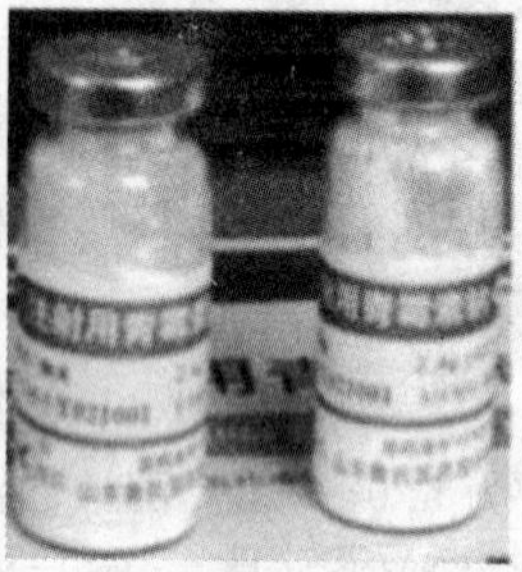

图 1-41 青霉素产品包装

【作用与用途】

青霉素钠（钾）为 β-内酰胺抗生素对革兰阳性菌及某些革兰阴性菌有较强的抗菌作用，金黄色葡萄球菌（金葡菌）、肺炎球菌、淋球菌及链球菌等对本品高度敏感；脑膜炎双球菌、白喉杆菌、破伤风杆菌及梅毒螺旋体也很敏感。

主要用于敏感菌引起的各种急性感染，如肺炎、支气管炎、脑膜炎、心内膜炎、腹膜炎、脓肿、败血症、蜂窝组织炎、乳腺炎、淋病、钩体病、回归热、梅毒、白喉及中耳炎等。

本品对酸不稳定，口服无效。肌肉注射后，吸收快而完全。60 万 U 肌肉注射后 15～30 min 血浓度达高峰。

【用量与用法】

一般成人为（80 万～160 万）U/d，肌肉注射或静脉注射；儿童每日（3 万～5 万）U/kg，分 2～3 次给药。

静滴浓度一般为 1 万 U/mL。不宜超过 2 万 U/mL。如用量较大，则应测定血钾、血钠浓度，根据情况选用钾盐或钠盐。

青霉素钾盐不能静脉推注，可以静脉滴注。

青霉素钠盐必要时可作静脉推注（青霉素钠每 1 000 万 U 含钠 400 mg）。

【副作用】

（1）青霉素类的毒性很低，但较易发生变态反应，发生率约为 5%～10%。多见的为皮疹、哮喘、药物热，严重的可致过敏性休克而引起死亡。

（2）大剂量应用青霉素抗感染时，可出现神经精神症状，如反射亢进、知觉障碍、抽搐、昏睡等，停药或减少剂量可恢复。

（3）使用青霉素前必须作皮肤过敏试验。如果发生过敏性休克，应立即皮下或肌内注射 0.1%肾上腺素 0.5～1 mL，同时给氧并使用抗组胺药物及肾上腺皮质激素等。

（4）肌肉注射钾盐时局部疼痛较明显，用苯甲醇溶液作为稀释剂溶解，则可消除疼痛。

【注意事项】

（1）青霉素与丙磺舒合用可提高血浓度约 1 倍，$t_{1/2}$ 亦相应延长。

（2）青霉素不能与四环素类、磺胺类合并用药。因青霉素属细菌繁殖期杀菌剂；而四环素类及磺胺类为抑菌剂，能抑制细菌蛋白质的合成，使细菌处于静止状态，而青霉素对静止期细菌作用弱，故两者合用药效明显降低。

第六单元　能力实训

项目一　青霉素的萃取与萃取率的计算

【目的要求】

（1）学会利用溶剂萃取的方法对目的产物进行提纯。

（2）掌握碘量法测定青霉素的含量，并计算出青霉素的萃取率。

【实验原理】

萃取过程是利用混合物质在两个不相混溶的液相中各种组分溶解度的不同，从而达到分离的目的。当 pH 2.3 时，青霉素在乙酸乙酯中比在水中溶解快，因而可以将乙酸乙酯加到青霉素混合液中，并使其充分接触，从而使青霉素被萃取浓集到乙酸乙酯中，达到分离提纯的目的。

【实验器材】

1. 材料

青霉素钠。

2. 器材

分液漏斗，小烧杯，电子天平，酸式滴定管，移液管，容量瓶，量筒，玻璃棒，pH 试纸。

3. 试剂

(1)$Na_2S_2O_3$(0.1 mol/L)。取 $Na_2S_2O_3$ 约 2.6 g 与无水 Na_2CO_3 0.02 g，加新煮沸过的冷蒸馏水适量溶解，定容到 100 mL。

(2)碘溶液(0.1 mol/L)。取碘 1.3 g，加 KI 3.6 g 与水 5 mL 使之溶解，再加 HCl 1～2 滴，定容到 100 mL。

(3)HAc-NaAc(pH 4.5)缓冲液。取 83 g 无水 NaAc 溶于水，加入 60 mL 冰醋酸，定容到 1 L。

(4)NaOH 液(1 mol/L)、HCl 液(1 mol/L)、淀粉指示剂、乙酸乙酯、稀 H_2SO_4、蒸馏水。

【实验过程】

1. $Na_2S_2O_3$ 的标定

取 $K_2Cr_2O_7$ 0.15 g 于碘量瓶中，加入 50 mL 水，使之溶解，再加 KI 2 g，溶解后加入稀 H_2SO_4 40 mL，摇匀，密塞，在暗处放置 10 min。取出后再加水 250 mL 稀释，用 $Na_2S_2O_3$ 滴定临近终点时，加淀粉指示剂 3 mL，继续滴定至蓝色消失，记录 $Na_2S_2O_3$ 消耗的体积。

2. 青霉素的萃取

用电子天平称取 0.12 g 青霉素钠，溶解后定容到 100 mL。取 15 mL 乙酸乙酯液，用稀 H_2SO_4 调节 pH 值在 2.3～2.4 之间，准确移取 10 mL 青霉素钠溶液与乙酸乙酯液混合，置分液漏斗中，摇匀，静置 30 min。

溶液分层后，将下方萃余相置于烧杯中备用，将上方萃取液回收。

3. 萃取率的计算

(1)取 5 mL 定容好的青霉素钠溶液于碘量瓶中，加 NaOH 液(1 mol/L)1 mL 后放置 20 min，再加 1 mL HCl 液(1 mol/L)与 5 mL HAc-NaAc 缓冲液，精密加入碘滴定液(0.1 mol/L)5 mL，摇匀，密塞，在 20～25 ℃暗处放置 20 min，用 $Na_2S_2O_3$ 滴定液(0.1 mol/L)滴定，临近终点时加淀粉指示剂 3 mL，继续滴定至蓝色消失，

记录 $Na_2S_2O_3$ 消耗的体积($V_{对照}$)。

(2)另取 5 mL 定容好的青霉素钠溶液于碘量瓶中，加入 5 mL HAc-NaAc 缓冲液，再精密加入碘滴定液(0.1 mol/L)5 mL，用 $Na_2S_2O_3$ 滴定液(0.1 mol/L)滴定至蓝色消失，记录 $Na_2S_2O_3$ 消耗的体积($V_{空白}$)。

(3)取萃余相 5 mL 于碘量瓶中，按步骤(1)的方法进行测定，记录 $Na_2S_2O_3$ 消耗的体积($V_{样品}$)。

【结果与讨论】

1. 数据处理

$Na_2S_2O_3$、I_2 比为 2∶1，青霉素、I_2 比为 1∶8，青霉素、I_2、$Na_2S_2O_3$ 比为 1∶8∶16。

青霉素的含量=(总 I_2－余 I_2－杂)/8。

萃取率=(萃取前青霉素含量－萃取后青霉素含量)/萃取前青霉素含量。

2. 讨论

pH 值的调节在提高青霉素萃取效率方面的重要性。

项目二 溶剂萃取法提取与精制红霉素

【目的要求】

(1)掌握溶剂萃取法提取微生物药物的原理和方法。

(2)掌握溶剂萃取法提取微生物药物的步骤和操作要求。

【实验原理】

红霉素可在碱性条件下溶于乙酸乙酯有机溶剂中，在酸性条件下溶于水溶液中，在乙酸乙酯相中可成钾盐沉淀析出。

【实验器材】

1. 材料

2 g 红霉素软膏。

2. 器材

量杯、烧杯、布氏漏斗及配套抽滤瓶、培养皿、分液漏斗、铁架及铁圈、玻璃棒、镊子、剪刀、不锈钢扁匙、pH 试纸、滤纸及纺绸布、真空烘箱。

3. 试剂

乙酸、乙酸乙酯(BA)、饱和食盐水、异丙醇、乙醇-醋酸钾溶液(配制方法：取醋

的第8、9、10位上和B链C-末端的氨基酸上，这些氨基酸随种属而异，但其生理功能是相同的，说明这个氨基酸残基的改变并不影响胰岛素的生物活性，不起决定作用。对于这些可变动的氨基酸，一般认为不位于激素的"活性中心"或对维持"活性中心"不重要，只是与免疫性有关。我国生产的胰岛素是从猪胰中提取出来的，由于猪与人的胰岛素相比只有B30位的一个氨基酸不同，人的是苏氨酸，猪的是丙氨酸，因此，用猪胰岛素治疗糖尿病，既不易引起胰岛素抗体的产生，而且效果也较好。

胰岛素广泛存在于人和动物的胰中，由β-细胞制造，开始是作为活性很弱的前体胰岛素原存在，进而分解为胰岛素。

在各种动物的胰中，胰岛素的含量有些差异，牛、猪、马、羊新鲜胰脏组织中分别含有胰岛素2.5，3.0，1.5，10 U/g。同一种动物不同发育阶段，其含量也有较大差别，如老乳牛为2.0 U/g，小牛则达10 U/g。澳大利亚有人从海洋生物——海星中分离出一种类胰岛素，具有同动物胰岛素一样的药理功能。英国从曲霉菌等原始单细胞微生物中分离的胰岛素，被称为原生胰岛素。经研究分析结果证明，原生生物胰岛素分子结构和性状与人胰岛素十分相似，还能刺激人体脂肪细胞，把葡萄糖转化为脂肪，起着与胰腺分泌的胰岛素一样的作用。这一发现推翻了原来认为胰岛素只有人和其他高级脊椎动物胰腺才能分泌的理论，也为生产实践上运用单细胞微生物制造胰岛素开发了新的资源。

根据采用的原料和手段的不同，制造的方法有提取法、生物技术法、化学合成法。但主要以提取法为主，比较成熟且被普遍采用的是酸醇提取减压浓缩法，原料多用猪的新鲜胰脏。

以后，科学家们又陆续测定了不同生物来源的胰岛素，发现与桑格首次确定的牛胰岛素的化学结构大体相同。人胰岛素也是如此，只有A链的第8位由苏氨酸代替丙氨酸、第10位由异亮氨酸代替缬氨酸；B链的第30位由苏氨酸代替丙氨酸。

知识模块二　胰岛素分类

胰岛素是人体胰腺β细胞分泌的体内唯一能降低血糖的激素。胰岛素最重要的功能之一是帮助细胞利用葡萄糖，使血糖保持在正常的范围内，它对脂肪、蛋白质的代谢也起着重要作用。胰岛素缺乏或是利用障碍会导致糖尿病的发生。

(1)型糖尿病自身不能产生胰岛素，因此需要终身使用外来胰岛素治疗。

(2)型糖尿病体内胰岛素是相对不足，因此起先可用口服药物促进人体胰岛素的产生和作用，但其中多数患者终因长期药物刺激使人体胰岛功能衰竭，而需用外来的胰岛素治疗。

目前临床上推荐患者尽早使用胰岛素，补充人体内胰岛素的不足，使β细胞得到休息和恢复，尽早控制糖尿病病情。已有部分患者通过早期胰岛素治疗，使胰岛功能得到恢复，即使停止用药，血糖也仍然可以控制在正常范围。

最早的药用胰岛素生产于1922年，是从牛和猪的胰腺中提取出来的动物胰岛素。从化学结构说，猪胰岛素和人胰岛素有一个氨基酸不同，而牛胰岛素则有3个氨基酸不同。1982年人们通过改变猪胰岛素β链第30位的氨基酸(将丙氨酸换为苏氨酸)，生产出了半合成人胰岛素。而现在采用高科技的基因工程技术，利用发面包与酿酒的酵母细胞(或大肠杆菌)生产的合成人胰岛素，与人体胰岛素结构完全相同。

目前开发应用的胰岛素品种很多，有多种分类方法。胰岛素制剂可根据胰岛素来源、制备工艺、作用时间长短等来进行分类。

(1)按来源分类。有猪胰岛素、牛胰岛素、人胰岛素。

动物胰岛素与人胰岛素的区别在于结构上氨基酸序列的不同，因而动物胰岛素存在一定的免疫原性，可能在人体产生抗体而致过敏反应。另外，动物胰岛素的效价低，由动物胰岛素换用人胰岛素时，剂量应减少15%～20%，否则会增加低血糖风险。

(2)根据制备工艺分类。有提取胰岛素、半合成人胰岛素、生物合成人胰岛素及人胰岛素类似物。

①经动物胰腺提取或纯化的猪、牛胰岛素，目前传统的普通结晶的动物胰岛素逐渐被淘汰，取而代之的是单组分或高纯化胰岛素，是指经凝胶过滤处理后的胰岛素，再用离子交换层析进行纯化，以进一步降低胰岛素原的含量并去除部分杂质。

②半合成人胰岛素：以猪胰岛素为原料进行修饰得到的人胰岛素。

③生物合成人胰岛素：用重组DNA技术生产的人胰岛素，又称重组人胰岛素，为中性可溶性单组分人胰岛素。

④胰岛素类似物：通过重组DNA技术，对人胰岛素氨基酸序列进行修饰生成的可模拟正常胰岛素分泌和作用的一类物质。通过将人胰岛素中某些氨基酸位置互换、更换，或在胰岛素上加上某个化学基团的方式，改变胰岛素的分子结构，使其作用方式更接近生理条件的起效方式，这一类由胰岛素改构所生成的分子统称胰岛素类似物。

目前已用于临床的有赖脯胰岛素，商品名为优泌乐；门冬胰岛素，商品名为诺和锐；甘精胰岛素，商品名为来得时；地特胰岛素，商品名为诺和平。人胰岛素为六聚体，皮下注射不能直接进入血液循环，必须解聚成单体或二聚体才能透过毛细血管进入循环。而不同个体分解和吸收的差异较大，导致最后进入循环的胰岛素量会有明显差异。另一方面，胰岛素混悬液若混合不充分或形成晶体会使吸收率降低，不同的注射部位也会影响最后的作用效果，这使得人胰岛素不能很好地重建人体正常的生理性胰岛素的分泌。胰岛素类似物克服了人胰岛素的这些不足，其中速效胰岛素类似物起效、达峰及维持正常时间较人胰岛素缩短，更符合生理餐后胰岛素谱，长效胰岛素类似物吸收变异小，作用时间长，更好地模拟人体生理基础胰岛素分泌。

(3)按纯度分类。包括普通胰岛素(结晶胰岛素)、单峰胰岛素及单组分胰岛素(高纯度胰岛素)。

①普通胰岛素：以往国产胰岛素纯度差，含有2%～5%的杂质，包括胰岛素原、胰岛素二聚体、胰多肽等，层析时有A、B、C三个峰，C峰才是胰岛素。胰岛素等电点为5.35～5.45，在pH 2.5～3.5的酸性环境中稳定，而在碱性溶液中易被破坏，故医用普通胰岛素均为盐酸胰岛素水溶液。

②单峰胰岛素：又名中性单峰胰岛素。将结晶胰岛素经过凝胶过滤层析，胰岛素纯度达97%以上，此时在层析图上仅占一个峰，故称单峰纯胰岛素。国内已能生产单峰胰岛素，并投入临床应用。其特点为：含杂质少，副作用少；免疫原性低，但不同动物来源的胰岛素，仍可产生少量胰岛素抗体；剂量相对稳定。

③单组分胰岛素：又称高纯度胰岛素。将单峰胰岛素用离子交换层析法进一步纯化，去除胰岛素原等杂质，使其纯度提高到99%以上。目前国内不能生产，尚依赖进口。其特点是：纯度高，副作用极少，生物效价高。

(4)按起效时间分类。包括速效胰岛素、中效胰岛素、长效胰岛素及混合胰岛素。一般地讲，无论何种来源及纯度的胰岛素制剂，最重要的是考虑其起效快慢及持续作用的时间。

①超短效胰岛素：包括门冬胰岛素和赖脯胰岛素，皮下注射后起效时间10～20 min，最大作用时间为注射后1～3 h，降糖作用持续3～5 h，和正规胰岛素相比，它更符合胰岛素的生理分泌模式，餐前注射吸收迅速，比人胰岛素快3倍，达峰时间短，能更有效地控制餐后血糖。使用时间灵活，有利于提高病人的依从性，通常与中长效胰岛素合用，需注意的是用药10 min内应进食碳水化合物，否则易致低血糖。

②短效胰岛素：常规胰岛素，标记R。包括a.动物来源的普通胰岛素(正规胰岛素、中性胰岛素、可溶性胰岛素等)；b.重组人胰岛素：诺和灵R(笔芯、特充)、优泌林R(笔芯、特充)、甘舒霖R(笔芯)。动物胰岛素较人胰岛素过敏反应发生率高，使用剂量大，起效慢，作用时间略短。以诺和灵为例，皮下注射后0.5 h内起

效，1～3 h达峰，作用持续时间大约8 h。短效胰岛素一般在餐前30 min皮下注射，由于在皮下存在一个吸收过程，不如超短效胰岛素峰型尖锐，与人的生理分泌模式有一定的差异，进餐时间提前易导致血糖控制不佳，若延后则易发生低血糖。

③中效胰岛素：NPH即中性鱼精蛋白胰岛素，标记N。又称低精蛋白锌胰岛素，指将胰岛素混合到锌和鱼精蛋白磷酸缓冲液中，包括a.动物来源的低精蛋白锌胰岛素；b.重组人胰岛素：诺和灵N（笔芯、特充）、优泌林N（笔芯、特充）、甘舒霖N（笔芯）、万苏林N。中效胰岛素皮下注射后缓慢平稳释放，平均1.5 h起效，4～12 h达到高峰，作用持续时间18～24 h，致低血糖的风险较短效胰岛素小，一般与短效制剂配合使用，提供胰岛素的日基础用量，可每日早餐前0.5～1 h皮下注射，若每日用量超过40 U，则要分2次注射，早餐前注射日剂量的2/3，晚餐前注射日剂量的1/3。此外，中效胰岛素还常用于胰岛素强化治疗方案中睡前给予，以控制夜间血糖和清晨空腹血糖。

④长效胰岛素：慢效胰岛素，标记UPZI即鱼精蛋白锌胰岛素。即精蛋白锌胰岛素（动物来源），是在低精蛋白锌的基础上加大鱼精蛋白的比例，释放更缓慢，作用持续时间更长，早餐前0.5～1 h皮下注射3～4 h起效，12～20 h达到高峰，作用维持24～26 h。其缺点是吸收不稳定，导致药效亦不稳定。

⑤超长效胰岛素：包括甘精胰岛素和地特胰岛素。皮下注射后可24 h保持相对恒定浓度，无明显峰值出现。一般为每日傍晚注射，其效时间1.5 h，作用可平稳保持22 h左右，更适合于基础胰岛素治疗，不易发生夜间低血糖，体重增加的不良反应亦较少。

⑥混合胰岛素：为中效胰岛素和短效胰岛素的混合物，混合比例有50/50、70/30。包括诺和灵30R，含30%的短效R和70%中效N胰岛素；诺和灵50R，含50%的短效R和50%中效N胰岛素；优泌林70/30，含70%中效N和30%短效R胰岛素；诺和锐30特充，含超短效的门冬胰岛素和与精蛋白结合的结晶门冬胰岛素的双相混合物。制剂中的短效成分起效迅速，可以较好地控制餐后血糖，中效成分缓慢持续释放，主要起替代基础胰岛素分泌作用，其缺点是预混方案有限，难以满足特殊的混合要求。

（5）根据制剂性状。

①溶液型：即普通胰岛素，为无色澄明的可溶性中性或酸性溶液，属于短效制剂。包括可溶性胰岛素、正（常）规胰岛素、未经修饰胰岛素，可在病情紧急时静脉输注。

②混悬型：为延长胰岛素作用时间而对胰岛素进行结构修饰，外观为乳白色混悬液，属中、长效胰岛素制剂。

(6)根据给药装置。

①注射式:包括普通注射液(西林瓶)、胰岛素笔芯(卡式瓶)、特充装置(钢笔形)、胰岛素持续皮下注射泵(或腹腔植入型泵)。

②非注射式:目前已上市或正在研发的品种有吸入剂(仅 Exubera 已上市),口腔喷雾剂、口服制剂、鼻腔喷雾剂、透皮释药制剂。

知识模块三 胰岛素重大研究发展历程

1788 年,人们就发现了糖尿病的产生与胰功能的破坏有密切关系。

1922 年起,开始将胰脏中获得的胰岛素应用于临床。

1926 年首次从动物胰脏中提取到胰岛素结晶。是第一个有生物活性的蛋白质结晶。

1955 年阐明胰岛素序列的一级结构。

1965 年 9 月 17 日,中国首次完整人工合成了结晶牛胰岛素。这是当时人工合成的具有生物活性的最大的天然有机高分子化合物,实验的成功使中国成为第一个合成蛋白质的国家。科学工作者将人工合成的产物注入小白鼠体内,测验它的生物活力。小白鼠因体内胰岛素增多而发生了惊厥反应,证明这种人工合成的产物就是具有生物活性的人工合成胰岛素。

1970 年用 X 衍射方法阐明了空间构型,为人工合成蛋白质、探索生命奥秘做出了重大贡献。

1982 年世界上第一个生物技术医药产品-DNA 重组人胰岛素上市,也是第一个基因工程药物产品。

知识模块四 胰岛素性质

胰岛素呈白色或类白色粉末状结晶,在水、乙醇、氯仿或乙醚中几乎不溶;在无机酸或氢氧化钠溶液中易溶。其由 A 链、B 链通过 2 个二硫键连接而成。由于精制方法不同,在显微镜下观察,可分为两种形态,一种为不规则细微颗粒,称“无定形”,另一种为扁斜形六面体。其基本性质有以下几点:

①可溶于 80%以下的烯醇、烯丙酮、水、酸、碱中,不溶于 90%以上的乙醇及其他有机溶剂。在弱酸性溶液中较稳定,pH 2～4 时更稳定,在碱性介质中易破坏,加热易变性,在 pH 8 时加热 10 min 失效 1/2,在 0.25%硫酸中煮沸 60 min,失效 1/2。在酸性水溶液中可为饱和氯化钠、半饱和硫酸铵、硫酸钠等盐析,也可被苦味酸、鞣酸沉淀。具有蛋白质的各种特殊反应。

②甲醛、甲酸、硫化氢、0.1 mol/L 氢氧化钠、0.5 mol/L 氢氧化铁、硫代硫酸

钠、维生素C、乙肝以及金、银、钴、镍、锌以外的多数重金属均可破坏胰岛素的活性。破坏活性的主要原因是分子中二硫键被还原、游离氨基被酰化、游离羧基被酯化和肽键被水解。

③可被胰岛素酶、胃蛋白酶、糜蛋白酶等水解，不能口服，只能注射。在血液及组织中也能被蛋白酶水解，因此在体内失效很快。

④胰岛素电泳数据PI为5.3～5.4，在pH 4.5～6.5范围内溶解度很低，室温下约10 μg/mL。当pH在此范围以外，即在一般稀酸或稀碱的水溶液中时，溶解度很大；升高温度时，其在水溶液中的质量浓＞度可达50～100 g/L(5%～10%)。在锌盐存在下，胰岛素的PI可增至6.05(PI随溶液中离子的种类和浓度而改变)。锌胰岛素制备一般在pH 5.8～6.3之间进行。

⑤易与锌、钢、钴等2价金属离子结合，药用胰岛素常制成锌胰岛素。与鱼精蛋白能形成复合体，这种复合体的激素作用时间较长，因此，可制成长效的鱼精蛋白胰岛素。

⑥在水溶液中胰岛素分子受pH值、温度、离子强度的影响产生聚合和解聚现象。在低胰岛素浓度的酸性溶液的pH值等于或小于2时，呈单体状态。锌胰岛素在pH 2的水溶液中呈二聚体，聚合作用随pH增高而增加，在pH值为4～7时聚合成不溶解状态的无定形沉淀。在高浓度锌的溶液中，pH值为6～8时胰岛素的溶解度急剧下降。锌胰岛素在pH值为7～9时呈六聚体或八聚体，pH值大于9时则解聚并由于单体结构改变而失活。

⑦在pH值为2的酸性水溶液中加热至80～100 ℃，可发生聚合而转变为无活性纤维状胰岛素。如及时用冷0.05 mol/L氢氧化钠处理，仍可变为结晶的有活性的胰岛素。

⑧对高能辐射非常敏感，容易失活。紫外线能破坏脱氨酸和酪氨酸基团；光氧化作用能导致分子中组氨酸被破坏，超声波能使其非专一性降解。

⑨可被活性炭、白陶土、氢氧化铝、磷酸钙、CMC，DEAE-C吸附。

第二单元　胰岛素提取分离工艺

胰岛素的人工合成是科研领域内一项重大成就。目前在生产中系用家畜(牛、羊、猪)或鱼类之新鲜胰脏以酸性乙醇破坏其胰酶后自胰岛中获得的一种胰腺内分泌物。

胰岛素的性质有下列基本性质：胰岛素为白色或类白色无定形粉末，易溶于稀酸或稀碱水溶液中，也易溶于酸性(或碱性)烯醇(80%以下)和稀丙酮水溶液中，在

值2.5溶解，再用2 mol氨水调等电点5.2～5.3，经上述反复3次后，沉淀按湿品1/10进行结晶，但碱化工序改为pH值6.8，酸化改为pH值6.4时析出结晶。在得到盐析物后，下面操作也可同正品，只是按锌沉淀湿品1/10计算进行结晶。

其他无水有机溶媒中均不溶，在酸性溶液中(如pH值为2.5)较稳定,在碱性溶

e. 油脂回收：油脂1份加水1份，按油脂重的3%加氯化钠，不断搅拌加温到50 ℃，再静置降温至5 ℃，对溶液进行盐析，得盐析物。其他操作与正品精制相同。

上述各项操作，以pH值4.2沉淀回收得最多，占整个回收量的近一半，约为正品的10%，其他pH值6.0结晶母液回收和油脂盐析物回收分别达正品的5%左右。

总结工艺流程如下：

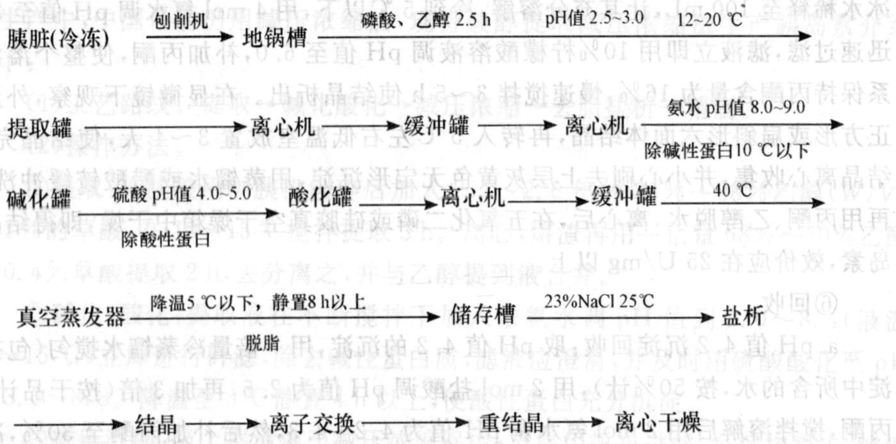

任务一　动物制品——胰脏低温保藏

利用低温环境来抑制微生物的繁殖和动物制品内部酶的活性，延缓动物制品中化学成分的变化，可以使动物制品维持较长时间的新鲜度。而贮藏的温度越低，动物制品保藏时间就越长，在动物制品保藏方法中，生产上主要利用低温保藏。

根据所需温度可分为以下两种：

(1)冷却：使组织温度尽快降到0～4 ℃范围，而又不呈冷结状态，这种方法贮藏的组织叫冷却组织。此温度对微生物仅能起到暂时的抑制作用，其保存的时间取决于组织最初被微生物污染的程度以及冷却温度条件等。冷藏过程中，由于组织和空气中的氧作用，使组织颜色渐成暗红色，并且随着水分的蒸发，组织重量有所损失，开始阶段损失较多，为组织重的0.4%～0.8%，以后损失较少。

(2)冷冻：为了达到长期保藏的目的，将胰脏进行深度冷冻，使组织中大部分水分冻结冰结晶，阻碍了微生物的活动和生物反应，从而增加了胰脏的贮藏时间。这种方法保藏的胰脏叫冷冻胰脏。新鲜胰脏制品中的水分在－2.5～－0.5℃开始结冰，到－6.5～－6.2 ℃时完全冻结。在动物制品中，需要使冰冻温度在30 min内使组织中心温度降到－1～－0.5 ℃或在单位时间内冻结冰层的深度，一般要求

为 5～20 cm/h。速冻动物制品由于所形成的冰结晶微小，对细胞的机械损伤作用就小，解冻时液汁可以渗入组织中去，所以活性成分损失少，胰脏的质量基本和新鲜胰脏相似，目前认为胰脏类较理想的速冻温度为－30 ℃，然后在－20 ℃的冷库中保存贮藏，贮藏时间，猪胰脏不超过 8 个月。缓冻也称慢速冻结，3～72 h 内使食品中心达到预定的温度或冻结冰层深度为 0.1～1 cm/h。缓冻的胰脏因形成较绷紧的冰结晶体，破坏了肉组织，解冻后液汁流失较多，降低了胰脏的品质。一般胰脏宜采用快速直接冻结方法，此法优点是：缩短冷冻时间，降低初期水分蒸发量，减少解冻时液汁的损失，从而增加保藏时间。

任务二　组织捣碎及细胞破碎

1. 组织捣碎

目前工业生产中常用的组织捣碎是通过机械破碎方法而实现的。例如通过刨削机、组织破碎机等机械设备。

2. 细胞破碎

有许多生物活性物质位于细胞内部，在细胞培养（或发酵）过程中不能分泌到细胞外的培养液（或发酵液）中，如青霉素酰化酶、碱性磷脂酶等胞内酶，必须在固-液分离以前先将细胞破碎，使细胞内产物释放到液相中，然后再进行固-液分离。

细胞破碎是指选用物理、化学、酶或机械的方法来破坏细胞壁或细胞膜。通常细胞壁较坚韧，细胞膜强度较差，容易受渗透压冲击而破碎，因此破碎的阻力来自于细胞壁。各种生物的细胞壁的结构和组成不完全相同，主要取决于遗传和环境等因素，因此细胞破碎的难易程度不同。另外，不同的生化物质，其稳定性也存在很大差异，在破碎过程中应防止其变性或被细胞内存在的酶水解，因此选择适宜的破碎方法十分重要。

细胞破碎的方法主要有：

(1)高速组织捣碎。将材料配成稀糊状液，放置于筒内约 1/3 体积，盖紧筒盖，将调速器先拨至最慢处，开动开关后，逐步加速至所需速度。此法适用于动物内脏组织、植物肉质种子等。

(2)玻璃匀浆器匀浆。先将剪碎的组织置于管中，再套入研杆来回研磨，上下移动，即可将细胞研碎，此法细胞破碎程度比高速组织捣碎机为高，适用于量少和动物脏器组织。

(3)超声波处理法。用一定功率的超声波处理细胞悬液，使细胞急剧震荡破裂，此法多适用于微生物材料，用大肠杆菌制备各种酶，常选用菌体 50～100 mg/mL 浓度，超声处理 10～15 min，缺点是在处理过程会产生大量的热，应采取相应降温措施。

氯仿：是非极性溶剂，在水中微溶，与乙醇、乙醚能任意混溶。可溶解生物碱、甙类、挥发油、树脂等，不能溶解蛋白质、鞣质等极性物质。氯仿有强烈的药理作用，应在浸出液中尽量除去。除此之外，丙酮和石油醚也是常用溶剂，可以用于脱水脱脂和浸取，但有较强挥发性和易燃性，且具有一定的毒性，故应从最后步骤中除去。

3. 萃取操作方式

(1)单级萃取。

(2)多级错流萃取。

(3)多级逆流萃取。

(4)连续接触逆流萃取。

4. 萃取设备

(1)混合式澄清器。

(2)塔式萃取设备。填料塔、筛板塔、转盘塔。

(3)离心式萃取设备。

运用技术方法二　离心分离设备

用于离心分离的设备可分为实验室用瓶式离心机和工业用无孔转鼓离心机两种类型。其中无孔转鼓离心机可分为三足式离心机、碟片式离心机、高速管式离心机，现分述如下：

1. 三足式沉降离心机

整机由外壳、转鼓、传动主轴、底盘等部件组成，机体悬挂在机座的三根支杆上。由于有弹簧装置起减振作用，在运行时非常平稳。沉降式三足离心机的转鼓壁上无孔，由传动轴驱动作一定速度的旋转，混悬液进入转鼓后也随之旋转，从而产生了强大的离心力。在离心力的作用下，重液部分被甩向转鼓壁，残留在转鼓壁上或者沉积于转鼓底部的集液槽里。当集液槽里积累了一定量的重液后，需要停机卸掉。有从上部卸料和从下部卸料两种方式。从上部卸料的称为人工上部卸料三足式离心机，从下部卸料的称为人工下部卸料三足离心机。人工卸料三足式离心机对物料适应性强，操作方便，结构简单，制造成本低，是目前工业上广泛采用的离心分离设备。其缺点是需间歇或周期性循环操作，卸料阶段需减速或停机，不能连续生产。又因转鼓体积大，分离因数小，对微细颗粒分离不完全，需要用高分离因数的离心机配合使用才能达到分离目的。

2. 碟片式离心机

在生物制造行业，广泛地使用碟片式离心机进行各种生物物质的分离。整机由转轴、转鼓及几十到一百多倒锥形碟片等主要部件组成。碟片直径一般为0.2～0.6 m,其上有沿圆周分布垂直贯通的孔,碟片之间的间距为0.5～1.25 mm,碟片的作用是缩短固体颗粒(或液滴)沉降距离,扩大转鼓的沉降面积,提高离心分离能力。

含固相的液体称为重液,不含固相的液体称为轻液,重轻两种液体分别从不同的出口排出。当启动离心机并转动平稳后,从进料口进料,进入的料液分布在碟片之间。随着转鼓连同碟片高速旋转时,碟片间悬浮液中的颗粒因有较大的质量,先沉降于碟片内腹面,然后向转鼓壁方向移动,形成重液,随后被挤压至转鼓颈部,从重液出口排出。需要注意的是,在分离含固体颗粒的混悬液时,要求固体颗粒要小,浓度要低。

碟片式离心机也可以用来分离两种不同密度的液体,即进行液-液分离。其分离原理和过程与固-液分离过程一致。碟片式离心机的转速一般为4 000～7 000 r/min,分离因素可达4 000～10 000,特别适用于一般离心机难于处理的两相密度差较小的液-液分离,其分离效率高,可连续性操作。

3.高速管式离心机

高速管式离心机属于高转速离心机,是一种能产生强离心力场的机械设备。其整机由细长的管状机壳和转鼓等部件构成,常见的转鼓直径为0.1～0.15 m,其转速一般可达10 000～50 000 r/min,分离因数可达15 000～65 000。在转鼓中心有一转轴起传动作用。在轴的纵向上安装有肋板,起带动液体转动的作用。

高速管式离心机的工作过程是:启动转鼓,待运转平稳后,从下部通入待分离液体,进入转鼓内的液体被肋板带动做高速旋转,强大的离心力将密度大的颗粒甩向转鼓壁,形成重液,并被挤压向上,从重液出口排出;液体在高速旋转时,质轻的液体分布在转轴周围,并被挤压向上,从轻液出口排出。在分离固-液混悬体系时,将重液出口关闭,只开启轻液出口,固体颗粒沉积在鼓壁上,经一段时间后,停机清理沉渣后待用。

高速管式离心机分离因数大,能处理0.1～100 μm的固体颗粒,要求固液两相密度差不小于10 kg/m^3 处理的固相浓度小于1%。

4.高速冷冻离心机

冷冻离心机属于实验室用瓶式离心机,其结构与前面3种离心机不同,整机主要由驱动电机、制冷系统、显示系统、自动保护系统和速度控制系统组成,主要配件是离心转头。离心转头是用来搁置样品容器的支架,有角式转头和甩平式转头两种。角式转头设计有孔穴,与旋转轴心之间的角度在20°～45°之间,其孔穴是用来放置样品容器。角式转头在离心机高速旋转时不会发生相对运动。甩平式转头横臂上悬挂着3～6个可自由活动的吊桶，吊桶内放置样品容器，一般是离心试管。当启动离心机后转速达到200～800 r/min时，吊桶从下垂状态逐渐上升并与转轴横臂持平，所以称为甩平式转头。制造转头的材料有铝合金和钛合金等，如果要求离心机中低速运转，则使用铝合金转头；如果要求高速运转则要使用钛合金转头。

离心机的转头是安装在离心机的离心室内。由制冷机输送出的制冷剂对离心室降温，离心室安装有热电偶温度检测器，其作用是进行温度控制。在设定的温度范围内，离心机高速工作时料液温度始终不会高于4，避免了药物的生物活性的伤失。

高速冷冻离心机转速可达25 000 r/min，分离因数89 000，分离效果好，是目前生物制药工业广为使用的分离设备。

需要特别指出的是，在使用高速冷冻离心机时，为了运转平稳，每一个容器里盛装的液体质量要均等，且在盖上盖子后才能启动，否则容易发生不安全事故。

任务四　纯化与精制

运用技术方法一　沉淀法

沉淀法常作为生物制品过程中的初步分离方法之一。在胰岛素生产过程中，常用的是用等电点沉淀法去除酸性和碱性杂蛋白。

一、沉淀法的概念

沉淀是溶液中的溶质由液相变成固相析出的过程。沉淀法（即溶解度法）操作简便，成本低廉，不仅用于实验室中，也用于某些生产目的的制备过程，是分离纯化生物大分子，特别是制备蛋白质和酶时最常用的方法。通过沉淀，将目的生物大分子转入固相沉淀或留在液相，而与杂质得到初步的分离。

此方法的基本原理是根据不同物质在溶剂中的溶解度不同而达到分离的目的，不同溶解度的产生是由于溶质分子之间及溶质与溶剂分子之间亲和力的差异而引起的，溶解度的大小与溶质和溶剂的化学性质及结构有关，溶剂组分的改变或加入某些沉淀剂以及改变溶液的pH值、离子强度和极性都会使溶质的溶解度产生明显的改变。

二、沉淀方法

生物大分子制备中最常用的沉淀方法有中性盐沉淀（盐析法）：多用于各种蛋

白质和酶的分离纯化;有机溶剂沉淀:多用于蛋白质和酶、多糖、核酸以及生物小分子的分离纯化;选择性沉淀(热变性沉淀和酸碱变性沉淀):多用于除去某些不耐热的和在一定 pH 值下易变性的杂蛋白;等电点沉淀:用于氨基酸、蛋白质及其他两性物质的沉淀,但此法单独应用较少,多与其他方法结合使用;有机聚合物沉淀:是发展较快的一种新方法,主要使用 PEG 聚乙二醇作为沉淀剂。

1. 中性盐沉淀(盐析法)

在溶液中加入中性盐使生物大分子沉淀析出的过程称为盐析。除了蛋白质和酶以外,多肽、多糖和核酸等都可以用盐析法进行沉淀分离,20%～40%饱和度的硫酸铵可以使许多病毒沉淀,43%饱和度的硫酸铵可以使 DNA 和 rRNA 沉淀,而 tRNA 保留在上清。盐析法应用最广的还是在蛋白质领域,已有 80 多年的历史,其突出的优点是:①成本低,不需要特别昂贵的设备。②操作简单、安全。③对许多生物活性物质具有稳定作用。

(1)中性盐沉淀蛋白质的基本原理。蛋白质和酶均易溶于水,因为该分子的—COOH、—NH_2 和—OH 都是亲水基团,这些基团与极性水分子相互作用形成水化层,包围于蛋白质分子周围形成 1～100 nm 颗粒的亲水胶体,削弱了蛋白质分子之间的作用力,蛋白质分子表面极性基团越多,水化层越厚,蛋白质分子与溶剂分子之间的亲和力越大,因而溶解度也越大。亲水胶体在水中的稳定因素有两个:即电荷和水膜。因为中性盐的亲水性大于蛋白质和酶分子的亲水性,所以加入大量中性盐后,夺走了水分子,破坏了水膜,暴露出疏水区域,同时又中和了电荷,破坏了亲水胶体,蛋白质分子即形成沉淀。

(2)中性盐的选择。常用的中性盐中最重要的是$(NH_4)_2SO_4$,因为它与其他常用盐类相比有十分突出的优点。

①溶解度大。尤其是在低温时仍有相当高的溶解度,这是其他盐类所不具备的。由于酶和各种蛋白质通常是在低温下稳定,因而盐析操作也要求在低温下(0～4 ℃)进行。由下表可以看到,$(NH_4)_2SO_4$ 在 0 ℃时仍有 70.6%的溶解度,远远高于其他盐类,如表 2-1 所示。

表 2-1　几种盐在不同温度下的溶解度　g/100 mL

盐类别	0 ℃	20 ℃	80 ℃	100 ℃
$(NH_4)_2SO_4$	70.6	75.4	95.3	103
Na_2SO_4	4.9	18.9	43.4	42.2
NaH_2PO_4	1.6	7.8	93.8	101

②分离效果好。有的提取液加入适量硫酸铵盐析,一步就可以除去 75%的杂

蛋白，纯度提高了4倍。

③不易引起变性，有稳定酶与蛋白质结构的作用。有的酶或蛋白质用2～3 mol/L的$(NH_4)_2SO_4$保存可达数年之久。

④价格便宜，废液不污染环境。

(3)盐析的操作方法。最常用的是固体硫酸铵加入法。欲从较大体积的粗提取液中沉淀蛋白质时，往往使用固体硫酸铵，加入之前要先将其研成细粉不能有块，要在搅拌下缓慢均匀少量多次地加入，尤其到接近计划饱和度时，加盐的速度更要慢一些，尽量避免局部硫酸铵浓度过大而造成不应有的蛋白质沉淀。盐析后要在冰浴中放置一段时间，待沉淀完全后再离心与过滤。在低浓度硫酸铵中盐析可采用离心分离，高浓度硫酸铵常用过滤方法，因为高浓度硫酸铵密度太大，要使蛋白质完全沉降下来需要较高的离心速度和较长的离心时间。

各种饱和度下需加固体硫酸铵的量可由附录中查出。硫酸铵浓度的表示方法是以饱和溶液的百分数表示，称为百分饱和度，而不用实际的克数或克分子数，这是由于当固体硫酸铵加到水溶液中去时，会出现相当大的非线性体积变化，计算浓度相当麻烦，为了克服这一困难，有人经过精心测量，确定出1 L纯水提高到不同浓度所需加入硫酸铵的量，附录中的实验数据以饱和浓度的百分数表示，使用时十分方便。

(4)盐析曲线的制作。如果要分离一种新的蛋白质和酶，没有文献数据可以借鉴，则应先确定沉淀 该物质的硫酸铵饱和度。具体操作方法如下：

取已定量测定蛋白质或酶的活性与浓度的待分离样品溶液，冷至0～5 ℃，调至该蛋白质稳定的pH值，分6～10次分别加入不同量的硫酸铵，第一次加硫酸铵至蛋白质溶液刚开始出现沉淀时，记下所加硫酸铵的量，这是盐析曲线的起点。继续加硫酸铵至溶液微微混浊时，静止一段时间，离心得到第一个沉淀级分，然后取上清再加至混浊，离心得到第二个级分，如此连续可得到6～10个级分，按照每次加入硫酸铵的量，在附录中查出相应的硫酸铵饱和度。将每一级分沉淀物分别溶解在一定体积的适宜的pH缓冲液中，测定其蛋白质含量和酶活力。以每个级分的蛋白质含量和酶活力对硫酸铵饱和度作图，即可得到盐析曲线。

(5)盐析的影响因素。

①蛋白质的浓度。中性盐沉淀蛋白质时，溶液中蛋白质的实际浓度对分离的效果有较大的影响。通常高浓度的蛋白质用稍低的硫酸铵饱和度即可将其沉淀下来，但若蛋白质浓度过高，则易产生各种蛋白质的共沉淀作用，除杂蛋白的效果会明显下降。对低浓度的蛋白质，要使用更大的硫酸铵饱和度，但共沉淀作用小，分离纯化效果较好，但回收率会降低。通常认为比较适中的蛋白质浓度是2.5%～

3.0%,相当于25～30 mg/mL。

②pH值对盐析的影响。蛋白质所带净电荷越多,它的溶解度就越大。改变pH值可改变蛋白质的带电性质,因而就改变了蛋白质的溶解度。远离等电点处溶解度大,在等电点处溶解度小,因此用中性盐沉淀蛋白质时,pH值常选在该蛋白质的等电点附近。

③温度的影响。温度是影响溶解度的重要因素,对于多数无机盐和小分子有机物,温度升高溶解度加大,但对于蛋白质、酶和多肽等生物大分子,在高离子强度溶液中,温度升高,它们的溶解度反而减小。在低离子强度溶液或纯水中蛋白质的溶解度大多数还是随浓度升高而增加的。在一般情况下,对蛋白质盐析的温度要求不严格,可在室温下进行。但对于某些对温度敏感的酶,要求在0～4 ℃下操作,以避免活力丧失。

2.有机溶剂沉淀法

(1)基本原理。有机溶剂对于许多蛋白质(酶)、核酸、多糖和小分子生化物质都能发生沉淀作用,是较早使用的沉淀方法之一。其沉淀作用的原理主要是降低水溶液的介电常数,溶剂的极性与其介电常数密切相关,极性越大,介电常数越大,如20 ℃时水的介电常数为80,而乙醇和丙酮的介电常数分别是24和21.4,因而向溶液中加入有机溶剂能降低溶液的介电常数,减小溶剂的极性,从而削弱了溶剂分子与蛋白质分子间的相互作用力,增加了蛋白质分子间的相互作用,导致蛋白质溶解度降低而沉淀。溶液介电常数的减少就意味着溶质分子异性电荷库仑引力的增加,使带电溶质分子更易互相吸引而凝集,从而发生沉淀。另一方面,由于使用的有机溶剂与水互溶,它们在溶解于水的同时从蛋白质分子周围的水化层中夺走了水分子,破坏了蛋白质分子的水膜,因而发生沉淀作用。有机溶剂沉淀法的优点是:①分辨能力比盐析法高,即一种蛋白质或其他溶质只在一个比较窄的有机溶剂浓度范围内沉淀。②沉淀不用脱盐,过滤比较容易(如有必要,可用透析袋脱有机溶剂)。因而在生化制备中有广泛的应用。其缺点是对某些具有生物活性的大分子容易引起变性失活,操作需在低温下进行。

(2)有机溶剂的选择和浓度的计算。用于生化制备的有机溶剂的选择首先是要能与水互溶。沉淀蛋白质和酶常用的是乙醇、甲醇和丙酮。沉淀核酸、糖、氨基酸和核苷酸最常用的沉淀剂是乙醇。进行沉淀操作时,欲使溶液达到一定的有机溶剂浓度,需要加入的有机溶剂的浓度和体积可按下式计算:

$$V=\frac{V_0(S_2-S_1)}{(100-S_2)}$$

式中：V 为需加入 100%浓度有机溶剂的体积；V_0 为原溶液体积；S_1 为原溶液中有机溶剂的浓度；S_2 为所要求达到的有机溶剂的浓度。

100 是指加入的有机溶剂浓度为 100%，如所加入的有机溶剂的浓度为 95%，上式的$(100-S_2)$项应改为$(95-S_2)$。

上式的计算由于未考虑混溶后体积的变化和溶剂的挥发情况，实际上存在一定的误差。有时为了获得沉淀而不着重于进行分离，可用溶液体积的倍数：如加入一倍、二倍、三倍原溶液体积的有机溶剂，来进行有机溶剂沉淀。

(3)有机溶剂沉淀的影响因素。

①温度。多数蛋白质在有机溶剂与水的混合液中，溶解度随温度降低而下降。值得注意的是，大多数生物大分子如蛋白质、酶和核酸在有机溶剂中对温度特别敏感，温度稍高就会引起变性，且有机溶剂与水混合时产生放热反应，因此有机溶剂必须预先冷至较低温度，操作要在冰盐浴中进行，加入有机溶剂时必须缓慢且不断搅拌以免局部过浓。一般规律是温度越低，得到的蛋白质活性越高。

②样品浓度。样品浓度对有机溶剂沉淀生物大分子的影响与盐析的情况相似。低浓度样品要使用比例更大的有机溶剂进行沉淀，且样品的损失较大，即回收率低，具有生物活性的样品易产生稀释变性。但对于低浓度的样品，杂蛋白与样品共沉淀的作用小，有利于提高分离效果。反之，对于高浓度的样品，可以节省有机溶剂，减少变性的危险，但杂蛋白的共沉淀作用大，分离效果下降。通常使用 5～20 mg/mL 的蛋白质初浓度为宜，可以得到较好的沉淀分离效果。

③pH 值。有机溶剂沉淀适宜的 pH 值，要选择在样品稳定的 pH 值范围内，而且尽可能选择样品溶解度最低的 pH 值，通常是选在等电点附近，从而提高此沉淀法的分辨能力。

④离子强度。离子强度是影响有机溶剂沉淀生物大分子的重要因素。以蛋白质为例，盐浓度太大或太小都有不利影响，通常溶液中盐浓度以不超过 5%为宜，使用乙醇的量也以不超过原蛋白质水溶液的 2 倍体积为宜，少量的中性盐对蛋白质变性有良好的保护作用，但盐浓度过高会增加蛋白质在水中的溶解度，降低了有机溶剂沉淀蛋白质的效果，通常是在低盐或低浓度缓冲液中沉淀蛋白质。有机溶剂沉淀法经常用于蛋白质、酶、多糖和核酸等生物大分子的沉淀分离，使用时先要选择合适的有机溶剂，然后注意调整样品的浓度、温度、pH 值和离子强度，使之达到最佳的分离效果。沉淀所得的固体样品，如果不是立即溶解进行下一步的分离，则应尽可能抽干沉淀，减少其中有机溶剂的含量，如若必要可以装透析袋透析脱有机溶剂，以免影响样品的生物活性。

3. 选择性变性沉淀法

这一方法是利用蛋白质、酶与核酸等生物大分子与非目的生物大分子在物理化学性质等方面的差异，选择一定的条件使杂蛋白等非目的物变性沉淀而得到分离提纯，称为选择性变性沉淀法。常用的有热变性、选择性酸碱变性和有机溶剂变性等。

(1)热变性。利用生物大分子对热的稳定性不同，加热升高温度使某些非目的生物大分子变性沉淀而保留目的物在溶液中。此方法最为简便，不需消耗任何试剂，但分离效率较低，通常用于生物大分子的初期分离纯化。

(2)表面活性剂和有机溶剂变性。不同蛋白质和酶等对于表面活性剂和有机溶剂的敏感性不同，在分离纯化过程中使用它们可以使那些敏感性强的杂蛋白变性沉淀，而目的物仍留在溶液中。使用此法时通常都在冰浴或冷室中进行，以保护目的物的生物活性。

(3)选择性酸碱变性。利用蛋白质和酶等对于溶液中酸碱不同 pH 值的稳定性不同而使杂蛋白变性沉淀，通常是在分离纯化流程中附带进行的一个分离纯化步骤。

4. 等电点沉淀法

等电点沉淀法是利用具有不同等电点的两性电解质，在达到电中性时溶解度最低，易发生沉淀，从而实现分离的方法。氨基酸、蛋白质、酶和核酸都是两性电解质，可以利用此法进行初步的沉淀分离。但是，由于许多蛋白质的等电点十分接近，而且带有水膜的蛋白质等生物大分子仍有一定的溶解度，不能完全沉淀析出，因此，单独使用此法分辨率较低，效果不理想，因而此法常与盐析法、有机溶剂沉淀法或其他沉淀剂一起配合使用，以提高沉淀能力和分离效果。此法主要用于在分离纯化流程中去除杂蛋白，而不用于沉淀目的物。

5. 有机聚合物沉淀法

有机聚合物是 20 世纪 60 年代发展起来的一类重要的沉淀剂，最早应用于提纯免疫球蛋白和沉淀一些细菌和病毒。近年来广泛用于核酸和酶的纯化。其中应用最多的是聚乙二醇 $HOCH_2(CH_2OCH_2)_nCH_2OH$($n>4$)，它的亲水性强，溶于水和许多有机溶剂，对热稳定，有广泛围的分子量，在生物大分子制备中，用的较多的是相对分子质量为 6 000～20 000 的 PEG。

PEG 的沉淀效果主要与其本身的浓度和分子量有关，同时还受离子强度、溶液 pH 值和温度等因素的影响。在一定的 pH 值下，盐浓度越高，所需 PEG 时浓度越低，溶液的 pH 值越接近目的物的等电点，沉淀所需 PEG 的浓度越低。在一定范围内，高分子量和浓度高的 PEG 沉淀的效率高。以上这些现象的理论解释还都仅仅是假设，未得到充分的证实，其解释主要有：①认为沉淀作用是聚合物与生物大分子发生共沉淀作用。②由于聚合物有较强的亲水性，使生物大分子脱水而发生沉淀。③聚合物与生物大分子之间以氢键相互作用形成复合物，在重力作用下形成沉淀析出。④通过空间位置排斥，使液体中生物大分子被迫挤聚在一起而发生沉淀。

本方法的优点是：①操作条件温和，不易引起生物大分子变性。②沉淀效能高，使用很少量的PEG即可以沉淀相当多的生物大分子。③沉淀后有机聚合物容易去除。

运用技术方法二　层析法

相关知识一　色谱法背景知识

一、层析法简介

色谱技术是近代生物化学实验中常用的分析方法之一，是1903年俄国植物学家Michael Tswett发现并命名的。他将植物叶子的色素通过装填有吸附剂的柱子，各种色素以不同的速率流动后形成不同的色带而被分开，由此得名为色谱法(Chromatography)，后来无色物质也可利用吸附柱色谱分离。英国生物学家Martin和Synge首先提出了色谱塔板理论，1944年出现纸色谱以后，色谱法不断发展，相继出现薄层色谱、亲和色谱、凝胶色谱、气相色谱、高压液相色谱等。

任何色谱过程都是在两个相中进行的。一个是固定于支持物上的固定相，固定相是色谱的一个基质。它可以是固体物质(如吸附剂，凝胶，离子交换剂等)，也可以是液体物质(如固定在硅胶或纤维素上的溶液)，这些基质能与待分离的化合物进行可逆的吸附、溶解、交换等作用。另一个是流经固定相的流动相，在色谱过程中，推动固定相上待分离的物质朝着一个方向移动的液体、气体等，都称为流动相。柱色谱中一般称为洗脱剂，薄层色谱时称为展层剂，由于样品中各组分理化性质(如溶解度、吸附能力、分子形状、分子所带电荷的性质和数量、分子表面的特殊基团、分子量等)不同，表现出对固定相和流动相的亲和力各不相同。当混杂物通过多孔的支持物时，它们受固定相的阻力和受流动相的推力也不同，各组分移动速度各异并在支持物上集中分布于不同的区域，从而各组分得以分离。

二、色谱分离技术的概念、色谱分离系统的组成

色谱分离技术是一类分离方法的总称。利用不同组分在固定相和流动相中的物理化学性质(如吸附力、分子极性及其大小、分子亲和力、分配系数等)的差别，使各组分在两相中以不同的速率移动而进一步分离的技术，称为色谱分离技术。

色谱分离系统都须包括两个相：一相为表面积较大的固体或附着在固体上且不发生运动的液体，称为固定相。固定相能与待分离的物质发生可逆的吸附、溶解、交换等作用，它是色谱的一个基质，对色谱分离的效果起关键作用；另一相是不

断运动的气体或液体，称为流动相（又称层层剂、洗脱剂）。它携带各组分朝着一个方向移动，也是色谱分离中的重要影响因素之一。当流动相流过固定相时，易分配于固定相中的物质随流动相移动的速度较慢，易分配于流动相中的物质随流动相移动的速度较快，从而使不同组分发生差速迁移，实现逐步分离。

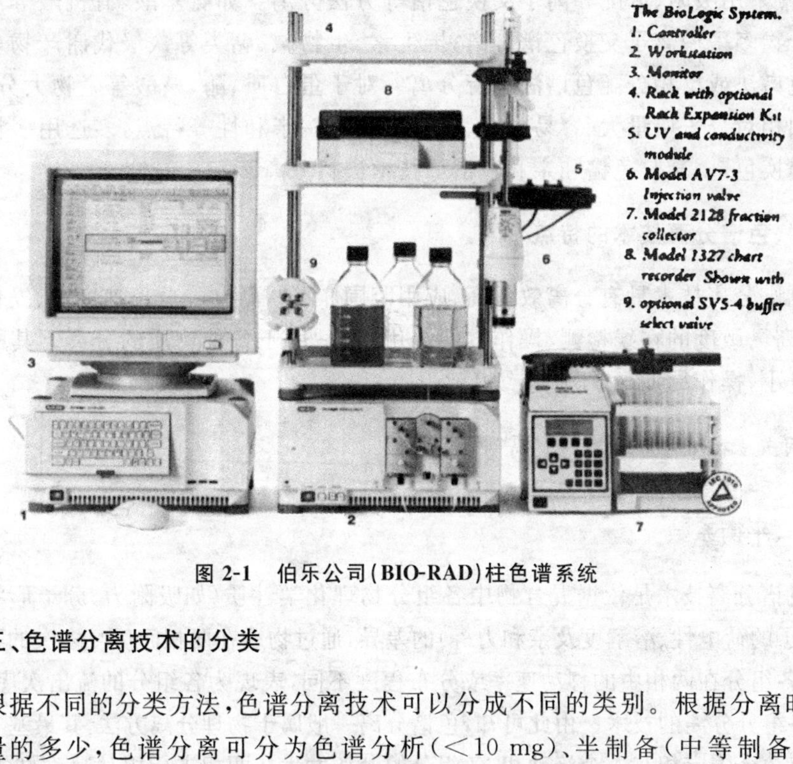

图 2-1　伯乐公司(BIO-RAD)柱色谱系统

三、色谱分离技术的分类

根据不同的分类方法，色谱分离技术可以分成不同的类别。根据分离时一次进样量的多少，色谱分离可分为色谱分析（＜10 mg）、半制备（中等制备）规模（10～50 mg）、（样品）制备规模（100～10 000 mg）和工业生产规模（＞10 000 mg）。制备和工业生产色谱主要是采用以液相为流动相的柱色谱，要求色谱柱大些，进样量多些，以便分离和纯化较多的产品，但色谱峰高和保留值等参数不能作为定性、定量分析的指标。根据流动相的相态不同，可分为气相色谱、液相色谱和超临界流体色谱；根据固定相形态不同，可分为纸色谱、薄层色谱和柱色谱；根据操作压力的不同，可分为低压色谱（＜0.5 MPa）、中压色谱（0.5～4.0 MPa）和高压色谱（4.0～40 MPa），中、低压色谱多用于分离纯化过程；根据流动相的流向不同，可分为轴向流色谱和径向流色谱；根据分离机理的不同，可分为吸附色谱、分配色谱、离子交换色谱、凝胶色谱、亲和色谱等；根据操作方法的不同，可分为洗脱展开法、前沿分析法和置换展开法。使用色谱技术分离纯化各种生物物质时，常根据以下几个方面来选择不同的色谱分离技术：①目的产物的分子结构、物理化学特性及相对分子质量的大小；②主要杂质，特别是分子结构、大小和物理化学特性与目的产物相近的杂质的成分与含量；③目的产物在色谱分离过程中的稳定性。对于生物小分子代谢物，由于它们的相对分子质量小、结构和性质比较稳定、对操作条件的要求不太苛刻，常采用吸附、分配和离子交换色谱等方法分离。如氨基酸、有机酸等离子型的化合物多采用离子交换色谱分离；抗生素、生物碱、萜类等次级代谢产物多采用吸附色谱法或反相分配色谱法进行分离。对于蛋白质、酶、核酸等生物大分子，根据它们相对分子质量大、容易失活、具有生物专一亲和性等特点，多选用多糖基质离子交换色谱、凝胶色谱和亲和色谱等技术进行分离。

四、色谱分离技术的特点

色谱分离技术具有分离效率高、应用范围广、选择性强、分离速度快、操作条件温和、高灵敏度的在线检测、操作方便等优点，适用于各种物质的分离。其缺点是处理量小，操作周期长，不能连续生产。

相关知识二　色谱分离理论基础

一、平衡系数

色谱分离技术是依据混合物中各组分物理化学性质（如吸附力、分子形状及大小、分子的荷电性、溶解度及亲和力等）的差异，通过物质在两相间反复多次的平衡过程，使各组分在两相中的移动速率或分布程度不同，表现为各组分的流出次序不同，而使各组分分离的技术。由此可知，色谱分离一般属于物理分离方法，其最基本的特征是有一个固定相和一个流动相，各组分的分离发生在两相进行相对运动的过程中。

在定温定压条件下，当色谱分离过程达到平衡状态时，某种组分在固定相 S 和流动相 m 中含量（浓度）c 的比值，称为平衡系数 K（也称分配系数、吸附系数、选择性系数等）。其表达通式可写为：

$$K=\frac{c_s}{c_m}$$

式中：K 为平衡系数（分配系数、吸附系数、选择性系数等）；c_s为固定相中的浓度；c_m为流动相中的浓度。

平衡系数 K 主要与以下因素有关：被分离物质本身的性质；固定相和流动相的性质；色谱柱的操作温度。一般情况下，温度与平衡系数成反比，各组分平衡系

数 K 的差异程度决定了色谱分离的效果，K 值差异越大，色谱分离效果越理想。

二、色谱分离过程

柱色谱分离过程示意如图 2-2 所示。当混合物被流动相带入色谱柱并在柱中移动时，由于各组分在固定相中的分配系数或溶解、吸附、交换、渗透或亲和能力的差异，使各组分随流动相移动的速率不同。因此当流动相移动一定柱长后，使各组分在色谱柱内分层，从而达到各组分分离的目的。

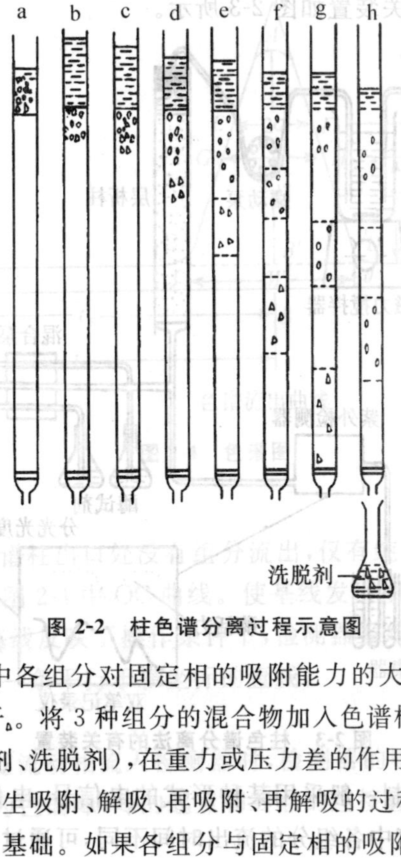

图 2-2　柱色谱分离过程示意图

图 2-2 中，混合液中各组分对固定相的吸附能力的大小次序为：白球分子。＞黑球分子.＞三角形分子。。将 3 种组分的混合物加入色谱柱的顶端正见图 2-2(a)，然后加入流动相(展开剂、洗脱剂)，在重力或压力差的作用下，流动相向下移动，各组分在两相间不断地发生吸附、解吸、再吸附、再解吸的过程，连续多次的吸附平衡过程是吸附色谱分离的基础。如果各组分与固定相的吸附力相同，则各组分以相同的速率随流动相一起向下移动，而不能被分离。如果混合物中各组分与色谱柱中固定相的吸附力大小不同，通过在柱中反复多次地吸附和解吸，使各组分间不断地发生差速迁移正见图 2-2(b)～(g)，最后，作用力最弱的“。”分子随流动相的移动速率快，最先从色谱柱中流出正见图 2-2(h)，中等吸附力的“”分子在中间流出，吸附力最大的“。”分子最后从柱中流出，实现了各组分的分离。

质从吸附剂上解脱下来，这一解脱过程称为"洗脱"或"展层"。

吸附色谱是把吸附剂装入玻璃柱内（吸附柱色谱法）或铺在玻璃板上（薄层色谱法），由于吸附剂的吸附能力可受溶剂影响而发生改变，样品中的物质被吸附剂吸附后，用适当地用洗脱液冲洗，改变吸附剂的吸附能力，使之解吸，随洗脱液向前移动。当解吸下来的物质向前移动时，遇到前面新的吸附剂又重新被吸附。此被吸附的物质再被后来的洗脱液解脱下来。经如此反复的吸附-解吸-再吸附-再解吸的过程，物质即可沿着洗脱液的前进方向移动。其移动速度取决于吸附剂对该物质的吸附能力。由于同一吸附剂对样品中各组分的吸附能力不同，所以在洗脱过程中各组分便会由于移动速度不同而逐渐分离出来，这就是吸附色谱的基本过程。因此吸附色谱关键要素是吸附剂和展开剂的选择。

实验中常用的固体吸附剂有氧化铝、硅酸镁、磷酸钙、氢氧化钙、活性钙、蔗糖、纤维素和淀粉。常用的洗脱液有乙烷、苯乙醚、氯仿，以及乙醇、丙酮或水与有机溶剂形成的各种混合物，吸附色谱通常用于分离脂类、类固醇类、类胡萝卜素、叶绿素以及它们的前体等非极性和极性不强的有机物。

值得提出的是，几乎所有的溶质对于所有的色谱介质，即使是惰性的物质都有一定限度的吸附力，除吸附色谱本身之外，吸附作用还或多或少地存在于所有其他类型的色谱中。

二、分配色谱

分配色谱是利用混合物中各组分在两相中分配系数不同而达到分离目的的色谱技术，相当于一种连续性的溶剂抽提方法。

在分配色谱中，固定相是极性溶剂（例如水、稀硫酸、甲醇等）。此类溶剂能和多孔的支持物（常用的是吸附力小、反应性弱的惰性物质如淀粉、纤维素粉，滤纸等）紧密结合，使呈不流动状态；流动相则是非极性的有机溶剂。分配系数(a)是指在一定温度和压力条件下达到平衡，物质在固定相和流动相两部分的浓度比值。

$$\text{分配系数}(a)=\frac{\text{物质在固定相中的浓度}}{\text{物质在流动相中的浓度}}$$

在色谱过程中，当有机溶剂流动相流经样品点时，样品中的溶质便按其分配系数部分地转入流动相向前移动。当经过前方固定相时，流动相中的溶质就会进行分配，一部分进入固定相。通过这样不断进行的流动和再分配，溶质沿着流动方向不断前进。各种溶质由于分配系数不同，向前移动的速度也各不相同。分配系数较大的物质，由于分配在固定相多些，分配在流动相少些，溶质移动较慢；而分配系数较小的物质，流动速度较快。从而将分配系数不同的物质分离开来。

支持物在分配色谱中起支持固定相的作用，根据其使用方式也分柱色谱和薄层色谱两种。用滤纸做支持物的纸色谱法是最常用的分配色谱。实验中应选用厚度适当、质地均一、含金属离子（钙、铜、镁、铁等）尽量少的滤纸为支持物。滤纸中吸附着的水（含 20%～22%）是常用的固定相。酚、醇是常用的流动相。展层方法多可采用垂直型，也可采用水平型。把欲分离的样品点加于纸的一端，使流动相经此移动，这样在两相间就发生分配现象。根据样品中各组中的分配系数不同，它们就逐渐集中于纸上不同的部位。各组分在滤纸上的移动速度可用 R_f 值来表示。

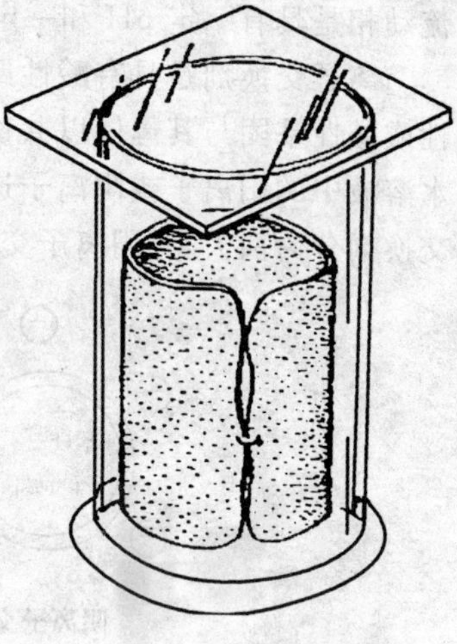

图 2-6　纸色谱示意图

$$R_f=\frac{\text{溶质色谱点中心到原点中心的距离}}{\text{溶剂前沿到原点中心的距离}}$$

在纸色谱中，R_f 值的大小主要取决于该组分的分配系数。分配系数大者移动速度慢，其 R_f 值也小；反之分配系数小者移动速度快，R_f 值也大。因为每种物质在一定条件下对于一定的溶剂系统，其分配系数是一定的，R_f 值也恒定。因此可以根据 R_f 值对分离的物质进行鉴定。

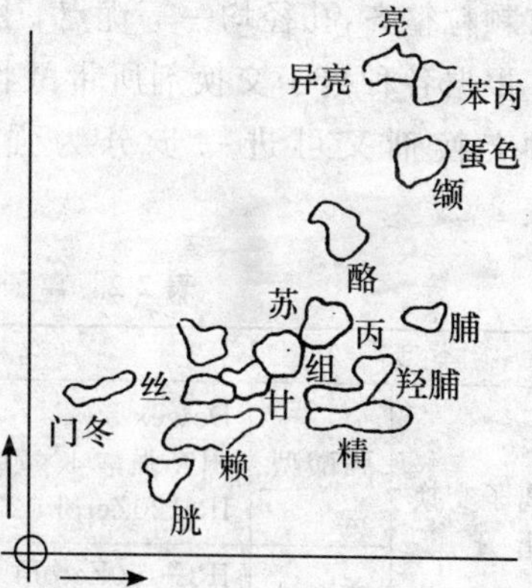

Ⅰ：正丁醇、冰醋酸、水比为4∶1∶5(体积比)
Ⅱ：酚、水比为4∶1(质量比)

图 2-7　氨基酸双向纸色谱图

有时几种成分在一个溶剂系统中色谱所得 R_f 值相近，不易分离清楚。这时可以在第一次色谱后将滤纸吹干逆转 90° 角，再采用另一种溶剂系统进行第二次色谱，往往可以得到满意的分离效果。这种方法称为“双向纸色谱法”，以与一般的“单向纸色谱”相区别。

图 2-7 为氨基酸双向纸色谱图。

三、离子交换色谱

离子交换色谱是利用离子交换剂对需要分离的各种离子具有不同的亲和力

(静电引力)而达到分离目的的色谱技术。离子交换色谱的固定相是离子交换剂，流动相是具有一定 pH 和一定离子强度的电解质溶液。

离子交换剂是具有酸性或碱性基团的不溶性高分子化合物，这些带电荷的酸性或碱性基团与其母体以共价键相连，这些基团所吸引的阳离子或阴离子可以与水溶液中的阳离子或阴离子进行可逆的交换。因此根据可交换离子的性质将离子交换剂分为两大类：阴离子交换剂和阳离子交换剂(图 2-8)。

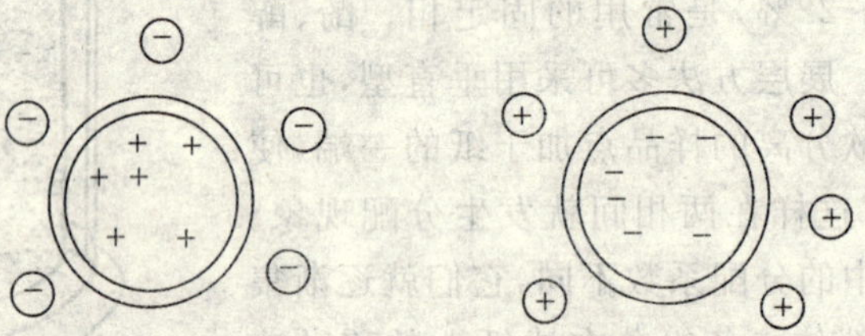

图 2-8　离子交换剂和它们所吸引的电荷

较为理想的离子交换剂是离子交换葡聚糖凝胶和离子交换琼脂糖凝胶。它们具有颗粒整齐，孔径均一等优点，往往得到较好的分离效果。

根据各种离子交换剂所带酸性和碱性功能团的不同和其解离能力的差异，各种交换剂又可进一步分为强酸型、弱酸型、强碱型和弱碱型四种，现列于表 2-2。

表 2-2　离子交换剂的类型及其功能基团

类型		名称	功能基团
阳离子交换树脂	强酸型	Dowex 50 国产强酸 1×7(732) IR-120Zerolit 225	硫酸基—SO_3^-
	弱酸型	IRC-150Zerolit 226 国产弱酸 101×128(724)	羟基—COO^-
阴离子交换树脂	强碱型	Dowex 1 Dowex 2 201×7(713)及 国产 201×4(714) Zerolit FF IRA-400	季胺基—N^+R_3
	弱碱型	IR-45 Dowex 3 国产弱碱 301(701) Zerolith	伯胺基—N^+H_3 伯胺基—N^+H_2R 伯胺基—N^+HR_2

续表 2-2

类型		名称	功能基团
阳离子交换纤维素	强酸型	磷酸纤维素(P) 磺甲基纤维素(SM) 磺乙基纤维素(SE)	磷酸基$-O-PO_3^-$ 磺甲基$-O-CH_2-SO_3^-$ 磺乙基$-O-CH_2-CH_2-SO_3^-$
	弱酸型	羧甲基纤维素(CM)	羧甲基$-O-CH_2-COO^-$
阴离子交换纤维素	强碱型	三乙基氨基乙基纤维素(TE-AE)	三乙基氨基乙基 $-O-CH_2-CH_2-N^+-(CH_2CH_3)_3$
	弱碱型	二乙基氨基乙基纤维素(DEAE) 氨基乙基纤维素(AE) 三羟乙基氨基纤维素(ECT-EOLA)	二乙基氨基乙基 $-O-CH_2-CH_2-N^+H-(CH_2CH_3)_2$ 氨基乙基$-O-CH_2-CH_2-N^+H_3$ 三羟乙基氨基$-N^+-(CH_2CH_2OH)_3$
阳离子交换葡聚糖凝胶	强酸型	SE-葡聚糖凝胶 G25 SE-葡聚糖凝胶 G50 SP-葡聚糖凝胶 G25 SP-葡聚糖凝胶 G50	磺乙基$-O-CH_2-CH_2SO_3^-$ 磺丙基$-CH_2SO_3^-$
	弱酸型	CM-葡聚糖凝胶 G25 CM-葡聚糖凝胶 G50	羧甲基$-O-CH_2-COO^-$
阴离子交换葡聚糖凝胶	强碱型	QAE-葡聚糖凝胶 A25 QAE-葡聚糖凝胶 A50	二乙基(α-羟丙基)氨基乙基 $-O-CH_2-CH_2N^+$ ($-CH_2CH_3$; $-CH_2OH-CH_3$; $-CH_2CH_3$)
	弱碱型	DEAE-葡聚糖凝胶 A25 DEAE-葡聚糖凝胶 A50	二乙基氨基乙基 $-O-CH_2-CH_2N^+H-(CH_2CH_3)_2$

离子交换色谱的基本过程是：离子交换剂经适当处理装柱后，应该先用酸或碱处理（视具体情况可用一定 pH 的缓冲液处理），使离子交换剂变成相应的离子型（阳离子交换剂带负电并吸引相反离子 H^+，阴离子交换剂带正电并吸引相反离子 OH^-）加入样品后，使样品与交换剂所吸引的相反离子（H^+ 或 OH^-）进行交换，样品中待分离物质便通过电价键吸附于离子交换剂上面（图 2-9）。然后用基本上不会改变交换剂对样品离子亲和状态的溶液（如起始缓冲液）充分冲洗，使未吸附的物质洗出。洗脱待分离物质时常用的两种方法，一是制作电解质浓度梯度，即离子强度梯度。通过不断增加离子强度，吸附到交换剂上的物质根据其静电引力的大小而不断竞争性的解脱下来；二是制作 pH 梯度，影响样品电离能力，也使交换剂与样品离子亲和力下降，当 pH 梯度接近各样品离子的等电点时，该离子就被解脱下来。在实际工作中，离子强度梯度和 pH 梯度可以是连续的（称梯度洗脱），也可

以是不连续的(称阶段洗脱)。一般来讲,前者分离的效果比后者的分离效果理想,梯度洗脱需要梯度混合器来制造离子强度梯度或 pH 梯度。图 2-10 是最简单的梯度混合器,它由两个容器组成,两容器之间以连通管相连接,与出口连接的容器装有搅拌装置,内盛起始洗脱液,此洗脱液代表开始洗脱的离子强度(或起始 pH);另一容器内盛有终末洗脱液,此洗脱液代表洗脱的最后离子强度(或最后 pH)。在洗脱过程中,由于终末洗脱液不断进入起始洗脱液中,并不断被搅拌均匀,所以流出的洗脱液成分不断地由起始状态向终末状态演变形成连续的梯度变化。

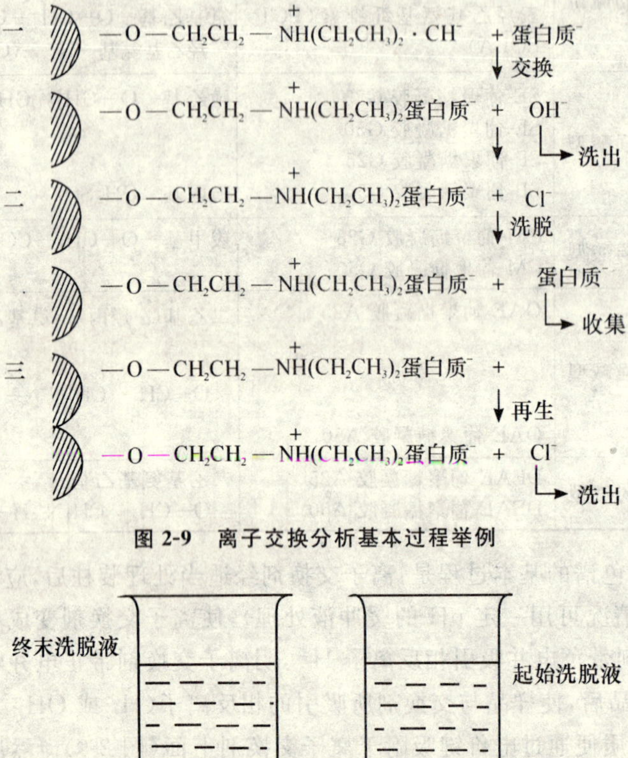

图 2-9　离子交换分析基本过程举例

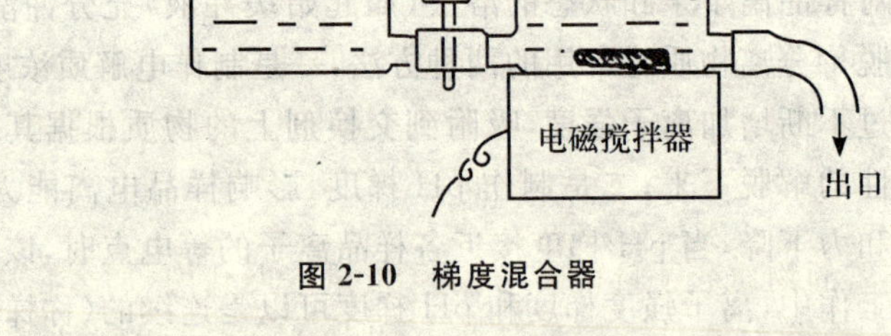

图 2-10　梯度混合器

四、凝胶色谱

(一)凝胶色谱理论基础

凝胶是一类多孔性高分子聚合物,每个颗粒犹如一个筛子。当样品溶液通过凝胶柱时,相对分子质量较大的物质由于直径大于凝胶网孔而只能沿着凝胶颗粒间的孔隙,随着溶剂流动,因此流程较短,向前移动速度快而首先流出色谱柱;反之,相对分子质量较小的物质由于直径小于凝胶网孔,可自由地进出凝胶颗粒的网孔,在向下移动过程中,它们从凝胶内扩散到胶粒孔隙后再进入另一凝胶颗粒,如此不断地进入与逸出,使流量增长,移动速率慢而最后流出色谱柱。而中等大小的分子,它们也能在凝胶颗粒内外分布,部分进入颗粒,从而在大分子物质与小分子物质之间被洗脱。这样,经过色谱柱,使混合物中的各物质按其分子大小不同而被分离。凝胶色谱又因此得名"分子筛色谱"和"凝胶排阻色谱"。

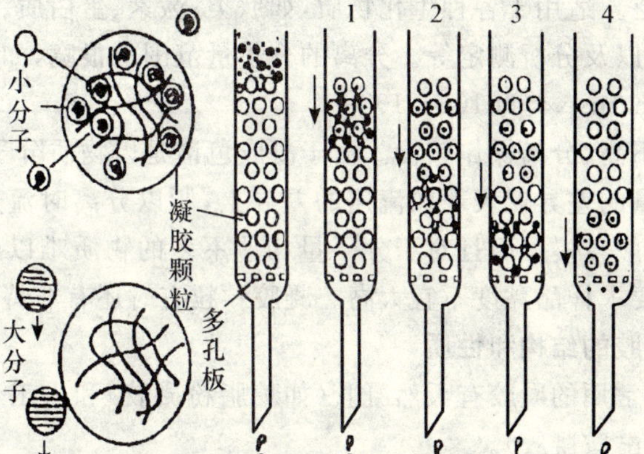

1. 分子大小不同混合物上柱;2. 洗脱开始,小分子扩散进入凝胶颗粒内,大分子被排阻于颗粒之外;3. 大小分子分开;4. 大分子行程较短,已洗脱出色谱柱,小分子尚在进行中

图 2-11　凝胶色谱的原理

在实际工作中,对于同一个凝胶柱来说,各种分子量的物质有其固定的洗脱体积。因此,准确掌握凝胶柱的一些基本因素是十分有益的。

凝胶柱的总体积(V_t):凝胶颗粒之间空隙的体积(外水体积 V_o)、凝胶颗粒网眼内的体积(内水体积 V_i)和凝胶颗粒基质本身的体积(V_r)的总和。

$$V_t = V_o + V_i + V_r$$

如果被分离的物质分子量很大,完全不能进入网孔内,那么它从柱上洗脱下来(小样品时以洗脱峰为准)所需的洗脱液体积(V_e)就等于颗粒间隙的体积(V_o),即

$Ve=V_o$。如果被分离物质的分子量极小，可以非常自由地通过网孔即进出凝胶颗粒，那么它的洗脱液体积就应当等于颗粒内和颗粒间隙体积的总和（$V_e=V_o+V_i$）。至于分子量位于上两者之间的，其洗脱体积便位于 V_o 和 V_o+V_i 之间。可见，分子量大小不同的物质，其洗脱体积不同，从而可以用于物质的分离。另外，如果在有已知分子量的标准物质做对照的条件下，就可以根据洗脱体积来估计待测物质的分子量。

(二)凝胶色谱的特点

(1)凝胶色谱操作简便，所需设备简单。有时只要有一根色谱柱便可进行工作。分离介质-凝胶完全不需要像离子交换剂那样复杂的再生过程便可重复使用。

(2)分离效果较好，重复性高。最突出的是样品回收率高，接近100%。

(3)分离条件缓和。凝胶骨架亲水，分离过程又不涉及化学键的变化，所以对分离物的活性没有不良影响。

(4)应用广泛。适用于各种生化物质，如肽类、激素、蛋白质、多糖、核酸的分离纯化、脱盐、浓缩以及分析测定等。分离的分子量范围也很宽，如 Sephadex G 类为 102～105 d；Sepharose 类为 105～108 d。

(5)分辨率不高，分离操作较慢。由于凝胶色谱是以物质分子量的不同作为分离依据的，分子量的差异仅表现在流速的差异上，所以分离时流速必须严格把握。因而分离操作一般较慢。而且对于分子量相差不多的物质难以达到很好的分离。此外，凝胶色谱要求样品黏度不宜太高。凝胶颗粒有时还有非特异吸附现象。

(三)常用凝胶的结构和性质

凝胶色谱法常用的凝胶有天然凝胶（如琼脂粉凝胶）和人工合成凝胶（如葡聚糖凝胶和聚丙烯酰胺凝胶）。

1. 葡聚糖凝胶

葡聚糖凝胶（Sephadex）具有良好的化学稳定性，是目前生化产品制备中最常用的凝胶。

G 类葡聚糖凝胶（Sephadex-G）的最基本骨架是葡聚糖，它是一种以右旋葡萄糖为残基的多糖，分子间主要是 α-1,6-糖苷键（约占 95%），分枝为 1,3-糖苷键（约占 5%），以 1-氯-2,3-环氧丙烷（见右式）$C_l—CH_2—CH—CH_2$ 为交联剂将 O 链壮结构连接为三维空间的网状结构的高分子化合物。

葡聚糖凝胶网孔大小可通过调节交联剂和葡聚糖的配比及反应条件来控制。交联度越大，网孔越小，吸水膨胀就越小。交联度越小，网孔越大，吸水膨胀就越大。G 类葡聚糖凝胶常用 G-*X* 代表，*X* 数字既代表交联度，也代表持水量。*X* 数字越小，交联度越大，网孔越小，适用于分离低分子质量生化产品。*X* 数字越大，交联度越小，网孔越大，适用于分离高分子生化产品。X 数字也代表凝胶的持水量，如 G-25 表示 1 g 干胶持水 2.5 mL，G-100 表示 1 g 干胶持水 10 mL，依此类推。

2. 亲脂性葡聚糖凝胶

这种凝胶既亲脂又亲水，可在多种有机溶剂中膨胀。这种凝胶在 pH>2 的不含氧化剂的溶液中稳定。用低级醇为溶剂时，对芳香族、杂环族化合物仍有吸附作用。但用氯仿时则可去除对上述化合物的吸附作用，而对含羟基与羧基的化合物却有吸附作用。

国产 Sephadex LH-20 可用于分子筛色谱、吸附色谱和分配色谱。很适用于脂肪酸、甘油三酯、类固醇、维生素、激素类生化产品的分离。洗脱剂可用单一有机溶剂如甲醇、氯仿等，也可用混合溶剂如氯仿与甲醇的混合液。

3. 葡聚糖凝胶离子交换剂

在 G 类凝胶上引入一些酸性或碱性基团后，则制得各种葡聚糖凝胶离子交换剂。

如引入磺乙基（SE-Sephadex）、羧甲基（CM-Sephadex）及二乙胺基乙基（DEAE-Sephadex A）等。葡聚糖凝胶离子交换剂具有离子交换和分子筛双重作用。其结构多孔、疏松、非特异性吸附很少，层析时流速易控制，特别适用于蛋白质、酶、激素、多核苷酸等的分离纯化，以及生化制剂的除热原。

4. 聚丙烯酰胺凝胶

聚丙烯酰胺凝胶也是一种人工合成凝胶，其商品名为生物凝胶 P（Bio-gel-P），和交联葡聚糖一样，为颗粒状干粉，在溶剂中能自动吸水溶胀成凝胶。其由单体丙烯酰胺和交联剂甲叉双丙烯酰胺通过自由基引发聚会形成聚丙烯酰胺凝胶。只要控制单体用量和交联剂的比例，就能得到不同型号的凝胶。

在聚丙烯酰胺凝胶的合成过程中，单体和交联剂的配比可以任意改变。以（T）代表 100 mL 凝胶溶液中含有的单体和交联剂总克数，称为凝胶浓度。而其中交联剂占单体和交联剂总量的百分比称为交联度，以（C）表示，交联度越大，网孔越小，交联度越小，则网孔越大。聚丙烯酰胺凝胶全是由碳一碳骨架构成，稳定性较好，适合于做凝胶色谱的载体。只有在极端 pH 条件下酰胺键才被水解为羧基，使凝胶带有一定的离子交换基团，故一般只在 pH 值为 2～11 的范围内使用。

像 Sephadex 一样，商品聚丙烯酰胺为颗粒状的干粉，它有十分明显形成块状并黏附在一起的倾向，在溶剂中能自动溶胀成胶。

根据聚丙烯酰胺凝胶的溶胀性质和分离范围的不同，可分成 10 种类型。各种类型均以英文字母 P 和阿拉伯数字表示，从 Bio-Gel P-2 至 Bio-Gel P-300。P 后面的阿拉伯数字乘以 1 000 即相当于排阻限度（按球蛋白或肽计算）。目前，美国 Bio-Rad Laboratories 生产并出售多种规格的 Bio-Gel P。

5. 琼脂糖凝胶

琼脂糖凝胶（agarose gel）可以分离葡聚糖凝胶和生物胶所不能分离的大分子，使凝胶色谱的分离区间扩大到大分子和病毒颗粒，其最大范围可达相对分子质量 108，但是由于琼脂有强烈的吸附作用，给使用造成了困难，后来，从琼脂中分离出两个组分，一个组分为带负电荷的琼脂果胶，含有磺酸基和羧基；另一组分叫琼脂糖，它不含有带电基团，其结构是有 β-D-吡喃半乳糖和 3，6 脱水-L-吡喃半乳糖相结合的链状多糖。这种琼脂糖被用来进行凝胶色谱，它既具有琼脂凝胶相同的分离区间，又没有吸附作用。但其稳定性远不如葡聚糖凝胶和生物胶 P，强酸强碱能引起结构破坏。最好使用条件控制在 pH 值为 4～9 之间，温度 0～40 ℃，超出此范围，可能被破坏。

琼脂糖凝胶是由琼脂中分离出来的天然凝胶。它的商品名因生产厂家不同而异。

美国的为 Bio-GA，有 6 个型号，即 Bio-G 0.5 M、1.5 M、5 M、15 M、50 M 和 150 M。阿拉伯数字乘以 106 表示排阻限度。

英国的称为 Sagavac，又分为 Sagavac 2F、4F、6F、8F、10F 和 2C、4C、6C、8C、10C。前面的阿拉伯数字表示凝胶中干胶的百分数，F 代表粉末状，C 代表颗粒状。

琼脂糖凝胶做成珠状后不再脱水干燥，否则不能再溶胀恢复原有形状，因此商品大都以含水状态供应，并应在湿态保存。一般悬浮在 10～3 mol/L EDTA 和 0.02%叠氮化钠溶液中。百分数表示干胶量。

(四)凝胶色谱技术操作

1. 凝胶的选择与处理

选择适宜的凝胶是取得良好分离效果的最根本的保证。选取何种凝胶及其型号、粒度，一方面要考虑凝胶的性质，包括凝胶的分离范围（渗入限与排阻限），还有它的理化稳定性、强度、非特异吸附性质等；另一方面还要注意到分离目的和样品的性质。

凝胶粒度的大小对分离效果有直接的影响。一般来说，细粒凝胶柱流速低，但洗脱峰窄，分辨率高，多用于精制分离或分析等。粗粒凝胶柱流速高，但洗脱峰平坦，分辨率低，多用于粗制分离，脱盐等。图 2-12 表示在同一流速下不同粒度的 Sephadex G-25 柱的洗脱效果。

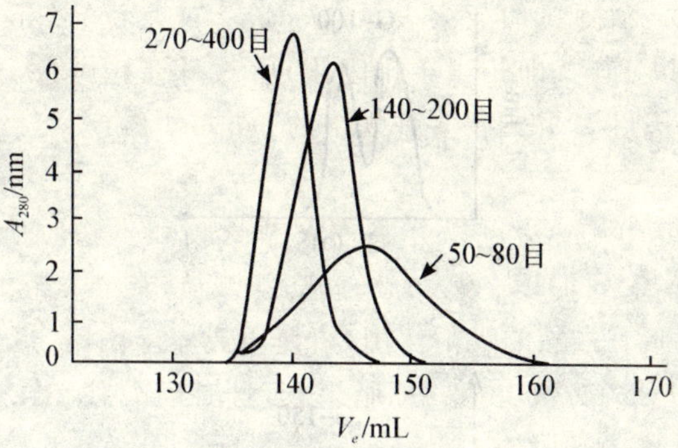

图 2-12 凝胶粒度与洗脱效果的关系图

对生物样品来说,经常遇到的是两种分离形式。一种是只将分子量极为悬殊的两类物质分开,如蛋白质与盐类,称作类分离或组分离。另一类则是要将分子量相差不很大的大分子物质加以分离,如分离血清球蛋白与白蛋白,这叫做分级分离。目的是分开分子量不很悬殊的大分子物质。选择凝胶型号时必须使各种物质的 K_d 值尽可能相差大一些。为此,首先决不能使它们的分子量都分布在凝胶分离范围的一侧,也就是 K_d 不要都接近于 0 或 1,而要使组分的分子量尽可能分布在凝胶分离范围的两侧,或接近两侧的位置。如果样品中含有 3 个组分的话,最好一个接近全排阻,另一个接近全渗入,第三个为部分渗入,且分子量大于渗入限的 3 倍,并小于排阻限的 1/3。因为分了量如与渗入限比较靠近,该组分分子在凝胶颗粒中运动所受的约束很小,不易与低分子组分分开。如分子量与排阻限比较靠近则不易与高分子组分分开。如用 Sephadex G-200 分离血清蛋白质的效果要比 Sephadex G-150 为好。但也有人选用 G-150,那是因为 G-200 强度太低不便操作的缘故(图 2-13)。

凝胶颗粒大小一般分为粗、中、细和超细 4 类。颗粒越细,分离效果越好,因为它容易达到平衡,但流速慢。颗粒越粗,流速越快,会使区带扩散,使洗脱峰变平变宽。在一般柱色谱中,使用干颗粒直径在 70 μm 左右较合适。对于在水中保存的凝胶如琼脂粉凝胶颗粒直径应在 150 μm 左右。凝胶颗粒大小要均匀,这样流速稳定,效果较好。葡聚糖凝胶和生物胶多以干粉形式保存,使用前需用水或洗脱缓冲液充分溶胀。在室温下让其充分溶胀达到平衡,通常需要较长时间。较快的做法是将干胶往水里加,边加边搅,以防凝胶结块,然后放到沸水浴中加热接近 100 ℃,几个小时就可以使其溶胀,还可起到除去颗粒内部气泡和杀菌作用。

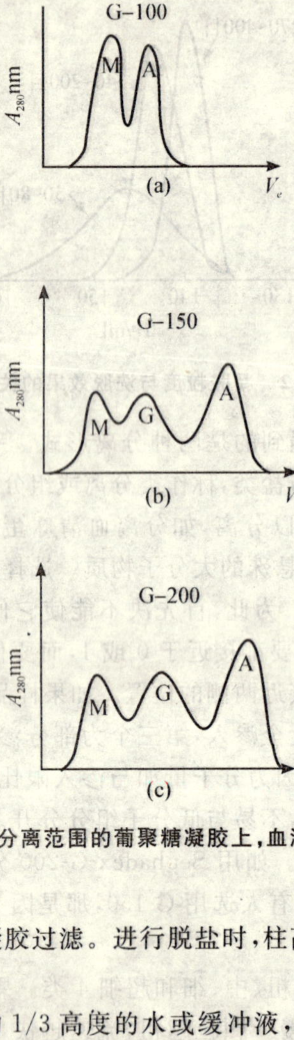

图 2-13 不同分离范围的葡聚糖凝胶上，血清蛋白的色谱图

2. 装柱

一般选用细长的拄作凝胶过滤。进行脱盐时，柱高 50 cm 比较合适；分级分离时，100 cm 就足够了。

一般是在柱内先装入约 1/3 高度的水或缓冲液，然后将溶胀好的凝胶在搅拌成稀浆的情况下慢慢倒入柱内，使其自然沉降。如此连续操作，可以得到一个均匀的柱床。柱装得不好往往造成洗脱区带加宽，甚至使一些本来可以分开的区带重叠。如装柱时的操作压力太大，会使凝胶床压得太实，从而降低流速。

图 2-14 为色谱柱，图 2-15 为色谱系统连接示意图。

新柱装好后，要用洗脱缓冲液平衡，一般用 3～5 倍体积的缓冲液在恒压下流过柱床。新装好的柱要检验其均匀性—可用带色的高分子物质如蓝色葡聚糖-2 000 配成 2 mg/mL 的溶液过柱，观察色带是否均匀下降。也可以对光检查，看其是否均匀或有无气泡存在。

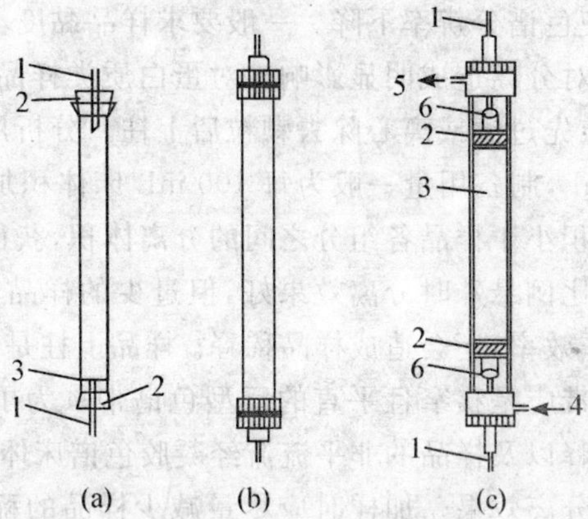

(a)自制简易层析柱(1.玻璃管;2.橡皮塞;3.尼龙网);(b)普通商品柱;
(c)双底板色谱柱(1.洗脱液进出口;2.多孔底板;3.柱床;
4.恒温水进口;5.恒温水出口;6.可调节的塞子)

图 2-14　色谱柱

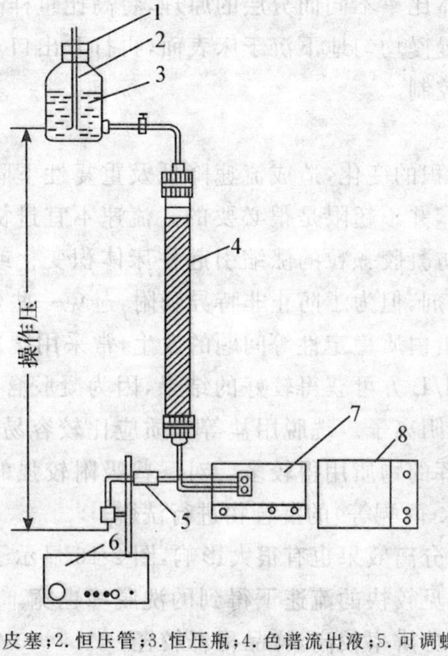

1.密封橡皮塞;2.恒压管;3.恒压瓶;4.色谱流出液;5.可调螺旋夹;
6.自动收集器;7.核酸-蛋白质检测仪;8.电脑绘图系统

图 2-15　色谱系统连接示意图

3.加样

由于凝胶色谱的稀释作用,似乎样品浓度应尽可能大才好,但样品浓度过大往往导致黏度增大,而使色谱分辨率下降。一般要求样品黏度小于 0.01 Pa·s(帕斯卡秒),这样才不至于对分离造成明显影响。对蛋白质类样品浓度以不大于 4%为宜。如果样品浑浊,应先过滤或离心除去颗粒后上柱。分析用量一般为每 100 mL 床体积加样品 1～2 mL,制备用量一般为每 100 mL 床体积加样品 20～30 mL,这样可使样品的洗脱体积小于样品各组分之间的分离体积,获得较满意的分离效果。

样品与柱床体积比例悬殊时分离效果好,但过少的样品量不但会造成设备和器材的浪费,降低工作效率,还会造成样品稀释。样品上柱是凝胶色谱中最关键的一步。理想的样品色带应是狭窄且平直的巨型色谱带。为了做到这一点,应尽量减少加样时样品的稀释以及样品的非平流流经凝胶色谱床体。反之将造成色谱带扩散、紊乱,严重影响分离效果。加样时应尽量减少样品的稀释,及凝胶床面的搅动。这一点在分级分离时尤为重要,应严格按一定的操作程序进行,通常有下列 3 种方法:

(1)直接将样品加到色谱床表面;

(2)利用两种液体比重不同而分层的原理,将高比重样品加入床表面低比重的洗脱液之中,样品就慢慢均匀地下沉于床表面,再打开出口,使样品渗入色谱;

(3)可用微量泵控制。

4.洗脱

为了防止柱床体积的变化,造成流速降低及重复性下降。整个洗脱过程中始终保持一定的操作压,并不超限是很必要的。流速不宜过快且要稳定。洗脱液的成分也不应改变,以防凝胶颗粒的涨缩引起柱床体积变化或流速改变。在许多情况下可以用水作洗脱剂,但为了防止非特异吸附,避免一些蛋白质在纯水中难以溶解(析出沉淀),以及蛋白质稳定性等问题的发生,常采用缓冲盐溶液进行洗脱。离子浓度至少 0.02 mol/L 方可获得较好的结果,因为凝胶含有少量羧基,会吸附少量阳离子而排斥少量阴离子。洗脱用盐等介质应比较容易除去才好,通常,氨水、醋酸、甲酸铵等易发挥的物质用得较多.对一些吸附较强的物质也可采用水和有机溶剂(如水-甲醇,水-丙酮等)的混合物进行洗脱。

洗脱剂的流速对分离效果也有很大影响,图 2-16 显示了同一凝胶柱在不同流速下的洗脱曲线。可见较快的流速下得到的洗脱峰也宽。流速低洗脱峰窄而高。也就是说,流速较低,分辨率较高,样品稀释较轻。

(a),(b)操作压等于柱或贮液器内液面和出水接管末端的高度差;(c),(d)压力的大小是由恒压瓶内空气入口管的底部至出口接管末端的高度计算。向下(c)或向上(d)移动出水管无关紧要,欲达到流速恒定的目的,可自制恒压加液装置(图 2-17),更可靠的是使用微量恒流泵。

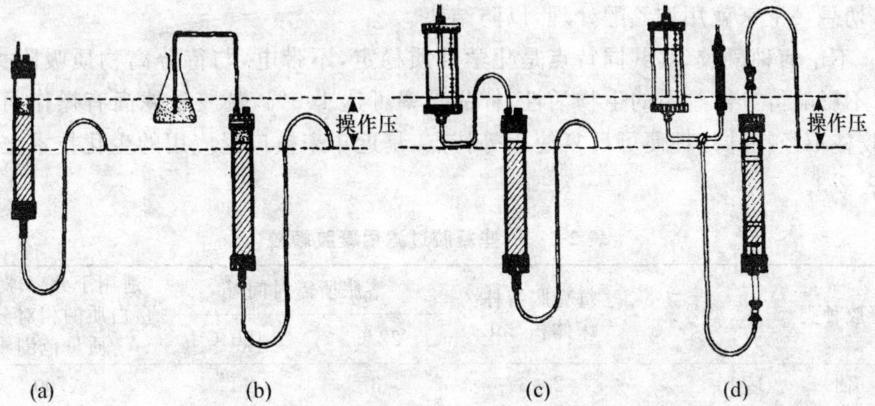

图 2-16　各种色谱柱装置的操作压(或静水压)

5. 凝胶的再生和保养

在洗脱过程中，所有组分一般都可被洗脱下来，所以装好柱后，可反复使用，无需特殊的再生处理。但多次使用后，凝胶颗粒可能逐渐沉积压紧，流速变慢。这时只需将凝胶自柱内倒出，重新填装。或使用反冲法，使凝胶松散冲起，然后自然沉降，形成新的柱床，这样流速会有所改善。

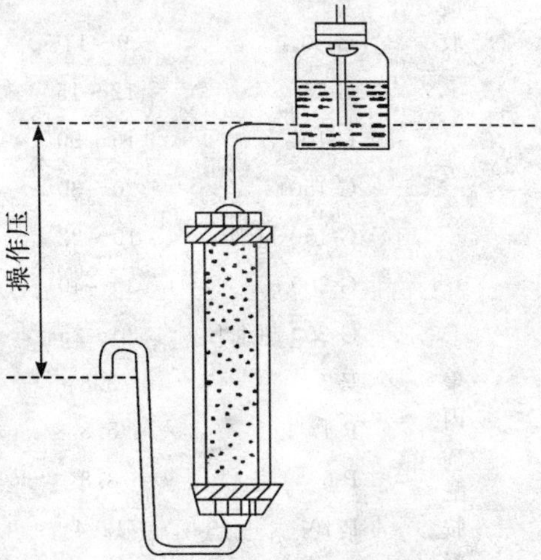

图 2-17　凝胶色谱恒压加液装置

葡萄糖凝胶和琼脂糖凝胶都是碳水化合物，能被微生物(如细菌和霉菌)分解。聚丙烯酰胺凝胶本身不被微生物作用，但微生物还是能在此凝胶液中和凝胶床上生长，这样会破坏凝胶的特性，影响分离效果。为防止细菌生长和发酵，可用0.05％三氯叔丁醇(仅在弱酸有效，也适用于其他离子交换剂)或 0.002％洗必泰、0.01％醋酸苯汞(在弱碱中有效，也适用于其他阴离子交换剂)以及 0.1 mol/L 氢氧化钠溶液等作防腐剂。色谱前再用水或平衡液将防腐剂洗去。

凝胶用过后。有几种保存方法：①湿态保存。在水相中加防腐剂，或水洗到中性，高压灭菌封存(或低温存放)；②半收缩保存。水洗后滤干，加 70％乙醇使胶收缩，再浸泡于 70％乙醇中保存；③干燥保存。水洗后滤干，依次用 50％、70％、90％、95％乙醇脱水，再用乙醚洗去乙醇，干燥(或 60～80 ℃烘干)后保存。加乙醇时，切忌一上来就用浓乙醇处理，以防结块。

不论何种凝胶，其共同特点是化学性质稳定，不带电，与待分离物质吸附力很弱，不影响待分离物质的生物活性，样品得率可达100%，凝胶过滤尚有操作简便，凝胶柱不经特殊处理便可反复使用等特点，是近年来被广泛应用的生化技术之一，见表2-3。

表2-3　一些凝胶过滤用凝胶颗粒

凝胶种类	型号	每克胀溶柱床体积/mL	溶胀所需时间/h		适用于分离球形蛋白质的相对分子质量范围
			22 ℃	100 ℃	
葡聚糖凝胶	G-10	2～3	3	1	<700
	G-15	2.5～3.5	3	1	－700
	G-25	4～6	3	1	－1 500
	G-50	9～11	3	1	1 000～1 500
	G-75	12～15	24	3	1 500～30 000
	G-100	15～20	72	5	3 000～70 000
	G-150	20～30	72	5	4 000～150 000
	G-150 超细	10～22	72	5	5 000～400 000
	G-200	30～40	72	5	5 000～800 000
	G-200 超细	20～25	72	5	
聚丙烯酰胺凝胶	P-2	3.8	4	2	200～1 800
	P-4	5.8	4	2	800～4 000
	P-6	8.8	4	2	1 000～6 000
	P-10	12.4	4	2	1 500～20 000
	P-30	14.8	12	3	2 500～40 000
	P-60	19.0	12	3	3 000～60 000
	P-100	19.0	24	5	5 000～100 000
	P-150	24.0	24	5	15 000～150 000
	P-200	34.0	48	5	30 000～200 000
	P-300	40.0	48	5	60 000～400 000
琼脂糖凝胶颗粒	6B	（以溶胀状态出售）			4×10^6
	4B				20×10^6
	2B				40×10^6

五、亲和色谱

亲和色谱法是近年来广为重视并得到迅速发展的提纯、分离方法之一。许多物质都具有和某化合物发生特异性可逆结合的特性。例如：酶与辅酶或酶与底物(产物或竞争性抑制剂等)，抗原与抗体，凝集素与受体，维生素与结合蛋白，凝集素与多糖(或糖蛋白、细胞表面受体)，核酸与互补链(或组蛋白、核酸多聚酶、结合蛋白)以及细胞与细胞表面特异蛋白(或凝集素)等。亲和色谱法就是利用化学方法将可与待分离物质可逆性特异结合的化合物(称配体)连接到某种固相载体上，并将载有配体的固相载体装柱，当待提纯的生物大分子通过此色谱柱时，此生物大分子便与载体上的配体特异的结合而留在柱上，其他物质则被冲洗出去。然后再用适当方法使这种生物大分子从配体上分离并洗脱下来，从而达到分离提纯的目的(图 2-18)。

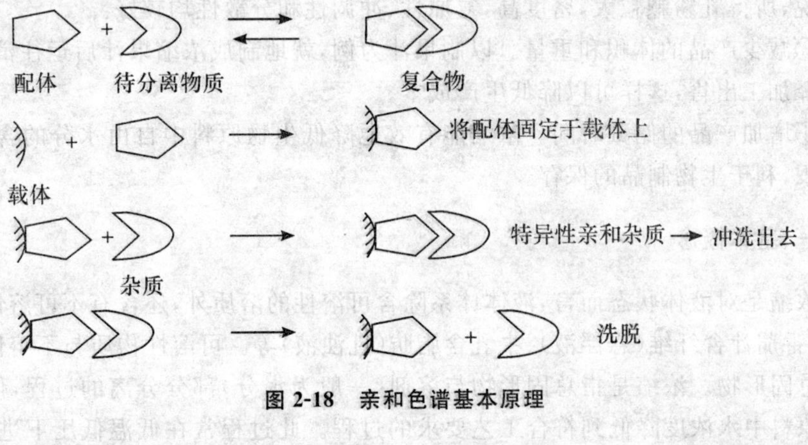

图 2-18　亲和色谱基本原理

亲和色谱由于配体与待分离物质进行特异性结合，所以分离提纯的效率极高，提纯度可达几千倍，是当前最为理想的提纯方法。亲和色谱配体与待分离物质特异性结合性质还可用来从变性的样品中提纯出其中未变性部分，从大量污染的物质中提纯小量所需成分，亲和色谱还可用来从极度稀薄的液体中浓缩其溶质。

亲和色谱所用的载体和凝胶过滤所要求的凝胶特性相同，即化学性质稳定，不带电荷，吸附能力弱，网状疏松，机械强度好，不易变形，保障流速的物质。聚丙烯酰胺凝胶颗粒、葡聚糖凝胶颗粒以及琼脂糖凝胶颗粒都可用，其中以琼脂糖凝胶(Sephadex 4B)型应用最广泛。亲和色谱的关键是设法选择合适的配体并将此配体与载体化学连接起来，形成稳定的共价键，这需要在实际工作中根据需要加以选择和试验。

运用技术方法三 浓缩

生物产品原料中一般含有70%～90%的水分，但其中的营养成分如蛋白质、糖类、维生素等只占5%～10%。为了避免微生物的生长繁殖，延长制品的货架期，减少运输的成本，其中的大部分水分是必须去除的。浓缩的主要目的是使得生物制品体积减小，但不影响其营养成分。浓缩的具体目的有以下几点。

①作为结晶或干燥的预处理。通过浓缩，增加溶液浓度，减少溶液体积，最终获得满足干燥工艺要求的浓缩液，这样可以节约能源，降低产品的生产成本。如制作乳粉时需使鲜乳汁的含水率由88%降低到3%。若用真空浓缩，每蒸发1 kg水分，需要消耗1.1 kg的蒸汽，而用喷雾干燥，每蒸发1 kg水分则需要消耗3～4 kg的蒸汽，故先浓缩后干燥就可以节约热能。

②提高产品质量。以鲜乳为例，经过浓缩后再喷雾干燥的鲜乳相对于直接干燥来说，所得乳粉颗粒大，密度高，复原性、冲调性和分散性均较好。

③减少产品的体积和重量。以制果汁为例，就地制成浓缩果汁后运往消费地，再稀释加工出售，这样可以降低生产成本。

④增加产品的储藏时间。浓缩能有效地降低生物原料中自由水分的含量，减少体积，利于生物制品的保存。

一、基本概念

浓缩是对液体状态而言，液体体系除含可溶性的溶质外，还含有不可溶性的物质，如番茄汁含纤维（悬浮液）、牛乳含脂肪（乳浊液）等。可溶性物质与不溶性物质称为总固形物。浓缩是指总固形物与溶剂（一般为水分）部分分离的过程，使生物制品原料中水浓度降低到符合工艺要求的过程。此过程常在低温低压下进行，营养成分一般不发生相变。例如，热浓缩过程是使体系中的水分在其沸点时蒸发汽化，并将汽化产生的二次蒸汽不断排除，从而使制品的浓度不断提高，直至达到产品浓度要求。

在理想状态下，应当是选择性地去除部分水分而不影响营养成分的质量，在用水稀释浓缩液后能够恢复原来的制品，这称为复原性。采用得当的浓缩方法与操作条件，可以接近这种理想的浓缩过程，但同时要考虑操作费用，所以浓缩方法与操作条件的选择，必须权衡浓缩液质量与浓缩过程的操作费用。

二、常用浓缩方法

要浓缩的生物制品种类很多，有牛乳、血液、蜂蜜等生物液；有菜汤、肉汁、甜菜汁等萃取液；有甘蔗汁、果汁等压榨液；还有发酵液、蒸煮液、浸提液等。不同的浓缩体系适用于不同的浓缩方法。

生物制品浓缩技术对其工艺流程的设计、设备的选型和具体操作提出了相应的要求，随着生产发展的需要，不断改进和更新。浓缩已趋向低温、快速、连续的方向发展。冷冻浓缩、离心浓缩、超滤浓缩等也广泛应用于生物制品的生产。表 2-4 列出了常用的浓缩方法原理和特点。

表 2-4　常用的浓缩方法

浓缩方法	基本原理	技术特点
蒸发浓缩	温度提高到溶剂的沸点，使之蒸发。有常压和低压蒸发之分；有单效和多效的区别	传统蒸发浓缩法，用于对热稳定的体系
冷冻浓缩	常压或低压下将水体系冷冻而将纯的冰结晶直接升华而去除水分	由结晶器和分离器组成，适用于浓缩挥发性芳香物质和热敏物质
膜浓缩法	分超滤和透析方法：前者在压力差的作用下，小于膜孔的分子（0.05～1 000 μm）透过膜介质；后者利用膜的选择透过性，在压力差的作用下，水分由浓向稀的方向移动	前者适合于分离、提纯、浓缩含有机酸、氨基态氮等物质的溶液；后者适用于蛋白质溶液的浓缩及纯化
凝胶浓缩	浓缩胶是高分子网状结构的有机聚合物，具有很强的吸水性能，加入蛋白质溶液中，凝胶粒子吸水后，离心除去	适用于浓缩相对分子质量 10 000 以上的生物大分子物质

由表 2-4 可见，生物制品浓缩可采取不同的方法来实现，生产中经常采用的是蒸发浓缩技术、冷冻浓缩技术和薄膜浓缩技术。下面将对表 2-4 中的几种浓缩技术分别作介绍。

(一)蒸发浓缩

蒸发浓缩是将溶液的温度提高到沸点，使溶液中的自由水分蒸发，蒸发所需的时间和设备可由物质性质和所需要的最终浓度决定。传统蒸发浓缩法，只适用于对热稳定的生物质体系，对于生物质的蒸发浓缩主要应用于食品自由水蒸发方面，如淀粉的蒸发浓缩、真空盐卤水浓缩和皂化废碱液蒸发浓缩等。

根据物料的特性和工艺要求，蒸发过程可以采用不同的操作条件和方法：如常压蒸发、真空蒸发、单效蒸发和多效蒸发等。多效蒸发的定义是多次利用次生蒸汽，这样可以节省能源，但却增加了设备费用。

1. 常压蒸发浓缩

常压蒸发浓缩技术常被用来浓缩液体食品或水果、蔬菜汁等。常压浓缩设备比较简单，操作方便，但由于蒸发温度高，能耗较大；尤其在浓缩后期，溶液浓度升高，使沸点进一步上升，溶液中的许多成分此时容易焦化、分解和氧化，使产品质量下降。

浓缩设备一般由加热器、蒸发器、冷凝器和溶剂接收器组成。蒸发器主要由加热室和分离室两部分组成。加热室的作用是利用水蒸气为热源来加热被浓缩的料液，加热室的型式最初采用的是夹套式和管式，其后有卧式短管加热室和竖式短管加热室，为了强化传热过程采用强制循环代替自然循环。蒸发器分离室的作用是将二次蒸汽中夹带的雾沫分离出来，分离室必须具有足够大的直径和高度以降低蒸汽流速，并有充分机会使雾滴下落回到液体中。分离室的型式，最初是将其置于加热室之上并与后者成为一体，后来出现了外加热型加热室，分离室也就独立成为分离器。

2. 真空蒸发浓缩

大部分生物质对热源都比较敏感，所以常使用真空浓缩（减压浓缩）。一般在1.8～8 kPa低压状态下，以蒸汽间接加热物料，使其在低温下沸腾蒸发，这样物料温度低，加热所用蒸汽与沸腾液料的温差增大，在相同传热条件下，比常压蒸发的速率高，可减少液料营养的损失，并可利用低压蒸汽作蒸发热源。

3. 生物产品真空蒸发浓缩特点

(1)优点：①在相同的蒸汽压力下，真空蒸发时传热温差比常压蒸发大，可相应地减小蒸发器的传热面积，可以利用低压蒸汽或废蒸汽作加热剂。②真空蒸发适用于对热敏感的成分。由于物料不受高温影响，避免了热不稳定成分的破坏和损失，更好地保存了原料的营养成分和香气。特别是某些氨基酸、黄酮类、酚类、维生素等物质；糖类、蛋白质、果胶、黏液质等黏性较大的物料，低温蒸发可防止物料焦化。③溶液沸点比较低，操作温度低，热损失较少。液体物质在沸腾状态下溶剂的蒸发很快，其沸点随压力而变化，压力小，沸点降低。例如牛奶在101 kPa下，沸点为100 ℃，而在真空度82.7～90.6 kPa下，沸点仅为45～55 ℃。④由于在较低温度下蒸发，可以节省大量能源。

(2)不足之处：①由于在浓缩过程中使用抽真空系统，从而增加设备费用。②由于蒸发潜热随沸点降低而增大，所以潜热热量消耗大。

液态生物质蒸发过程中的相变化是液态的水变成气态的蒸汽，液态生物质经蒸发浓缩以后体积减小，总固形物浓度增加，由此引起了沸点上升、黏度增加、色泽加深、水分活度降低等变化。这些变化反过来影响工艺操作，这在实际的生产中要综合考虑。

(二)冷冻浓缩

对于挥发性的芳香物质、热敏性的食品和热不稳定性的蛋白质采用蒸发浓缩将会使有效物质受到损失而使质量下降,而且溶液沸点上升,黏度增大,传热效果差,操作困难,而冷冻浓缩技术可以克服这些缺点。由于溶液中水分的排除不是用加热蒸发的方法,而是靠从溶液到冰晶的相间传递,所以可以避免芳香物质被加热时所造成的挥发损失;对于蛋白质溶液的浓缩,蛋白质不易变性,从而保持蛋白质中固有的成分;对于果汁浓缩,冷冻浓缩方法可以得到质量好的产品,能够很好地保持其中的色泽、风味、香气和营养成分,因为在全过程中,果汁处于低温条件下(一般−7～−3 ℃),果汁中几乎不发生可能产生的化学变化和生物化学反应,品质将优于蒸发法以及膜浓缩法。

冷冻浓缩是利用冰与水溶液之间的固—液相平衡的浓缩方法,将稀溶液中的水形成冰晶,然后固—液分离,使溶液增浓。冷冻浓缩涉及固—液系统的相平衡,但它与常规的结晶操作有所不同。当溶液中溶质浓度超过低共熔浓度时,过饱和溶液冷却的结果表现为溶质转化成固体析出,此即结晶操作的原理。但是当溶液中所含溶质浓度低于低共熔浓度时,冷却结果则表现为水分成冰晶析出,此即冷冻浓缩的基本原理。冷冻浓缩作用的过程只能应用在其晶点以下,由于冰晶的形成使得固形物浓度相应增加,所以晶点是不断降低的。由此可见,冷冻浓缩的操作包括两个步骤,首先是部分水分从水溶液中结晶析出,而后将冰晶与浓缩液加以分离。用于溶液冷冻浓缩的系统主要由结晶器和分离器两部分组成,结晶器产生冰结晶。

干燥往往是生物产品分离的最后一步。由于许多生物产品,如酶制剂、单细胞蛋白、抗生素、氨基酸等均为固体产品,因此成品干燥是工业产品加工过程中十分重要的单元操作。任何干燥过程的最终目的是减少物质的最终含水量,使其达到所希望的水平。对于生化反应过程中所得到的培养液,一般含有0.2%～0.5%的干物质,接下来的任务是从中提取有用的产物如抗生素、酶制剂、氨基酸、蛋白质和其他生物活性物质,并将其转化为商品。通过蒸发只能使产品得到浓缩,不可能得到干态的最终产品。因此,干燥是制取以固体形式存、含水量在5%～12%的生物制品的主要工业方法。离器分离冰晶和液体。操作时为了使形成的冰晶不混有溶质,而造成过多的溶质损失,要尽量避免局部过冷,分离操作要很好地加以控制。

冷冻浓缩具有如下的特点:①冷冻浓缩技术适用于对热敏性物质的浓缩。②由于溶液中水分的排除不是用加热蒸发的方法,而是靠从溶液到冰晶的相际传递,所以可避免某些芳香物质因加热所造成的挥发损失。③具有可在低温下操作、气—液界面小的特点,微生物增殖、溶质的劣化可控制在极低的水平。

④由冷冻浓缩引起的液态生物质物理性状的改变基本同蒸发浓缩，但对色泽的影响要小一些。

但是冷冻浓缩也有如下一些缺点：①浓缩溶液的浓度是受到限度的，而且还取决于冰晶与浓缩液可能分离的程度。很显然，溶液越浓，黏度越大，分离就越困难。②冷冻浓缩过程中细菌和酶都不会受热灭活，所以冷冻浓缩产品还必须再经热处理以除菌或加以冷冻保藏，以保持酶的活性。③浓缩过程中会造成不可避免的损失，且成本较高。④产量低，不适合大规模生产。

从保证产品质量的角度来看，冷冻浓缩是生物制品浓缩的最佳方法，且可与冷冻粉碎与冷冻干燥组合使用，水冻结所需热量为335 kJ/kg，100 ℃及0 ℃时水蒸发所需热量分别为2 248 kJ/kg及2 495 kJ/kg，可见冷冻浓缩法所耗能量约为蒸发法的1/7，从理论上讲冷冻浓缩是一种节省能量的操作方法。但是设备投资、日常操作费用高，操作复杂不易控制以及对冰核生成及冰结晶成长机理的研究不足、溶质损失严重等原因，使其工业化程度不高。

(三)膜浓缩

蒸发浓缩与冷冻浓缩都需要大量的设备费用、操作费用和能耗，成本比较高。而膜浓缩是一种设备投资少、操作简便的有效方法。该法是在液态生物质之间放置一半透膜(一类坚固的具有一定大小孔径的合成材料)，以膜两侧的压力差为驱动力，以膜为过滤介质，在一定的压力下，当原液流过膜表面时，膜表面密布的许多细小的微孔只允许水及小分子物质通过而成为透过液，而原液中体积大于膜表面微孔径的物质则被截留在膜的进液侧，成为浓缩液，因而实现对原液的分离和浓缩的目的。膜过滤是一种与膜孔径大小相关的筛分过程，除去水分的速率决定于外加的能量和薄膜对水的阻力，所以膜过滤决定于薄膜的性质以及液态生物质在薄膜每一处的状态总和。

(四)凝胶浓缩法

浓缩胶是一种高分子网状结构的有机聚合物，具有很强的吸水性能。每克干胶可吸水20～150 mL。它能吸收低分子量的物质，如水、葡萄糖、蔗糖、无机盐等，适宜浓缩相对分子质量为10 000以上的生物大分子物质。浓缩后蛋白质的回收率可达80%～90%。浓缩胶应用方便，选用孔径较小的凝胶，如SephadexG-25或G-50，将凝胶直接加入蛋白质溶液中。根据干胶的吸水量和蛋白液需浓缩的倍数而称取所需的干胶量。放入冰箱内，凝胶粒子吸水后，通过离心除去。必须注意，浓缩溶液的pH值应大于被浓缩物质的等电成，否则在浓缩胶表面产生阳离子交换，影响浓缩物质的回收率。

三、浓缩设备及操作

(一)蒸发浓缩的设备与操作

蒸发设备是指创造蒸发必要条件的设备组合,蒸发过程的必要条件是供应足够的热能,以维持溶液的沸腾及补充水汽化所带走的热量;然后促使水蒸气迅速排除。

蒸发设备由蒸发器、冷凝器和抽气泵等部分组成。由于各种溶液的性质不同,蒸发要求的条件差别很大,因此蒸发浓缩设备的形式较多,按不同的分类方法可以分成不同的类型。

1. 蒸发浓缩设备的分类

按蒸发面上的压力来分类:

(1)常压浓缩设备。水汽化后直接排入大气,蒸发面上为常压。设备结构简单、投资省、维修方便,但蒸发速率低。

(2)真空浓缩设备。水从蒸发面上汽化后进入负压状态,其优点是蒸发速率快,但设备结构复杂,操作麻烦。按加热蒸汽被利用的次数分为单效、双效、多效浓缩设备。

按浓缩料液的流程分为单程式和循环式两类,其中循环式又有自然循环与强制循环。按加热器的结构形式分为盘管式、中央循环管式、升膜式、降膜式、刮板式等多种。按操作的连续性分为间歇式和连续式两大类。间歇式多用于单效浓缩,连续式则多应用于双效以上浓缩。

2. 蒸发器的选择

溶液的特性是选择、设计蒸发浓缩设备的依据,在选择时要全面衡量满足以下要求:浓缩比、收得率、传热效果、传热系数、热利用率、结构紧凑、操作方便、安全可靠、动力消耗小等。必须根据物料的具体特性,按不同的需要进行选择。

(1)热敏性。热敏物质受热后会引起化学变化或物理变化从而影响到产品质量。如发酵工业中的酶是大分子的蛋白质,加热到一定温度、一定时间后会挥发丧失其活力,因此酶液只能在低温短时间受热的情况下进行浓缩,才能保存活性。又如番茄酱及其他果酱在温度过高时,会改变色泽和风味,使产品质量降低。这些热敏性物料的变化跟温度和时间均有关系,若温度较低,变化很缓慢;温度虽然很高,但受热时间很短,变化也很小。因此,对于生物质常用低温蒸发处理,或在较高温度下的瞬时受热蒸发来解决热敏性物料蒸发过程的特殊要求。一般选用各种薄膜式或真空度较高的蒸发浓缩器。

(2)结垢性。有些溶液在受热后,会在加热面上形成积垢,从而增加热阻降低传热系数，严重影响蒸发效能，故对容易形成积垢的物料应采取有效的防垢措施，如采用管内流速很大的升膜式蒸发设备或其他强制循环的蒸发设备，用高流速来防止积垢，或采用电磁防垢、化学防垢等，也可采用方便清洗加热室积垢的蒸发设备。

(3)发泡性。有些溶液在浓缩过程中，会产生大量气泡。这些气泡易被二次蒸汽带进冷凝器，造成溶液的损失，增加产品的损耗，又污染其他设备。发泡性溶液蒸发时，要降低蒸发器内二次蒸汽的流速，以防止发泡，或在蒸发器的结构上考虑消除发泡的可能性。同时要设法分离回收泡沫，一般采用管内流速很大的升膜式蒸发器或强制循环式蒸发器，用高流速的气体来冲破泡沫。

(4)结晶性。有些溶液在浓度增加时，会有晶粒析出，大量结晶沉积则会妨碍加热面的热传导，严重时会堵塞加热管。要使有结晶的溶液正常蒸发，则要选择带搅拌的或强制循环的蒸发器，用外力使结晶保持悬浮状态。

(5)黏滞性。有些料液浓度增大时，黏度也随着增大，而使流速降低，传热系数也随之减小，生产能力下降。故对黏度较高或经加热后黏度会增大的料液，不宜选用自然循环型，而应选用强制循环型、刮板式或降膜式浓缩器。

(6)腐蚀性。蒸发腐蚀性较强的料液应选用防腐蚀材料制成的设备或是结构上采用更换方便的型式，使腐蚀部分易于定期更换。如柠檬酸溶液的浓缩，采用石墨加热管或耐酸搪瓷夹层蒸发器等。

3.升膜式真空浓缩设备

升膜式真空浓缩设备常用的有单效和双效两类，并可组成多效浓缩。升膜式真空浓缩设备的基本原理都是相同的，不同的只是加热方式及一些具体结构而已。

(1)单效升膜式真空浓缩设备。单效升膜式浓缩设备结构简单，制造方便，占地面积小，投资省，经济实用，生产能力大，传热系数高，蒸汽消耗较低，可连续出料，有利于提高产品质量，特别适用于牛奶等易起泡沫的物料；但由于管子较长，清洗不方便，且不大适用于黏度较大或高浓度物料。该设备为自然循环的长管型液膜式蒸发器，主要由加热器、分离器、雾沫捕集器、水力喷射泵、循环管等部分组成。工作时，液料自加热器底部进入加热管，液位约占管长的1/5～1/4，蒸汽在管外加热，使料液沸腾，迅速汽化，蒸汽高速在管内上升，将物料挤向管壁，二次蒸汽在管内由下而上逐渐增多，使物料不断形成薄膜，在二次蒸汽的诱导及分离器高真空的吸力下，被浓缩的物料及二次蒸汽以较快的速度沿切线方向进入分离器。在分离器离心力作用下，物料沿其周壁高速旋转，并均匀分布于周壁及锥底上，物料液表面积增大，加速了水分的进一步汽化。二次蒸汽及其夹带的物料液滴经雾沫分离器进一步分离后，二次蒸汽导入水力喷射泵冷凝，分离得到的浓缩液沿循环管下降，回到加热器底部，与新加入的料液自行混合，再进入加热管浓缩。一部分浓缩液可在循环管底部连续抽出，一部分回到加热器。浓缩物料的浓度达到要求后，即可开始连续出料，并注意使进料量与蒸发量相平衡。在食品浓缩设备中，尚有多效薄膜式浓缩设备、刮板式薄膜蒸发器、板式蒸发器、离心式薄膜蒸发器等，后三者适合于高黏度或含悬浮颗粒的果蔬汁的浓缩。

图 2-19 是外加热自然循环式，主要由加热器、分离器、雾沫捕集器等部分组成。其加热器外壳为一长形直立容器，内有多根直立长管，管径一般为 25～80 mm，长径比为 100～150，合理的管径和长径比便于形成足够升膜的气速。

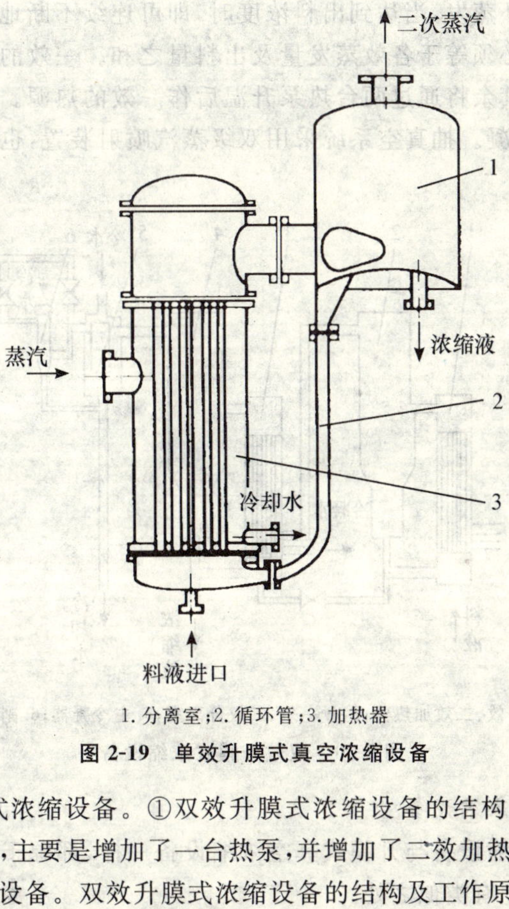

1. 分离室；2. 循环管；3. 加热器

图 2-19　单效升膜式真空浓缩设备

(2)双效升膜式浓缩设备。①双效升膜式浓缩设备的结构及工作原理与单效膜式浓缩设备相似，主要是增加了一台热泵，并增加了二效加热器、二效分离器等。②双效升膜式浓缩设备。双效升膜式浓缩设备的结构及工作原理与单效膜式浓缩设备相似，主要是增加了一台热泵，并增加了二效加热器、二效分离器等。

由于二次蒸汽能够加以利用，降低了能耗，生产能力大。但设备结构趋于复杂，操作和管理要求更高。双效升膜式真空浓缩设备有单程式和循环式两种。

单程式结构及其工作原理与单效式相同；双效式属于内循环式，如图 2-20 所示。

该设备主要是由一效和二效加热器、一效和二效分离器、混合式冷凝器、中间冷凝器、热泵、蒸汽喷射泵及各种液体输送泵组成。加热器分别由一定数量的直径较小的加热管以及一些直径较大的循环管所组成。工作时，物料自第一效加热器的下部进入蒸发管中，由于管外的加热及真空的吸引作用，使浓缩物料沿着加热管上升，并在上部空间加热汽化、蒸发，被二次蒸汽挟带的物料液滴经分离器分离后，由回流管流回第一效加热器的底部，当物料达到预定的浓度时，可部分进入二效加热器的底部，再循环蒸发，当达到出料浓度时，即可连续不断地将其抽出。正常操作形成后，进料量必须等于各效蒸发量及出料量之和。一效的二次蒸汽除部分作为二效的热源外，其余将通过两台热泵升温后作一效的热源。二效的二次蒸汽则由混合式冷凝器冷凝。抽真空系统采用双级蒸汽喷射装置，也可以改用一般性的抽真空装置。

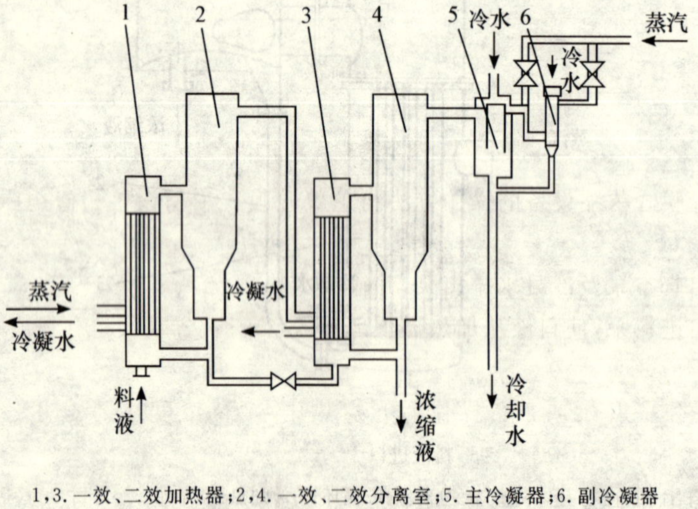

1，3. 一效、二效加热器；2，4. 一效、二效分离室；5. 主冷凝器；6. 副冷凝器

图 2-20 双效升膜式浓缩设备

4. 降膜式真空浓缩设备

降膜式真空浓缩设备与升膜式真空浓缩设备一样，都源于自然循环的液膜式浓缩设备，在结构上有类似之处。

(1)单效降膜式真空浓缩设备。该设备的物料循环时间少，受热时间仅 2 min 左右，故适合于热敏性物料的浓缩。其传热系数、能耗与升膜式相近。有时液膜形成不均匀，物料易焦化、结垢。其结构如图 2-21 所示。

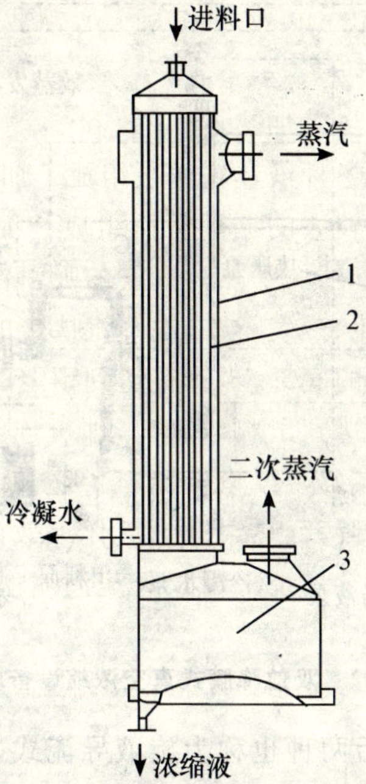

1. 外壳；2. 加热器；3. 分离室

图 2-21　单效降膜式真空浓缩设备

单效降膜式浓缩设备的操作方法与单效升膜式浓缩设备相似，具体操作程序如下：

①开启真空泵及冷凝水排出泵，并输入冷却水；

②开启进料泵，使料液从加热器顶部加入，当分离器切线口有料液喷出时需进行压气；

③当蒸发一开始或正常操作后开启热压泵，待浓度达到要求后，即可开始出料；

④调整出料量与进料量达到平衡，并调整蒸汽的流量、冷却水的流量及温度，使各参数均达到工艺要求。

(2)双效降膜式真空浓缩设备。图 2-22 所示是一种单程双效降膜式真空浓缩设备，该设备主要是由一效和二效加热器和分离器、液体预热器、液体杀菌器、混合式冷凝器、中间冷凝器、热浆、蒸汽喷射泵及各种液体输送泵等组成。

该设备与升膜式浓缩设备的主要区别就在于，料液是从加热器的顶部加入，经分配器导流管分配后进入加热管内，沿管壁呈膜状向下流动，故称降膜式。加热器管顶部或管口内的导流分配器形式多样，常见的有锯齿式、导流体式、螺纹导油管、

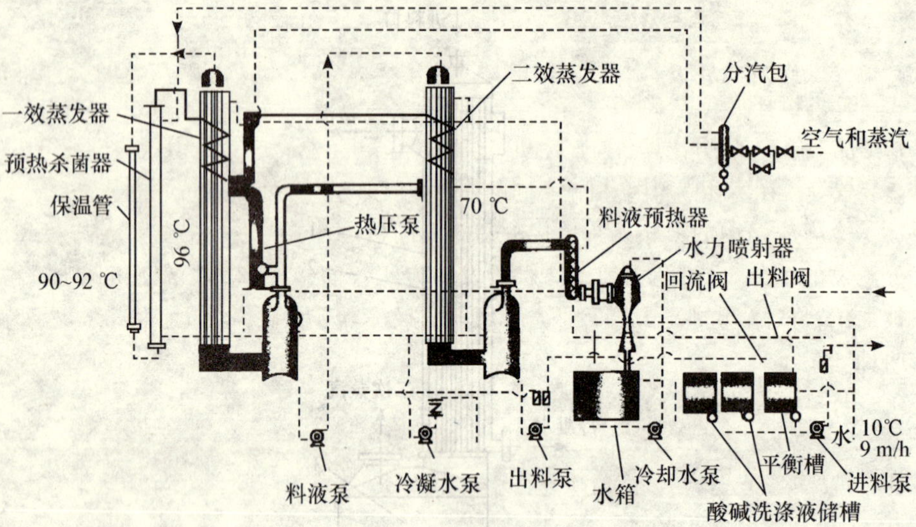

图 2-22 双效降膜式真空浓缩设备与流程

切线进料螺旋器(式)4 种,后两种也称为旋液导流式。旋液导流式能使液体沿管壁周边旋转向下流动,可减少管内各向物料的不均匀性,同时又可增加流速,减薄加热表面的边界层,降低热阻,提高传热系数,导流分配器对提高降膜式浓缩设备的效果有很大作用,但同时也增加了清洗设备的困难。工作时液体自加热器的顶部进入,在降膜分配器的作用下均匀地进入加热管中,液膜受生成的二次蒸汽的快速流动以及本身重力的作用在沿管内壁面成液膜状向下流动,由于向下加速克服了压力,其阻力比升膜式小,加热蒸汽与料液的温差大,所以传热效果更好,把浓缩的液体沉降于器身底部,其中一部分由抽料孔抽出;另一部分由泵送回器身顶部重新加热蒸发。分离出的二次蒸汽,一部分经热泵压缩升温后,作为热源,其余部分则导入冷凝器冷凝排出。

5. 真空浓缩设备的优缺点

(1)真空浓缩降低了物料的沸腾温度,可避免其中的热敏性物质受高温影响而使产品质量下降。

(2)沸腾温度的降低,提高了热蒸汽与沸腾流体之间的温度差,增大了传热量,使蒸发过程加快,生产能力提高。

(3)能够利用二次蒸汽,节约能源。

(4)真空浓缩操作是在较低的温度下进行的。设备与室内的温度差小,减少了设备使用。其不足之处主要在于真空浓缩必须设有真空系统,增加了附属设备及动力消耗;由于液体的蒸发潜热随沸点降低而增大,所以真空浓缩消耗大量潜能。

(二)冷冻浓缩设备与操作

冷冻浓缩装置系统主要由结晶设备和分离设备两部分构成。结晶设备包括管式、板式、搅拌夹套式、刮板式等热交换器,以及真空结晶器、内冷转鼓式结晶器、带式冷却结晶器等设备;分离设备有压滤机、过滤式离心机、洗涤塔,以及由这些设备组成的分离装置等。在实际应用中,根据不同的物料性质及生产要求采用不同的装置系统。

冷冻浓缩用的结晶器有直接冷却式和间接冷却式两种。直接冷却式可利用部分蒸发的水分,也可利用辅助冷媒蒸发的方法。间接冷却式是利用间壁将冷媒与被加工料液隔开的方法。工业上所用的间接冷却式设备又可分为内冷式和外冷式两种。

1. 直接冷却式真空冻结器

直接冷却式真空冻结器中,溶液在绝对压力 267 Pa 下沸腾,液温为−3 ℃。在此情况下,欲得 1 t 冰晶,必须蒸去 140 kg 水分。直接冷却法的优点是不必设置冷却面,但缺点是蒸发掉的部分芳香物质将随同蒸汽或惰性气体一起逸出而损失。直接冷却式真空结晶器所产生的低温蒸汽必须不断排除。为减少能耗,可将水蒸气压力从 267 Pa 压缩至 933 Pa 以提高其温度,并利用冰晶作为冷却剂来冷凝这些水蒸气。大型真空结晶器有采用蒸汽喷射升压泵来压缩蒸汽,能耗可降低至每排除 1 t 水分耗电约为 8 kW·h。

图 2-23 为旋转到板式结晶器。

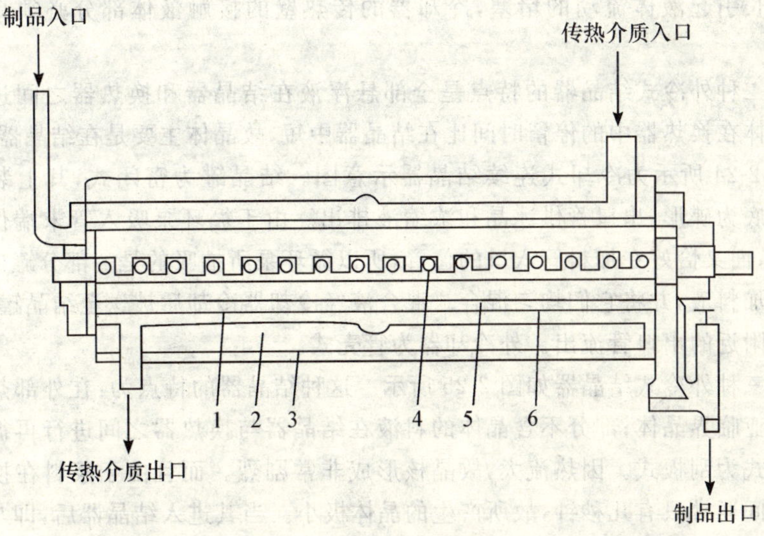

1. 传热介质;2. 绝热层;3. 钢板盖;4. 刮板;5. 制品通道;6. 传热管

图 2-23　旋转刮板式结晶器

2. 内冷式结晶器

内冷式结晶器可分为两种：一种是产生固化悬浮液的结晶器；另一种为浆液的结晶器。

第一种结晶器的结晶原理属于层状冻结。由于预期厚度晶层的固化，可在原地进行洗涤或作为整个板晶或片晶移出后在别处加以分离，此法的特点是稀溶液也可浓缩40%以上。第二种结晶器是采用结晶操作和分离操作分开的办法。它是由一个大型内冷却不锈钢转鼓和一个料槽所组成，转鼓在料槽内转动，固化晶层由刮刀除去。因冰晶很细，故冰晶和浓缩液分离很困难。此法的另一种变型是将料液以喷雾形式喷溅到旋转缓慢的内冷却转鼓式转盘上，并且作为片冰而排出。

冷冻浓缩所采用的大多数内冷式结晶器多是属于第二种结晶器，即产生可以泵送的悬浮液。在比较典型的设备中，晶体悬浮液停留时间只有几分钟。由于停留时间短，故晶体粒度小，一般小于50 μm。作为内冷式结晶器，刮板式换热器是第二种结晶器的典型运用之一。

3. 外冷式结晶器

外冷式结晶器有3种形式。

第一种形式要求料液经过外部冷却器作过冷处理，过冷度可高达－6 ℃，然后此过冷而不含晶体的料液在结晶器内将其“冷量”放出。为了避免由于晶核形成和晶体成长引起液体流动的堵塞，冷却器的传热壁的接触液体部分必须高度抛光光滑。

第二种外冷式结晶器的特点是全部悬浮液在结晶器和换热器之间进行再循环。晶体在换热器中的停留时间比在结晶器中短，故晶体主要是在结晶器内长大。

图2-24所示为冷却式连续结晶器示意图。结晶罐为密闭式，其上装有加料管。罐底为碟形，出口管供冰晶和浓缩液排出。由于循环泵吸入管末端位于结晶罐顶部，面又恰好在加料管入口的位置，所以循环泵所抽吸的是一部分罐内溶液和一部分加料液，并将它们均匀混合。混合液经冷却器冷却后被送至结晶罐，从伸入到器底附近的出口管流出。外冷却器为管壳式。

第三种外冷式结晶器如图2-25所示。这种结晶器的特点为：在外部热交换器中生成亚临界晶体；部分不含晶体的料液在结晶器与换热器之间进行再循环。换热器形式为刮板式。因热流大，故晶核形成非常剧烈。而且由于浆料在换热器中停留时间通常只有几秒钟，故所产生的晶体极小。当其进入结晶器后，即与结晶器内含大晶体的悬浮液均匀混合，在器内的停留时间至少有0.5 h，故小晶体溶解，其溶解热就消耗于供大晶体成长。

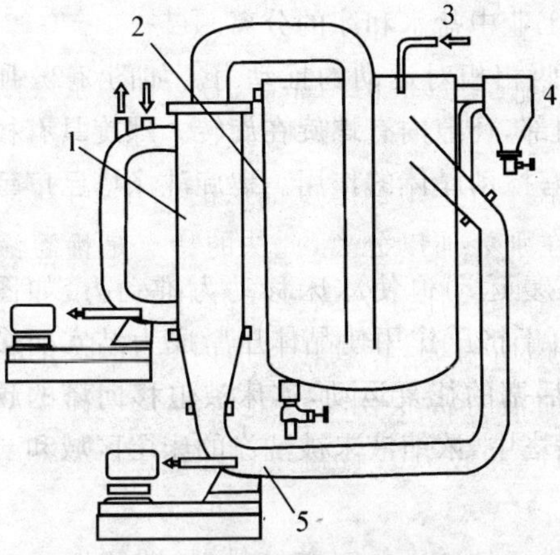

1. 冷却器；2. 结晶罐；3. 加料管；
4. 溢流槽；5. 循环管

图 2-24　冷却式连续结晶器示意图

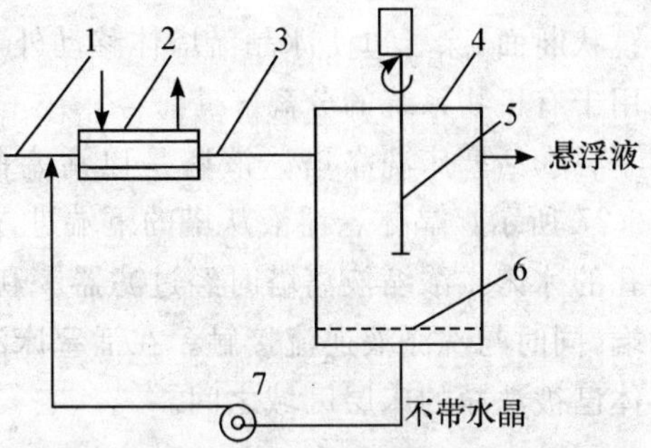

1. 料液；2. 刮板式换热器；3. 带亚临界晶体的料液；
4. 结晶器；5. 搅拌器；6. 滤板；7. 循环泵

图 2-25　外部冷却式结晶装置模式图

4. 冷冻浓缩的分离设备

冷冻浓缩操作的分离设备有压榨机、过滤式离心机和洗涤塔等。

通常采用的压榨机有水力活塞压榨机和螺旋压榨机。压榨机只适用于浓缩比接近于1的场合。采用转鼓式离心机时，所得冰床的空隙率为0.4～0.7。采用离心机的方法，可以用洗涤水或将冰融化后洗涤冰饼，因此分离效果比用压榨法好。但洗涤水将稀释浓缩液。溶质损失率决定于晶体的大小和液体的黏度。此外，采用离心机有一个严重缺点，就是挥发性芳香物的损失。

分离操作也可以在洗涤塔内进行。在洗涤塔内，分离比较完全，而且没有稀释现象。因为操作时完全密闭，故可完全避免芳香物质的损失。洗涤液分离原理主要是利用纯水溶解的水分来排除代替晶间残留的浓液，方法可用连续法或间歇法。间歇法只用于管内或板间生成的晶体进行原地洗涤。在连续式洗涤塔中，晶体相和液相做逆向移动，进行密切接触。如图2-26所示，从结晶器出来的晶体悬浮液从塔的下端进入，浓缩液从同一端经过滤器排出。因冰晶密度比浓缩液小，故冰晶逐渐上浮到顶端。塔顶设有熔化器，使部分冰晶熔解。熔化后的水分即返行下沉，与上浮冰晶逆流接触，洗去冰晶间浓缩液。这样晶体就沿着液相溶质浓度逐渐降低的方向移动，从而晶体随浮随洗，残留溶质愈来愈少。

洗涤塔有几种形式，按推动力的不同，洗涤塔可分为浮床式、螺旋推送式和活塞推送式3种形式。

①浮床洗涤塔。在塔中冰晶和液体作逆向相对运动的推动力是晶体和液体之

间的密度差。浮床洗涤塔已用于海水脱盐工业中盐水和冰的分离。

②螺旋洗涤塔。该塔是以螺旋推动为两相相对运动的推动力。如图 2-26 所示，晶体悬浮液进入两个同心圆筒的环隙内部，环隙内有螺旋在旋转。螺旋具有棱镜状断面，除了迫使冰晶沿塔体移动外，还有搅动晶体的作用。螺旋洗涤塔已广泛用于有机物系统的分离。

③活塞床洗涤塔。该塔是以活塞的往复运动迫使冰床移动为推动力，如图 2-27 所示。晶体悬浮液从塔的下端进入，由于挤压作用使晶体压紧成为结实而多孔的冰床。浓缩液离塔时经过滤器。利用活塞的往复运动，冰床被迫移向塔的顶端，同时与洗涤液逆流接触。在活塞床洗涤塔中，浓缩液未被洗涤的床层区域和晶体已被洗净的床层区域之间。

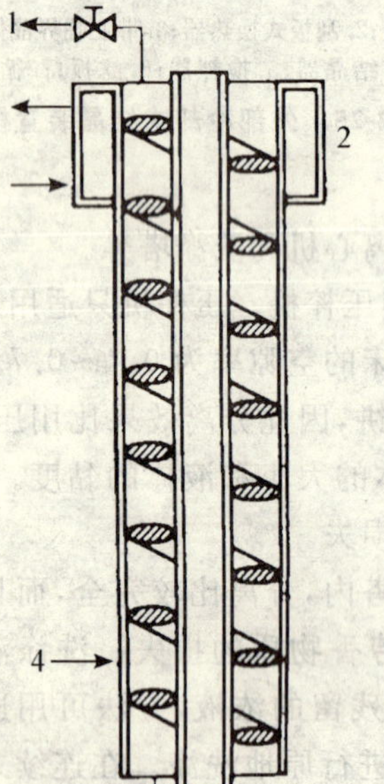

1. 熔化水；2. 熔冰器；3. 浓缩液；4. 料浆

图 2-26 螺旋洗涤塔示意图

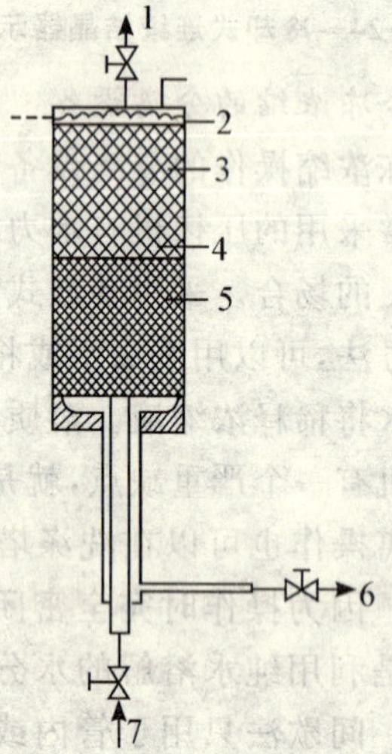

1. 水；2. 熔化器；3. 冰晶在熔水中；4. 洗涤前沿；5. 冰晶在浓缩液中；6. 浓缩液；7. 来自结晶器的悬浮液

图 2-27 活塞床洗涤塔示意图

(三)超滤设备与操作

超滤是一种膜分离高新技术，超滤过程是以膜两侧压差为动力，以机械筛分原理为基础的溶液分离过程，是一个动态过滤过程。截留物质可随浓缩液排放，膜不易被堵塞，可长期连续运行，与常规的脱水(浓缩)工艺相比，不出现溶液的相间变化，从而节省了能源。

超滤前应根据产品的特性确定使用的目的，并根据溶液的成分、浓度、pH、工作温度等指标选用技术规格合适的超滤装置，通过预实验确定超滤压力、切向流速等技术参数，确保超滤技术在实际使用中达到最佳效果。

运用技术方法四　结晶

使溶质从过饱和溶液中成结晶状态析出的操作技术，称为结晶技术。它是制备纯物质的有效方法之一，因为只有同类分子或离子才能有规则地排列成晶体，故结晶过程有很好的选择性。结晶可以使溶质从成分复杂的母液中析出，再通过固液分离、洗涤等操作，得到纯度较高的产品。由于晶体外观好，适于商品化及包装，同时能够满足纯度要求，而制药生产中绝大多数药物产品如抗生素、氨基酸等均要求有适合的晶型，这都需要通过结晶操作来获得。

晶体为化学性质均一的固体，且具有规则的晶型。晶体在形成过程中，其分子、原子或离子按一定方式排列，形成有规则的多面体外形，称为结晶多面体。晶体具有自发地生长成为结晶多面体的可能性，即晶体常以平面作为与周围的分界面，这种性质称为晶体的自范性。晶体中每一宏观质点的物理性质和化学组成以及每一宏观质点的内部晶格都相同，这种特性称为晶体的均匀性。晶体的几何特性及物理效应一般说来常随方向的不同而表现出差异，这种性质称为各向异性。晶体的这些特性保证了工业生产中晶体产品的高纯度。

不同物质具有不同的晶型。同一物质由于结晶条件不同，所形成晶体的形状、大小、颜色等也可能不同，其溶解度也不同。在结晶过程中，根据物质的不同溶解度与不同的晶型，创造相应的结晶条件，可使物质从溶液中以纯净结晶析出。而有些物质从水溶液中析出结晶时，以具有一定晶型的晶体水合物析出，如葡萄糖含有一分子结晶水（$C_6H_{12}O_6 \cdot H_2O$）、氨茶碱含有两分子结晶水（$C_{16}H_{24}O_4N_{10} \cdot 2H_2O$）、硫酸镁含有七分子结晶水（$MgSO_4 \cdot 7H_2O$）。

结晶作为一种分离提纯方法，在传统医药化工生产中一直占有相当重要的位置。与其他分离方法相比，结晶法具有产品纯度高、能量消耗少、操作温度低、对设备腐蚀程度小、操作简单、成本低等特点，应用非常广泛。

结晶一方面纯化了产品，同时也完成了将产品从溶解状态直接变为固体的过程，因此结晶是固体制造技术中的关键步骤。随着人们对所需固体品质要求的不同，如由单一纯度指标向具有特定超分子结构指标的转变，人们对固体产品的质量提出了更高的标准和更为严格的要求，从而不断推动结晶技术的发展。

一、结晶的过程

将一种溶质放入溶剂中，由于分子的热运动，必然发生两个过程：固体的溶解，即溶质分子扩散进入液体内部；溶质的沉积，即溶质分子从液体中扩散到固体表面进行沉积。如果溶液浓度未达到饱和，则固体的溶解速度大于沉积速度；如果溶液的浓度达到饱和，则固体的溶解速度等于沉积速度，溶液处于一种平衡的状态，尚不能析出晶体。当溶液浓度超过饱和浓度，达到一定的饱和度时，上述平衡状态就会被打破，固体的溶解速度小于沉积速度，这时才有可能有晶体析出。最先析出的微小颗粒是以后结晶的中心，称为晶核。微小晶核与正常晶体相比具有较大的溶解度，在饱和溶液中会溶解，只有达到一定的过饱和度时晶核才能存在，这就是为什么溶液浓度必须达到一定的过饱和程度才能结晶的原因。晶核形成以后，并不是结晶的结束，还需要靠扩散继续成长为晶体。因此，结晶包括 3 个过程：过饱和溶液的形成；晶核的生成；晶体的生长。

(一)过饱和溶液的形成

结晶的首要条件是溶液的过饱和。过饱和溶液的制备一般有 4 种方法。

1. 饱和溶液冷却

冷却法适用于溶解度随温度降低而显著减小的场合。例如，冷却 L 脯氨酸的浓缩液至 4 ℃左右，放置 4 h，L 脯氨酸结晶将大量析出。与此相反，对溶解度随温度升高而显著减少的场合，则应采用加温结晶。

2. 部分溶剂蒸发

蒸发法是使溶液在加压、常压或减压下加热，蒸发除去部分溶剂达到过饱和的结晶方法。此法主要适用于溶解度随温度的降低而变化不大的场合。例如，灰黄霉素的丙酮萃取液真空浓缩除去部分丙酮后即可有结晶析出。

3. 化学反应结晶法

此法是通过加入反应剂或调节 pH 生成一个新的溶解度更低的物质，当其浓度超过它的溶解度时，就有结晶析出。例如，在头孢菌素 C 的浓缩液中加入乙酸钾即析出头孢菌素 C 钾盐；在利福霉素 S 的乙酸丁酯萃取浓缩液中加入氢氧化钠，利福霉素 S 即转为其钠盐而析出。四环素、氨基酸等水溶液，当其 pH 调至等电点附近时就会析出结晶。

4. 解析法

解析法是向溶液中加入某些物质，使溶质的溶解度降低，形成过饱和溶液而结晶析出。这些物质被称为抗溶剂或沉淀剂，它们可以是固体，也可以是液体或气体。抗溶剂有个最大的特点就是极容易溶解在原溶液的溶剂中。解析法常用固体氯化钠作为抗溶剂使溶液中的溶质尽可能地结晶出来，这种结晶方法称为盐析结晶法，如普鲁卡因青霉素结晶时加入一定量的食盐，可以使晶体容易析出。解析法还常采用向水溶液中加入一定量亲水性的有机溶剂，如甲醇、乙醇、丙酮等，降低溶质的溶解度，使溶质结晶析出，这种结晶方法称为有机溶剂结晶法。例如，利用卡那霉素容易溶于水而不溶于乙醇的性质，在卡那霉素脱色液中加入95%的乙醇至微浑，加晶种并保温，即可得到卡那霉素的粗晶体。一些容易溶于有机溶剂的物质，向其溶液中加入适量水即可析出晶体，这种方法叫做水析结晶法。另外，还可将氨气直接通入无机盐水溶液中降低其溶解度使无机盐结晶析出。

解析法的优点是：可与冷却法结合，提高溶质从母液中的析出率；结晶过程可将温度保持在较低的水平，有利于热敏性物质的结晶。但解析法的最大缺点是常需处理母液，分离溶剂和抗溶剂等，增加回收设备。

工业生产中，除了单独使用上述各法外，还常将几种方法合并使用。例如，制霉菌素结晶就是并用饱和溶液冷却和部分溶剂蒸发两种方法。先将制霉菌素的乙醇提取液真空浓缩10倍，再冷至5 ℃放置2 h即可得到制霉菌素结晶；维生素B_{12}的结晶就是并用饱和溶液冷却和解析法两种方法，在维生素B_{12}的结晶原液中，加入5～8倍用量的丙酮，使结晶原液呈浑浊为止，在冷库中放置3 d，就可得到紫红色的维生素B_{12}结晶。

(二)晶核的形成

晶核是在过饱和溶液中最先析出的微小颗粒，是以后结晶的中心。单位时间内在单位体积溶液中生成的新晶核数目，称为成核速度。成核速度是决定晶体产品粒度分布的首要因素。工业结晶过程要求有一定的成核速度，如果成核速度超过要求必将导致细小晶体生成，影响产品质量。

1. 成核速度的影响因素

成核速度主要与溶液的过饱和度、温度以及溶质种类有关。在一定温度下，当过饱和度超过某一值时，成核速度则随过饱和度的增加而加快(图2-28中的实线所示)。但实际上成核速度并不按理论曲线进行，因为过饱和度太高时，溶液的黏度就会显著增大，分子运动减慢，成核速度反而减小(图2-28中虚线所示)。由此可见，要加快成核速度，则需要适当增加过饱和度，但过饱和度过高时，对成核速度并不利。实际生产中常从晶体生长速度及所需晶体大小两个方面来选择适当的过饱和度。

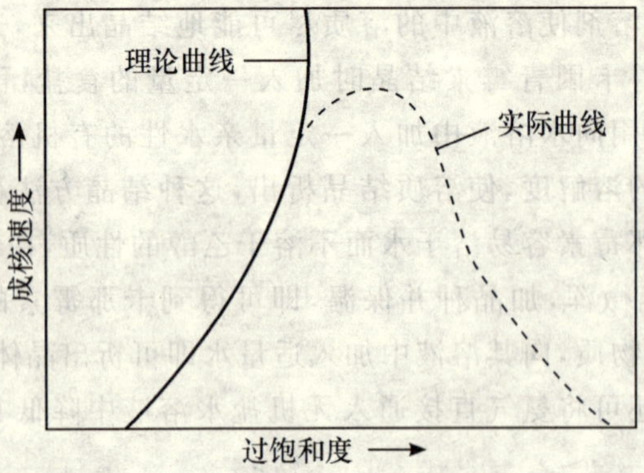

图 2-28 过饱和度对成核速度的影响

在过饱和度不变的情况下,温度升高,成核速度也会加快,但温度又对过饱和度有影响,一般当温度升高时,过饱和度降低。所以温度对成核速度的影响要从温度与过饱和度相互消长速度来决定。根据经验,一般成核速度开始随温度升高而上升,当达到最大值后,温度再升高,成核速度反而降低。

成核速度与溶质种类有关。对于无机盐类,有下列经验规则:阳离子或阴离子的化合价越大,越不容易核;而在相同化合价下,含结晶水越多,越不容易成核。对于有机物质,一般结构越复杂,相对分子质量越大,成核速度就越慢。例如,过饱和度很高的蔗糖溶液,可保持长时间不析出。

2.晶核的诱导

真正自动成核的机会很少,加晶种能诱导结晶,晶种可以是同种物质或相同晶形的物质,有时惰性的无定形物质也可作为结晶的中心,如尘埃也能导致结晶。添加晶种诱导晶核形成的常用方法如下:

(1)如有现成晶体,可取少量研碎后,加入少量溶剂,离心除去大的颗粒,再稀释至一定浓度(稍稍过饱和),使悬浮液中具有很多小的晶核,然后倒进待结晶的溶液中,用玻璃棒轻轻搅拌,放置一段时间后即有结晶析出。

(2)如果没有现成晶体,可取 1～2 滴待结晶溶液置表面玻璃皿上,缓慢蒸发除去溶液,可获得少量晶体。或者取少量待结晶溶液置于一试管中,旋转试管使溶液在管壁上形成薄膜,使溶剂蒸发至一定程度后,冷却试管,管壁上即可形成一层结晶。用玻璃棒刮下玻璃皿或试管壁上所得结晶,蘸取少量接种到待结晶溶液中,轻轻搅拌,并放置一定时间,即有结晶形成。

对以光学异构体进行诱导结晶时,加入的晶种需根据分离晶体性质而定。例如,加入光学性质相同的晶体,便优先诱导形成同种异构体的结晶。

此外，有些蛋白质和酶结晶时，常要求加入某种金属离子才能形成晶核，如锌胰岛素和镉铁蛋白的结晶。它们结合的金属离子便是形成晶核时必不可少的成分。

实验室结晶操作时，人们较喜欢使用玻璃棒轻轻刮擦玻璃容器的内壁，刮擦时产生玻璃微粒可作为异种的晶核。另外，玻璃棒沾有溶液后暴露于空气部分，很容易蒸发形成一层薄薄的结晶，再浸入溶液中便成为同种晶核。同时用玻璃棒边刮擦边缓慢地搅动也可以帮助溶质分子在晶核上定向排列，促成晶体的生长。

(3)晶体的生长。在过饱和溶液中已有晶核形成或加入晶种后，以过饱和度为推动力，晶核或晶种将长大，这种现象称为晶体生长。晶体生长速度也是影响晶体产品粒度大小的一个重要因素。因为晶核形成后立即开始生长成晶体，同时新的晶核还在继续形成，如果晶核形成速度大大超过晶体生长速度，则过饱和度主要用来生成新的晶核，因而得到细小的晶体，甚至呈无定形；反之，如果晶体生长速度超过晶核形成速度，则得到粗大而均匀的晶体。在实际生产中，一般希望得到粗大而均匀的晶体，因为这样的晶体便于以后的过滤、洗涤、干燥等操作，且产品质量也较高。

影响晶体生长速度的因素主要有杂质、搅拌、温度和过饱和度等。

杂质的存在对晶体生长有很大的影响，有的杂质能完全制止晶体的生长；有的则能促进生长；还有的能对同一种晶体的不同晶面产生选择性的影响，从而改变晶体外形。有的杂质能在极低的浓度下产生影响，有的却需要在相当高的浓度下才能起作用。

杂质影响晶体生长速度的途径也各不相同。有的是通过改变晶体与溶液之间的界面上液层的特性而影响溶质长入晶面，有的是通过杂质本身在晶面上的吸附，发生阻挡作用；如果杂质和晶体的晶格有相似之处，杂质能长入晶体内而产生影响。搅拌能促进扩散，加速晶体生长，同时也能加速晶核形成，一般应以试验为基础，确定适宜的搅拌速度，获得需要的晶体，防止晶簇形成。

温度升高有利于扩散，因而使结晶速度增快。过饱和度增高一般会使结晶速度增大，但同时引起黏度增加，结晶速度受阻。

二、影响结晶因素

固体产品的内在质量（如纯度）与其外观性状（如晶型、粒度等）密切相关，一般情况下，晶型整齐和色泽洁白的固体产品，具有较高的纯度。由结晶过程可知，溶液的过饱和度、结晶温度、时间、搅拌及晶种加入等操作条件对晶体质量影响很大，必须根据药物在粒度大小、分布、晶型以及纯度等方面的要求，选择适合的结晶条件，并严格控制结晶过程。

(一)过饱和度

溶液的过饱和度是结晶过程的推动力，因此在较高的过饱和度下进行结晶，可提高结晶速率和收率。但是在工业生产实际中，当过饱和度(推动力)增大时，溶液黏度增大，杂质含量也增大，可能会出现以下问题：成核速率过快，使晶体细小；结晶生长速率过快，容易在晶体表面产生液泡，影响结晶质量；结晶器壁易产生晶垢，给结晶操作带来困难；产品纯度降低。因此，过饱和度与结晶速率、成核速率、晶体生长速率及结晶产品质量之间存在着一定的关系，应根据具体产品的质量要求，确定最适宜的过饱和度。

(二)晶浆浓度

结晶操作一般要求结晶液具有较高的浓度，有利于溶液中溶质分子间的相互碰撞聚集，以获得较高的结晶速率和结晶收率。但当晶浆浓度增高时，相应杂质的浓度及溶液黏度也随之增大，悬浮液的流动性降低，反而不利于结晶析出；也可能造成晶体细小，使结晶产品纯度较差，甚至形成无定型沉淀。因此，晶浆浓度应在保证晶体质量的前提下尽可能取较大值。对于加晶种的分批结晶操作，晶种的添加量也应根据最终产品的要求，选择较大的晶浆浓度。只有根据结晶生产工艺和具体要求，确定或调整晶浆浓度，才能得到较好的晶体。对于生物大分子，通常选择3%～5%的晶浆浓度比较适宜，而对于小分子物质(如氨基酸类)则需要较高的晶浆浓度。

(三)温度

许多物质在不同的温度下结晶，其生成的晶型和晶体大小会发生变化，而且温度对溶解度的影响也较大，可直接影响结晶收率。因此，结晶操作温度的控制很重要，一般控制较低的温度和较小的温度范围。如生物大分子的结晶，一般选择在较低温度条件下进行，以保证生物物质的活性，还可以抑制细菌的繁殖。但温度较低时，溶液的黏度增大，可能会使结晶速率变慢，因此应控制适宜的结晶温度。

利用冷却法进行结晶时，要控制降温速度。如果降温速度过快，溶液很快达到较高的过饱和度，则结晶产品细小；若降温速度缓慢，则结晶产品粒度大。蒸发结晶时，随着溶剂逐渐被蒸发，溶液浓度逐渐增大，使沸点上升，因此蒸发室内溶液温度(沸点)较高。为降低结晶温度，常采用真空绝热蒸发，或将蒸发后的溶液冷却，以控制最佳结晶温度。

(四)结晶时间

结晶时间包括过饱和溶液的形成时间、晶核的形成时间和晶体的生长时间。过饱和溶液的形成时间与其方法有关，时间长短不同。晶核的形成时间一般较短，而晶体的生长时间一般较长。在生长过程中，晶体不仅逐渐长大，而且还可达到整晶和养晶的目的。结晶时间一般要根据产品的性质、晶体质量的要求来选择和控制。

对于小分子物质，如果在适宜的条件下，几小时或几分钟内即可析出结晶。对于蛋白质等生物大分子物质，由于分子量大，立体结构复杂，其结晶过程比小分子物质要困难得多。这是由于生物大分子在进行分子的有序排列时，需要消耗较多的能量，使晶核的生成及晶体的生长都很慢，而且为防止溶质分子来不及形成晶核而以无定型沉淀形式析出的现象发生，结晶过程必须缓慢进行。生产中主要控制过饱和溶液的形成时间，防止形成的晶核数量过多而造成晶粒过小。生物大分子的结晶时间差别很大，从几小时到几个月的都有，早期用于研究 X 射线衍射的胃蛋白酶晶体的制备就需花费几个月的时间。

(五)溶剂与 pH 值

结晶操作选用的溶剂与 pH 值，都应使目的药物的溶解度较低，以提高结晶的收率。另外，溶剂的种类和 pH 值对晶型也有影响，如普鲁卡因青霉素在水溶液中的结晶为方形晶体，而在乙酸丁酯中的结晶为长棒。因此，需通过实验确定溶剂的种类和结晶操作的 pH 值，以保证结晶产品质量和较高的收率。

(六)晶种

加晶种进行结晶是控制结晶过程、提高结晶速率、保证产品质量的重要方法之一。工业上晶种的引入有两种方法：一种是通过蒸发或降温等方法，使溶液的过饱和状态达到不稳定区，自发成核一定数量后，迅速降低溶液浓度(如稀释法)至介稳区，这部分自发成核的晶核作为晶种；另一种是向处于介稳区的过饱和溶液中直接添加细小均匀的晶种。工业生产中主要采用第二种加晶种的方法。

对于不易结晶(即难以形成晶核)的物质，常采用加入晶种的方法，以提高结晶速率。对于溶液黏度较高的物系，晶核产生困难，而在较高的过饱和度下进行结晶时，由于晶核形成速率较快，容易发生聚晶现象，使产品质量不易控制。因此，高黏度的物系必须采用在介稳区内添加晶种的操作方法。

(七)搅拌与混合

增大搅拌速率，可提高成核速率，同时搅拌也有利于溶质的扩散而加速晶体生长；但搅拌速率过快会造成晶体的剪切破碎，影响结晶产品质量。工业生产中，为获得较好的混合状态，同时避免晶体的破碎，一般通过大量的实验，选择搅拌桨的形式，确定适宜的搅拌速率，以获得所需的晶体。搅拌速率在整个结晶过程中可以是不变的，也可以根据不同阶段选择不同的搅拌速率。也可采用直径及叶片较大的搅拌桨，降低转速，以获得较好的混合效果；也可采用气体混合方式，以防止晶体破碎。

三、结晶操作及设备

在实际生产中,结晶操作方式多种多样,结晶设备结构各异。通常根据产生过饱和度的方式不同,将结晶方法与结晶设备分为冷却结晶、蒸发浓缩结晶、蒸发绝热结晶、反应结晶、盐析结晶等。根据结晶操作方式不同,分为间歇结晶(又称分批结晶)、半连续结晶和连续结晶。根据结晶设备结构不同,分为搅拌式和无搅拌式、母液循环式和晶浆循环式等。

(一)结晶操作方式

1.间歇操作(分批结晶)

分批结晶过程是分步进行的,各步之间相互独立。一般情况下,分批结晶操作过程包括:

(1)结晶器的清洗;

(2)将物料加入结晶器中;

(3)用适当的方法产生过饱和;

(4)成核和晶体生长;

(5)晶体的排出。

其中(3)、(4)是结晶过程控制的核心,其控制方法和操作条件对结晶过程影响很大。下面以冷却结晶为例,分析冷却速率和有无晶种对结晶过程的影响规律。

图 2-29(a)所示为不加晶种而迅速冷却的过程。当将溶液快速冷却时,溶液状态很快穿过介稳区而到达过饱和曲线处,从而出现初级成核现象,大量微小的晶核骤然产生,晶体来不及生长,而溶液的过饱和度迅速降低,使结晶过程无法控制,造成产品质量和结晶收率都较差。

图 2-29(b)所示为不加晶种而缓慢冷却的过程。当缓慢冷却溶液时,溶液状态也会穿过介稳区而到达过饱和曲线处,以初级成核的方式产生较多的晶核,使溶液的过饱和度因成核而迅速消耗,溶液状态很快回到介稳区。在介稳区,由于晶体生长,过饱和度逐渐降低,此种结晶方法对结晶过程的控制作用有限。

图 2-29(c)所示为加有晶种而迅速冷却的过程。当溶液迅速冷却后,其状态一旦越过溶解度曲线进入介稳区后,在结晶推动力(过饱和度)的作用下,晶种开始长大,即溶质逐渐析出,而处于介稳区内溶液的浓度有所下降,但因冷却速率过快,溶液状态仍可很快到达过饱和曲线,而不可避免地产生一次成核现象,使晶核数量增大,晶体细小。

图 2-29(d)所示为加有晶种而缓慢冷却的过程。因溶液中有晶种存在,且降

温速率得到控制，使溶液始终保持在介稳状态，而不会发生初级成核现象，其晶体生长速率可完全由冷却速率加以控制。

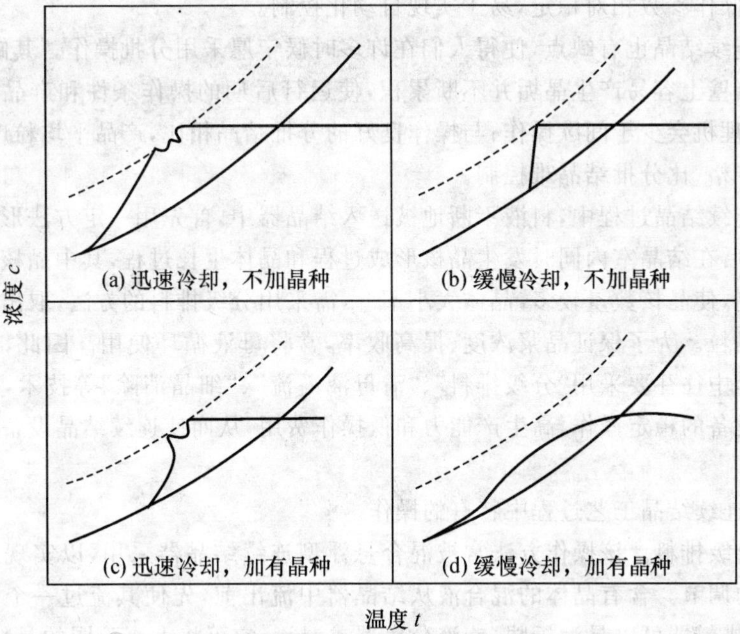

图 2-29　冷却结晶的操作方式

对于蒸发或真空冷却等方法的分批结晶，其操作调节和控制方法对结晶过程的影响规律与冷却法相同。

分批结晶过程具有结晶设备结构简单、各步操作条件较易控制的特点，因此能生产出指定浓度、粒度分布及晶型的合格结晶产品，但其操作成本较高，产品质量的稳定性较差。对于制药工业，由于药品的生产批量小，多为间歇操作，因此结晶操作也多采用分批结晶，以便于批间对设备进行清洗，并可防止批间污染，从而保证药品的高质量。

2. 连续结晶操作

当生产规模大至一定水平时，采用连续结晶操作更为合理。连续操作具有以下优点。

(1)冷却法及蒸发法(真空冷却法除外)采用连续结晶操作费用低，经济性好。如谷氨酸冷冻等电点结晶时，可用低温的废母液冷却发酵液，以节约冷冻量。

(2)结晶工艺简单，相对容易保证质量。

(3)生产周期短，节约劳动力费用。

(4)结晶设备的生产能力可比分批操作提高数倍甚至数十倍,相同生产能力则投资少,占地面积小。

(5)操作参数相对稳定,易于实现自动化控制。

但连续结晶也有缺点,使得人们在许多时候宁愿采用分批操作。其缺点为:换热面和器壁上容易产生晶垢并不断累积,使运行后期的操作条件和产品质量逐渐恶化,清理机会少于间歇操作;与操作良好的分批结晶相比,产品平均粒度较小;操作控制严格,比分批结晶难控制。

在连续结晶过程中,料液不断地被送入结晶器中,首先用一定方法形成过饱和溶液,然后在结晶室内同时发生晶核形成过程和晶体生长过程,其中晶核形成速率较难控制,使晶核数量较多,晶体大小不一,需采用分级排料的方法,取出合乎质量要求的晶粒。为了保证晶浆浓度、提高收率,常将母液循环使用。因此,在连续结晶的操作中往往要采用"分级排料"、"清母液溢流"、"细晶消除"等技术,以维护连续结晶设备的稳定操作、高生产能力和低操作费用,从而使连续结晶设备结构比较复杂。

(6)连续结晶工艺过程中特有的操作。

①分级排料。该操作方法常被混合悬浮型连续结晶器采用,以实现对晶体粒度分布的调节。含有晶体的混合液从结晶器中流出前,先使其流过一个分级排料器,分级排料器可以是淘析腿、旋液分离器或湿筛,它可将大小不同的晶粒分离,其中小于某一产品分级粒度的晶体被送回结晶器继续长大,达到产品分级粒度的晶体作为产品排出系统,因此分级排料装置是控制颗粒大小和粒度分布的关键。

②清母液溢流。是调节结晶器内晶浆密度的主要手段。从澄清区溢流出来的母液中,总是含有一些小于某一粒度的细小晶粒,所以实际生产中并不存在真正的清母液,为了避免流失过多的固相产品组分,一般将溢流出的带有细晶的母液先经旋液分离器或湿筛分离,然后将含有较少细晶的液流排出结晶系统,含有较多细晶的液流经细晶消除后循环使用。

③细晶消除。在工业结晶过程中,由于成核速率难以控制,使晶体数量过多,平均粒度过小,粒度分布过宽,而且还会使结晶收率降低。因此,在连续结晶操作中常采用"细晶消除"的方法,以减少晶体数量,达到提高晶体平均粒度,控制粒度分布,提高结晶收率的目的。常用的细晶消除方法是根据淘析原理,在结晶器内部或下部建立一个澄清区,晶浆在此区域内以很低的速度上流,由于粒度大小不同的晶体具有不同的沉降速率,故较大的晶粒沉降下来,而较小的晶粒则随流体上流回到结晶器的主体,其中一部分晶浆循环使用,其中小的晶粒作为晶核,继续生长。还有一部分含细小晶粒的晶浆则从澄清区溢流出来,进入细晶消除系统,采用加热

或稀释的方法使细小晶粒溶解，然后经循环泵重新回到结晶器中。“细晶消除”有效地减少了晶核数量，从而提高了结晶产品的质量和收率。

从另一角度看，分级排料和清母液溢流的主要作用是使粒度大小不同的晶粒和液相在结晶器中具有不同的停留时间。在具有分级排料的结晶器中，粒径相近的晶体可同时排出，从而保证了粒度分布。在无清母液溢流的结晶器中，固液两相的停留时间相同，而在具有清母液溢流的结晶器中，固相的停留时间比液相长数倍，从而保证晶粒有充足的时间长大，这对于结晶这样的低速过程有重要的意义。

(二)典型结晶设备

结晶设备的操作，除了要满足产量的要求外，还必须满足结晶产品的质量要求，为此研制出了许多类型的结晶器，这里仅介绍几种典型的结晶设备。

结晶罐是一类立式带有搅拌和冷却装置的、具有平盖和圆锥形底的罐式结晶器，采用夹套或蛇管进行加热或冷却，如图 2-30 所示。操作时，结晶和溶液从器底放出，为了避免器壁黏附结晶而影响传热，可在搅拌器上装耙子或刷子，以除去壁面上的结晶。搅拌器的作用主要是使溶液各处温度一致，促使晶核的生成，同时加速传热。此外，搅拌可促使晶体均匀生长，防止晶体聚集而形成“晶簇”。

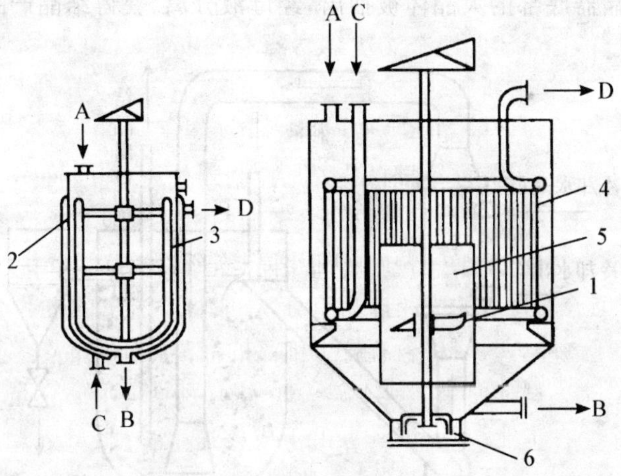

1. 搅拌器；2. 夹套；3. 刮垢器；4. 冷却器；5. 导液筒；6. 搅拌耙；
A. 料液进口；B. 晶浆出口；C. 冷却剂入口；D. 冷却剂出口

图 2-30　结晶罐结构示意图

结晶罐的冷却速率可以控制得比较缓慢，结晶时间可以任意调整，因此可获得较大的、粒径均匀的结晶颗粒，但生产能力较低。操作时可分批进行，也可连续操作。连续操作时，可将几个结晶罐串联起来，溶液依顺序由一个结晶器流向另一个结晶器。

1. Krgstql-Oslo 结晶器

该类型结晶器是在 20 世纪 20 年代由挪威研制的，应用至今。我国药品生产中应用的类型主要有冷却式、蒸发式、真空蒸发式。其主要特点是巧妙地利用设备的结构将结晶的 3 个基本过程即过饱和度的形成、晶核形成、晶体的长大有机地结合起来，尤其是结晶的生长有足够的空间，因而可以得到较大的结晶颗粒，同时还可以连续生产。

(1)Krgstql-Oslo 冷却式结晶器。如图 2-31 所示。新鲜的物料由结晶器进液管加入，与结晶器内的溶液一起进入循环管，该物料接近饱和状态；经冷却器，溶液达到过饱和，过饱和溶液由放空管进入结晶器底部，在上升的过程中，结晶析出，溶液过饱和度降低；溶液逐渐上升到溢流口后，一部分与新鲜料液混合进入循环管，另一部分母液被连续地或不定期地取出；经过滤或沉降等方法分离，除去其中的细晶，或采用加热助溶的办法，消除细小结晶后，可作为原料重新返回结晶器，其目的是减少结晶器内的晶体颗粒总数，以利于晶体的生长。在结晶器内，由于重力作用和溶液自底部向上运动的作用，大于某一直径的晶粒沉降在结晶器的底部，而细小的晶粒随溶液向上流动，在整个结晶器的液层内，由下而上颗粒由大到小进行分布。沉降在结晶器底部的大晶体被抽出，经母液分离，获得结晶产品。

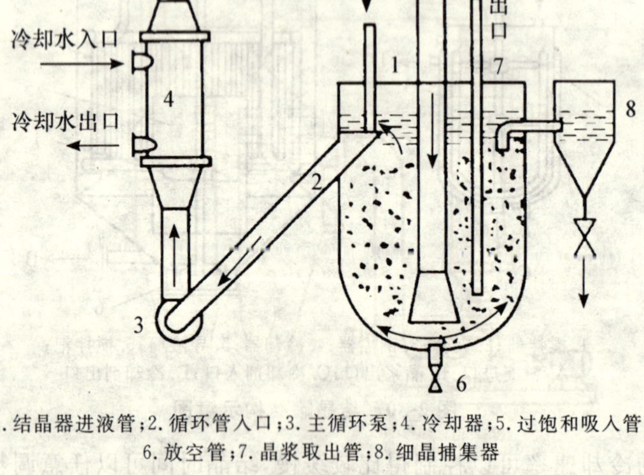

1. 结晶器进液管；2. 循环管入口；3. 主循环泵；4. 冷却器；5. 过饱和吸入管；6. 放空管；7. 晶浆取出管；8. 细晶捕集器

图 2-31 Krgstql-Oslo 冷却式结晶器

(2)KrSstql-Oslo 蒸发结晶器。又称生长型结晶蒸发器。对于溶质溶解度随温度变化不大，或单靠温度变化进行结晶时，结晶率较低的情况，就需采用除去部分溶剂即蒸发法进行结晶。蒸发的目的是使溶液达到过饱和状态，便于进一步的结晶操作。而传统的蒸发器较少考虑结晶过程的规律，往往对结晶的析出考虑较多，而对结晶的生长极少考虑。随着人们对结晶操作认识的逐步深化，才开始重视在蒸发操作及设备中对结晶过程的控制做相应的研究。Krgstql-Oslo 蒸发结晶器就是以结晶为主、蒸发为辅的一套装置。

Krgstql-Oslo 蒸发结晶器，由蒸发室、结晶器、加热器等部分组成。物料由进料口加入，在循环加热器内被蒸汽加热，经回流管由蒸发器入口进入蒸发器。在蒸发室内，排出气化的溶剂，从而产生过饱和。过饱和度由加热蒸汽量控制。过饱和溶液沿中心管流入到结晶器底部过饱和溶液入口，在过饱和溶液上升的过程中（结晶器生长段），过饱和度逐渐降低，而晶粒逐渐长大，同时晶粒在结晶器内分级沉降，较大的晶粒从产品取出口取出，经固液分离得到湿产品，母液返回结晶器。该类型的结晶器除采用上述分级操作外，还可采用晶浆循环式操作，其要点是在结晶器内采用加大循环流速的方法，以保持较高的晶浆浓度。见图 2-32。

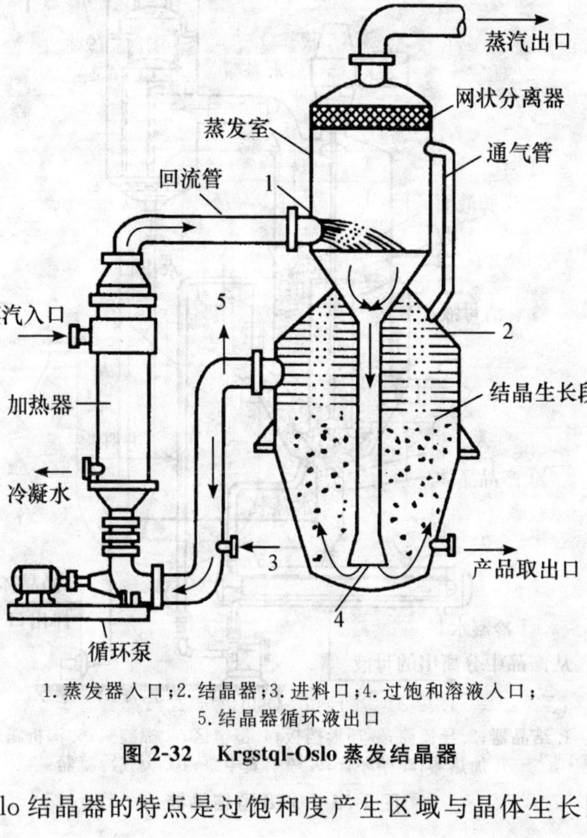

1. 蒸发器入口；2. 结晶器；3. 进料口；4. 过饱和溶液入口；
5. 结晶器循环液出口

图 2-32　Krgstql-Oslo 蒸发结晶器

Krgstql-Oslo 结晶器的特点是过饱和度产生区域与晶体生长区域分在两处，

从而为晶体生长提供了一个有利条件。

2. DTB 型结晶器

又称"导流式"结晶器。如图 2-33 所示为 DTB 型结晶器。新鲜物料从进料口加入,与循环物料一同进入到加热器中,经蒸汽加热后的物料被送到结晶器内;在螺旋桨的作用下:溶液由中心导流筒上升至蒸发液面,溶剂蒸发气化,而使液面处的溶液达到过饱和状态;而三过饱和溶液沿导流筒与环形挡板形成的晶体生长区向下流动,过饱和度逐渐降低,晶体逐渐长大;随后溶液在环形挡板与器壁间的环隙内澄清、沉降,含有细晶体的母液经循环管循环,颗粒较大的晶粒沉降在淘析腿内,淘析腿的作用是除去细晶,使产品粒径均匀,由底部排出的晶浆经固液分离后,可获得满足质量要求的湿晶体。

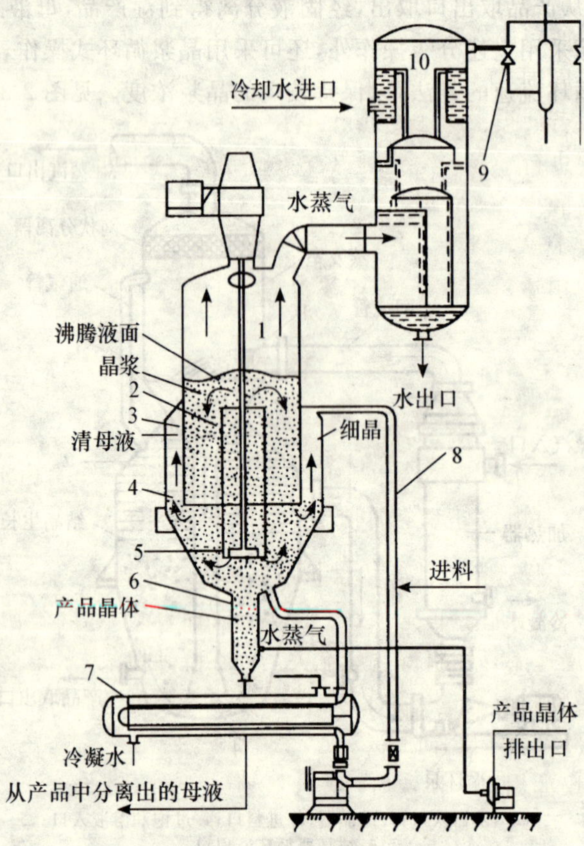

1. 结晶器;2. 导流筒;3. 环形挡板;4. 澄清区;5. 螺旋桨;6. 淘析腿;
7. 加热器;8. 循环管;9. 喷射真空泵;10. 大气冷凝器

图 2-33 DTB 型结晶器

DTB型结晶器的结构特点是器内设置螺旋桨及导流筒，可在低动力作用下形成良好的循环状态，使晶浆浓度和过饱和度均匀，能形成较大的晶粒。DTB型结晶器是一种性能良好，生产能力大，器内不宜形成晶垢的高效、连续的结晶器，在制药工业中应用较多。

运用技术方法五　干燥

干燥是获得成型的胰岛素粉末，有助于保藏和制剂。干燥是将潮湿的固体、半固体或浓缩液中的水分(或溶剂)蒸发除去的过程。根据水分在固体中分布情况可分为表面水分、毛细管水分和被膜所包围的水分3种。表面水分附着于固体表面，蒸发时完全暴露于外界空气中，干燥最快、最均匀。毛细管水分存在于固体极细孔隙的毛细管中，水分子逸出比较困难，蒸发时慢并需较高温度。膜包围的水分如细胞中被细胞质膜所包围的水分，需经缓慢扩散至膜外才能蒸发最难除去。被干燥的物质其湿度与周围空气的湿度是一个动态平衡关系，暴露于大气中的物质是不会绝对干燥的。若使被干燥的物质所含水分低于周围空气中水分，则必须放在严密封盖的容器中进行干燥。用这种方法可得到含水量极低的干燥样品，生物大分子制备得到所需的产品后，为了防止变质易于保存和运输，常需要干燥处理，最常用的方法是冷冻干燥和真空干燥，某些无活性核酸、微生物酶制剂和酪蛋白等工业产品则较多地应用喷雾干燥、气流干燥等直接干燥法。

1. 干燥的基本原理与影响因素

(1)干燥的基本原理。

①湿物料中所含水分性质的不同影响干燥效果。

总水分＝结合水＋非结合水＝平衡水分＋自由水分

自由水分＝全部非结合水＋平衡水分

②干燥速率干燥速度取决于内部扩散和表面气化速度。

干燥过程分成两阶段，恒速阶段(平行于横轴直线)和降速阶段(斜向下线)。在恒速阶段，干燥速率与物料湿含量无关。而在降速阶段，干燥速率近似地与物料湿含量成正比。物料湿含量大于CO时，干燥过程属于恒速阶段，当物料湿含量小于CO时，干燥过程属于降速阶段。

(2)影响干燥的因素。恒速阶段与干燥介质条件和物料表面水分气化速率有关。降速阶段主要与内部扩散(物料特性)有关。

2. 干燥的方法与设备

(1)常压干燥。

①烘干干燥。干燥时间长,易引起成分的破坏,干燥品较难粉碎。为加快干燥,可加强翻动,及时粉碎板结硬块(颗粒剂可在成品八成干时,先整粒再干燥),并应及时排出湿空气。

②鼓式干燥。干燥品呈薄片状,易于粉碎,适用于中药浸膏的干燥和膜剂的制备。

③带式干燥。中药饮片、茶剂常用。

(2)减压干燥。特点:干燥的温度低,速度快;减少了物料与空气的接触机会,避免污染或氧化变质;产品呈松脆的海绵状,易于粉碎。适于黏度大(相对密度应达1.35以上,摊于不锈钢盘中)及热敏性或高温下易氧化物料的干燥,但应控制好真空度与加热蒸汽压力,以免物料起泡溢盘,造成浪费与污染。

(3)流化干燥。

①沸腾干燥又称流化床干燥。

主要结构:空气预热器、沸腾干燥室、旋风分离器、细粒捕集室和排风机等。

特点:适于湿粒性物料的干燥;气流阻力较小,物料磨损较轻,热利用率较高;干燥速度快,产品质量好。干燥时不需翻料,且能自动出料,节省劳力,适于大规模生产,但热能消耗大,清扫设备较麻烦。

②喷雾干燥。此法是流化技术用于液态物料干燥的一种较好方法。

主要结构:空气加热器、锥形塔身(上部有料液高速离心喷盘,并有热风进口)、旋风分离器、干粉收集器、鼓风机等。

特点:在数秒钟内完成水分的蒸发,获得粉状或颗粒状干燥制品;料液未经长时间浓缩又是瞬间干燥,特别适用于热敏性物料;产品质量好,为疏松的细颗粒或细粉,溶解性能好,且保持原来的色香味;操作流程管道化,符合GMP要求,是目前制药中最佳的干燥技术之一。

(4)冷冻干燥又称升华干燥。特点:物料在高真空和低温条件下干燥,尤适用于热敏性物品的干燥;成品多孔疏松,易于溶解;含水量低,有利于药品长期贮存,但设备投资大,生产成本高。

(5)红外干燥。特点:干燥速率快,热效率较高,成品质量好,但电耗过大。其中隧道式红外干燥机,主要用于口服液及注射剂安瓿的干燥。适于热敏性物料干燥,尤适用于中药固体粉末、湿颗粒及水丸等物料的干燥。

(6)微波干燥。特点:干燥时间短,对活性成分破坏少,且兼有杀虫及灭菌作用。

(7)真空干燥。在相同温度下,被干燥物质所含水分或溶剂由于周围空气压力的降低蒸发速度增加。真空度愈高,溶剂沸点愈低,蒸发愈快。其原理与真空浓缩

(或称减压浓缩)相同。真空干燥适用于不耐高温、易氧化物质的干燥和保存,整个装置包括干燥器、冷凝器及真空泵3部分。干燥器顶部连接一带活塞的管道接通冷凝器,气化后的蒸汽由此管道通过冷凝管凝聚,冷凝器另一端连接真空泵,干燥器内常放一些干燥剂如硅胶、五氧化二磷、无水氯化钙等,以便干燥保存样品。

(8)冷冻真空干燥。冷冻真空干燥除利用真空干燥原理外,同时增加了温度因素。在相同的压力下,水蒸气压随温度的下降而下降。在低温低压下冰很容易升华为气体。操作时通常将等干燥的液体冷冻到冰点以下使之变成固体,然后在低温低压下将溶剂变成气体而除去。干燥后的产品具有疏松、溶解度好、保持天然结构等优点,适用于各类生物大分子的干燥保存。样品干燥时先在培养皿内铺成薄层(厚度不超过1 cm的液体),置于低温冰箱内冻固。另在真空干燥器内用两个培养皿分别放置固体氢氧化钠和五氧化二磷,真空干燥上端抽气通过五氧化二磷干燥管与真空泵相连。当放进等待干燥的冻块后,立即封闭干燥器,开动真空泵,5～10 h后得冷冻干燥品。也可将待干燥物质置于圆底容器中,然后浸入干冰-乙醇混合而成的冷却剂中,容器内液体迅速冻成固体,抽真空后等干燥冻块的水分子升华变成气体,经过冷凝器凝结为霜。冰冻的样品逐渐失去水分变成疏松的干燥粉末。上述操作关键在于真空泵的高真空度及管道的口径要合适。

第三单元　工艺过程

1. 胰脏刨碎成片

冷冻库→运输胰脏→刨削机。

2. 提取

加入1.5～2.0倍量的酸性酒精溶液,使pH值为2.5～3.0,醇含量为70%左右,在温度为13～15 ℃搅拌提取3 h,压滤,使浸液尽量滤出。残渣再用此法提取一次。离心,收集上清液。

主要分离设备:板框压滤机、离心过滤机。

[**操作重要参数**]

(1)pH值为2.5～3.0(胰岛素在酸性条件下稳定)。

(2)乙醇含量为70%左右(在此浓度下,胰岛素溶解度比较大,过高会使胰岛素变性)。

(3)温度为13～15 ℃(低温,保持胰岛素活性)。

3. 碱化、酸化

提取液在不断搅拌下加入浓氨水调pH值到8.0～8.4(温度10～15 ℃)立即

进行过滤,除去碱性杂蛋白质,滤液应澄清,并及时用硫酸酸化至 pH 值 3.6～3.8。降温至 5 ℃静置 4 h 以上,使酸性杂蛋白充分沉淀。

主要分离设备:碱化罐、酸化罐。

[操作注意事项]

去除杂碱性蛋白后应立即调溶液的 pH 值至酸性(在碱性条件下,胰岛素会散失活性,综合考虑去除杂蛋白的因素,故应立即调至酸性)。

4.减压浓缩

吸上层清液至真空蒸发器内,下层用帆布过滤,沉淀物弃去,滤液并入上清液。清液在 30 ℃以下减压蒸去乙醇,浓缩至浓缩液比重为 1.04～1.06(为原来体积的 1/10～1/9)为止。在这步操作中,主要是用来缩小溶液的体积,浓缩至一定的浓度,以便于下步的盐析操作。

主要分离设备:真空蒸发器。

5.去脂、盐析

浓缩液转入去脂锅,5 min 内加热至 50 ℃,立即用冰盐水降温至 5 ℃,静置 3～4 h,分离出下层清液(脂层可回收胰岛素)。调 pH 值到 2.3～2.5 ,于 20～25 ℃在搅拌下加入 27%(*W*/*V*)固体氯化钠,保温静置数小时,析出之物即为胰岛素粗品。

主要分离设备:盐析罐。

6.精制

(1)第一次结晶。获得较纯的胰岛素,等电点结晶后,再离心。

主要分离设备:结晶罐、高速冷冻离心机。

(2)第二次结晶。同上。

(3)干燥。生物大分子制备得到所需的产品后,为了防止变质,易于保存和运输,常需要干燥处理,最常用的方法是真空干燥和冷冻干燥,某些无活性核酸、微生物酶制剂和酪蛋白等工业产品则较多地应用喷雾干燥、气流干燥等直接干燥法。

主要分离设备:真空干燥箱。

干燥可获得普通胰岛素,含有 2%～5%的杂质,包括胰岛素原、胰岛素二聚体、胰多肽等,色谱时有 A、B、C 三个峰,C 峰才是胰岛素。

(4)柱色谱。将结晶胰岛素经过凝胶过滤色谱,胰岛素纯度达 97%以上,此时在色谱图上仅占一个峰,故称单峰纯胰岛素。经过凝胶过滤色谱可获得单峰纯胰岛素,若将单峰胰岛素再用离子交换色谱法进一步纯化,去除胰岛素原等杂质,使其纯度提高到 99%以上。目前国内不能生产,尚依赖进口。其特点是:纯度高,副作用极少,生物效价高。

(5)锌沉淀。在收集液中加入 4 mol 氨水调 pH 值至 6.2～6.4，加入 3.6%（V/V）的醋酸锌溶液（此溶液浓为 20%），再用 4 mol 氨水调 pH 值 6.0，低温放置过夜，离心得到沉淀。加入醋酸锌，生成胰岛素锌盐，胰岛素等电点发生偏移至 6.0，故需要调 pH 值。

(6)第三次结晶。第三次等电点结晶，离心收集纯度高的胰岛素锌盐。

(7)干燥。获得白色粉状胰岛素。

第四单元　胰岛素其他制备分离方法

生产胰岛素的方法较多，除了比较成熟且目前普遍采用的是酸醇提取减压浓缩法外，分级提取锌沉淀法和磷酸钙凝胶吸附法也开始用于工业生产。

一、分级提取直接锌盐沉淀法

1. 工艺原理

根据胰岛素易与锌离子结合的性质，用氯化锌作沉淀剂，可使胰岛素直接从初步除去碱性、酸性杂蛋白的提取液中沉淀析出，由于草酸根可与锌离子结合，干扰胰岛素的沉淀，故提取时不采用草酸而改用盐酸和硫酸。为减少产物含锌量，进行两次氯化钠盐析，粗品按一般精制方法制作。

2. 工艺路线

乙醇提取→碱化→第一次锌沉淀→脱脂盐析→30%丙酮分级沉淀、第二次锌沉淀→结晶。

3. 操作方法

(1)提取。将冻胰脏用刨胰机刨碎，每 100 kg 胰脏加入 300 L 82%乙醇，在10～12 ℃加入 12 mol 硫酸，调节 pH 值至 2.8～3.0，搅拌提取半小时，加入 6 mol 盐酸调节 pH 值至 2.0，继续搅拌提取 2.5 h，分离残渣。残渣加入 65%乙醇 150 L，用6 mol 盐酸调节 pH 值至 2.0，10～12 ℃搅拌提取 2 h，分离残渣，合并两次提取。

(2)碱化。提取液冷至 0～5 ℃，用浓氨水调 pH 值至 7.0～8.0，加入硅藻土（每 100 kg 胰脏加 6 kg）板框压滤，随即用混合酸（盐酸 4 000 mL、硫酸 1 000 mL，水4 000 mL）酸化至 pH 2.5，等沉淀完全后虹吸清液，过滤，除去沉淀，温度控制在 0～3 ℃。

(3)第一次锌沉淀。清液加入氯化锌溶液（每 100 kg 胰脏加 4 kg 氯化锌，先配成 30%～50%溶液，用 6 mol 盐酸调节 pH 值至 2.5 后加入），温度 2～4 ℃，等沉淀完全后，虹吸清液，过滤除去沉淀，清液用浓氨水调 pH 值至 6.8～7.0，于 5 ℃下过夜。

(4)脱脂盐析。次日，虹吸除去清液，沉淀过滤收集，溶于 5 倍量蒸馏水，用

6 mol 盐酸调 pH 值至 2.7～2.8，12～15 ℃放置过夜。次日放出下层清液（上层脂肪再用 5 倍量蒸馏水洗涤，回收下层清液，作下批锌沉淀溶液用），用 6 mol 盐酸调 pH 值至 2.5，在温度 25 ℃加 27%氯化钠盐析。所得第一次盐析物溶于 20 倍量蒸馏水并用 6 mol 盐酸调 pH 值至 2.5，再加 16%氯化钠盐析，过滤，收集第二次盐析物。

(5)30%丙酮分级沉淀，第二次锌沉淀。盐析物溶于 7 倍量水中，加入 3 倍量丙酮，用 4 mol 氨水调 pH 值至 4.5，冷至 0～5 ℃过夜，除去沉淀（沉淀另行回收），清液用 4 mol 氨水调 pH 值至 6.0 加入 20%醋酸锌（按 100 kg 投料加入 30 mL）析出白色沉淀。

(6)结晶。过滤收集沉淀，按下列配方结晶（按 100 kg 投料所得沉淀物计）：2%柠檬酸 50 mL，20%醋酸锌 6.5 mL，丙酮 160 mL；蒸馏 4 mol 水稀释至 1 000 mL。结晶液冷却至 0～5 ℃，用氨水碱化至 pH 值至 8.0，过滤除去沉淀，用 10%柠檬酸调 pH 值至 6.0，搅拌结晶两天，虹吸除去清液，离心，收集结晶，用蒸馏水洗二次，丙酮洗二次，以五氧化二磷真空干燥，得成品。

二、离子交换树脂法制备胰岛素

将牛、猪等的胰腺切细，于 pH 值 2.8 酸性乙醇中匀浆化，调 pH 至 8.2，使含碱性杂质蛋白的固体沉淀物除去。将提取液用硫酸调 pH 值为 2.8 后与阳离子交换树脂接触，使胰岛素被吸附，用低 pH 水溶液。分离除去蛋白分解酶等污染物。再次用 Tris 缓冲剂等 pH 值 6.5～7.0 的缓冲液使胰岛素溶解后，吸附于阴离子交换树脂上，用 pH 值 6.5～7.0 缓冲液洗净，除去乙醇。

三、用 Sephadex G-50 色谱或 DEAE-纤维素法制备胰岛素

1. 鸡胰岛素粗品制备

将 1 kg 冷冻胰切成小块，加 86%酸性乙醇（含 85%磷酸 40 ml）3 L，在高速捣碎，于 15 ℃搅拌抽提 2 h 后，在冷室中过滤，于 pH 值 6.0、20 ℃进行吸附 2 h，抽滤除去乙醇溶液。将吸附的胰岛素在 pH 值 3～3.5 洗脱到水溶液中，滤液调 pH 值至 2.5，每 100 mL 滤液加氯化钠 25 g，将胰岛素粗品过滤，用丙酮洗，在空气中干燥，每千克胰脏得粗品约 1 g。

2. 粗品纯化

取 300～400 mg 粗品溶于 3 mol/L 醋酸中，离心除去少量不溶物，清液上 Sephadex G-50 柱（2.5 cm×150 cm，中等颗粒），用 3 mol/L 醋酸洗脱并分管收集，每管约 5 mL。用小白鼠惊厥法测出含胰岛素部分并冻干，得冻干粉 50 mg。取冻干粉 20 mg 溶解后，对 pH 值 6.0 含锌的柠檬酸缓冲液透析的过夜，得胰岛素结晶。

冻干粉也可用DEAE-纤维素离子交换柱色谱纯化，将30～50 mg冻干粉溶于2 mL pH值7.4的0.04 mol/L Tris及0.001 mol/L EDTA缓冲液中。将上述缓冲液透析后上柱，用上述缓冲液及含0.15 mol/L氯化钠及0.3 mol/L氯化钠的上述缓冲液分步洗脱，分管收集洗脱液，每管4 mL，将具有胰岛素活力的粉冻干。

蛇胰岛粗品的制备、纯化及结晶方法与鸡胰岛素相似。

3.葡聚糖凝胶及离子交换树脂柱色谱纯化制单组分胰岛素工艺流程

结晶胰岛素⟶水溶解⟶Sephadex-G50纯化⟶QAE-SephadexA25纯化⟶收集液浓缩⟶透析脱盐⟶冷冻干燥⟶结晶⟶单组分胰岛素。

第五单元　能力拓展

项目一　胰岛素产品市场状况

据有关数据显示，内分泌及代谢调节药物中，胰岛素制品已占了糖尿病用药30%的份额；而单组分胰岛素则以每年30%左右的速度在增长。随着糖尿病治疗药物的进展，人们对药物治疗的观念有了较大的转变，从而使胰岛素市场容量不断扩大。进入20世纪后期，普通胰岛素一统天下的局面被打破，中性胰岛素注射液、精蛋白锌胰岛素注射液已普遍应用，尤其是基因重组人胰岛素产品引进后，通过广泛临床已得到了医生与患者的认可。而胰岛素新释药技术的应用，改变了给药途径，进一步提高了糖尿病人的生活质量，同时也激发了胰岛素市场的潜在活力。单组分重组人胰岛素由重组DNA技术生产，是由51个氨基酸残基组成的蛋白，宿主细胞为大肠杆菌。精蛋白重组人胰岛素注射为鱼精蛋白与重组人胰岛素的灭菌混悬液。近几年来，我国在基因重组人胰岛素的研究有了长足进步，吉林通化东宝公司于1998年成功研制出具有中国独立知识产权的高科技制剂药品“甘舒霖”，填补了国内空白，使中国继美国、丹麦之后成为世界上第三个能生产基因重组人胰岛素、第二个能生产甘精胰岛素的国家，该成果当年被中国工程院评为中国十大科技进展新闻奖。该公司已跨入生产基因重组人胰岛素的行列，在国际基因工程人胰岛素市场中占据了重要地位，已载入2000版中国药典。

1.普通胰岛素

胰岛素系两条肽链组成的多肽激素，最初是从家畜的胰脏提取，现今普通胰岛素工艺较多，但是比较成熟和广为采用的是酸醇提取减压浓缩法。1965年我国完成了结晶牛胰岛素全合成的研究，随后在学术上阐明了胰岛素的空间构型，从而为胰岛素工业化进程打下了基础。自20世纪80年代初国产胰岛素原料药上市后，目前由江苏万邦生化医药、南京新天生物化学、华西医科大制药厂、上海第一生化、武汉生化药厂等5家持有药品注册证，2002年上海第一生化的产量为3.261 t。中性可溶性胰岛素属于短效制剂，可用于皮下、肌肉和静脉给药。我国生产胰岛素注射剂的厂家较多，全国有23家持有注射剂药品注册证，生产10 mL:400 IU规格制剂，而800 IU规格的制剂仅有4～5家厂生产。

近年，由于混合胰岛素和人胰岛素市场需求量的增加，普通胰岛素产量已在下降，据中国医药图书馆网数据，2002年，上海第一生化等7家企业的产量为109.87万支，与上一年同比下降了30%。

总体来看，在发达国家已大举进军胰岛素高端市场，基因重组人胰岛素占据了95%的份额，但是在发展中国家，普通胰岛素、中性胰岛素注射液等制品在相当一个阶段仍有广泛的市场需求。

2.混合胰岛素

混合胰岛素种类较多，仅限于皮下或肌肉给药。其主要品种精蛋白锌胰岛素注射液(PZH)是胰岛素与鱼精蛋白、锌盐结合成的不溶络合物，注入人体内吸收缓慢，可发挥长效作用。低精蛋白锌胰岛素(NPH)是一种中性精蛋白锌胰岛素，低精蛋白锌胰岛素的作用时间是介于PZH与短效之间的中效注射剂，可以与短效胰岛素混合，是目前用途最广的胰岛素。此外还有半慢型的无定形胰岛素锌悬液、特慢型的结晶胰岛素锌悬液。拥有精蛋白锌胰岛素药品注册证的企业有江苏万邦生化医药、上海第一生化、兰州伟宝生化药业等3家，前两家企业具有生产低精蛋白锌胰岛素的能力。

3.合成人胰岛素

具有商品化价值的人胰岛素是1982年以后开发成功的，最初是以猪胰岛素为起始原料生产，经半合成及氨基酸置换反应后得到人单组分胰岛素，这是通过分子筛反复色谱得到的产品，其生物效价及纯度高，不良反应较少。1982年，诺和诺德的合成人胰岛在丹麦等10多个欧洲国家上市，并于1983年由百时美施贵宝与诺和诺德联合以商品名Novolin在美国上市。德国赫司特公司也采用猪胰岛素，经蛋白酶裂解和化学加成人肽序列制备了半合成人胰岛素，于1983年以商品名H-Insulind在德国上市，半合成人胰岛素的研发成功，也为重组DNA人胰岛素的开发打开了通道。

4.重组人胰岛素

重组人胰岛素是采用重组DNA技术生产的中性可溶性单组分人胰岛素，是属于短效胰岛素药物，精蛋白重组人胰岛素注射液为鱼精蛋白与重组人胰岛素的灭菌混悬液。美国礼来公司的重组DNA技术生产的人胰岛素Humulin，是一种

50%低精蛋白胰岛素/悬浮50%人胰岛素制品，2003年公司的业绩显示：该品在全球畅销药品中排名65位，销售额10.6亿美元，同比增长了5.6%。礼来的另一品种为赖脯胰岛素，1996年6月14日获得FDA批准上市，商品名Humalog，自上市后增长较快，2000年的销售额为3.5亿美元，2003年已达10.21亿美元，同比2002年增长了22.4%。利用基因工程酵母细胞生产的人胰岛素，是1987年丹麦诺和诺德与其子公司Zymo Gen etics负责研究开发的产品，这个重叠的单链蛋白质产品，采用了诺和诺德的酶技术转换成天然的双链人胰岛素，并获得了专利。该品于1988年在丹麦、荷兰、瑞士、新西兰上市，20世纪90年代在欧洲多国上市，由诺和诺德负责产品市场开发与销售。

法国赛诺非安万特公司的人胰岛素1998年11月11日获得FDA批准在美国上市，商品名为Insuman，2000年销售收入1.44亿美元，2003年的销售业绩为1.99亿美元，与上一年同比增长10.4%。另一个产品是甘精胰岛素，属于长效型胰岛素，上市后一路攀升，2003年市场为5.51亿美元。2004年FDA已经批准了该公司的速效的重组DNA人胰岛素类似物制剂Apidra上市，该药与安万特新上市的长效胰岛素制剂Lantus形成优势互补。

5.国产人胰岛素

自1993年基因重组人胰岛素进入我国后，胰岛素市场也在逐渐向多元化发展，各胰岛素生产企业都在寻找自己的特色发展之路，通化东宝于1995年开始研制开发人胰岛素产品，自1998年其常规重组人胰岛素注射液获准生产后，目前已有重组人胰岛素原料药、30/70混合重组人胰岛素注射液、低精蛋白重组人胰岛素注射液等7个品种，分别以甘舒霖30R、50R和甘舒霖N品牌上市，在不断拓展国内市场的同时，产品也于2005年开始打入国际市场，并逐步获得国际市场的认可，已与俄罗斯、埃及、印度等十几个国家和地区签订出口、合作合同。

6.国内需求全面上升

据中国医药商业协会介绍，2003年全国医药批发公司200强药品统计数据表明，内分泌及代谢调节用药为19个品种，销售金额22.19亿元，已占统计品种的9.6%；其中10种糖尿病用药为14.97亿元，而胰岛素制品则占据了4个，销售金额4.55亿元。可以看出：在所统计的数据中胰岛素制品已占糖尿病用药的30%，受市场欢迎的是短效和中效胰岛素，其应用比例很高，长效胰岛素的市场比例不到5%。而在2003年我国京、沪、穗16大型城市的300家样本医院中，胰岛素制品也表现出全面上升的趋势，医院统计分类为胰岛素和单组分胰岛素，单组分胰岛素纯度高，源于普通中性胰岛素或DNA重组技术制造，总体来说，单组分胰岛素在全国16大型城市样本医院均已进入前200位内，北京、上海、天津、沈阳、哈尔滨、石家庄、武汉、长沙、济南在前50位内。市场上的单组分人胰岛素品牌是诺和诺德的诺和灵R、礼来的常规优泌林、通化东宝的甘舒霖R、深圳科兴苏泌啉和江苏万邦的万邦林等。此外,精蛋白锌胰岛素只在上海使用得较多,名列第152位,国内市场上进口与合资品牌的混合胰岛素,是低精蛋白锌单组分人胰岛素,以及短效重组人胰岛素与低精蛋白锌人胰岛素的预混制剂,主要品种有诺和灵N、诺和灵30R、诺和灵50R、优泌林70中效/30常规等。国产品牌是通化东宝的甘舒霖30R、甘舒霖N,江苏万邦的万邦林和深圳科兴苏泌啉。

从我国胰岛素市场看,单组分胰岛素平均以30%左右的速度逐年递增,2003年单组分胰岛素在全国大型城市的300家样本医院中的用药金额已达8 106万元,同比上一年增长率为28.93%。而且人胰岛素发展很快,主要原因是其药物结构、生物化学特性与人体胰岛素完全相同,具有活性较高,不良反应少的特点,长期使用不易产生抗体,适用于1型糖尿病和2型中晚期糖尿病患者。尤其在医院应用的比例偏高,统计用药金额表明已由1998年的32%增长到2001年的64%,这与人胰岛素用药群体的增长和高价位有关,生产厂商的大力临床推广也是一个重要因素。

项目二　其他

1.胰岛素生理作用

胰岛素是促进合成代谢的激素,在调节机体糖代谢、脂肪代谢和蛋白质代谢方面都有重要作用,它是维持血糖在正常水平的主要激素之一。

胰岛素一方面能促进血液中的葡萄糖进入肝、肌肉和脂肪等组织细胞,并在细胞内合成糖元或转变成其他营养物质贮存起来;另一方面又能促进葡萄糖氧化分解释放能量,供机体利用。由于胰岛素既能增加血糖的去路,又能减少血糖的来源,因此其最明显的效应是降低血糖。胰岛素是机体内唯一降低血糖的激素,也是唯一同时促进糖原、脂肪、蛋白质合成的激素。作用机理属于受体酪氨酸激酶机制。总结如下:

(1)调节糖代谢。胰岛素能促进全身组织对葡萄糖的摄取和利用,并抑制糖原的分解和糖原异生,因此,胰岛素有降低血糖的作用。胰岛素分泌过多时,血糖下降迅速,脑组织受影响最大,可出现惊厥、昏迷,甚至引起胰岛素休克。相反,胰岛素分泌不足或胰岛素受体缺乏常导致血糖升高;若超过肾糖阈,则糖从尿中排出,引起糖尿;同时由于血液成分中改变(含有过量的葡萄糖),亦导致高血压、冠心病分和视网膜血管病等病变。胰岛素降血糖是多方面作用的结果:

①促进肌肉、脂肪组织等处的靶细胞细胞膜载体,将血液中的葡萄糖转运入

细胞。

②通过共价修饰增强磷酸二酯酶活性、降低 cAMP 水平、升高 cGMP 浓度，从而使糖原合成酶活性增加、磷酸化酶活性降低，加速糖原合成、抑制糖原分解。

③通过激活丙酮酸脱氢酶磷酸酶而使丙酮酸脱氢酶激活，加速丙酮酸氧化为乙酰辅酶 A，加快糖的有氧氧化。

④通过抑制 PEP 羧激酶的合成以及减少糖异生的原料，抑制糖异生。

⑤抑制脂肪组织内的激素敏感性脂肪酶，减缓脂肪动员，使组织利用葡萄糖增加。

(2)调节脂肪代谢。胰岛素能促进脂肪的合成与贮存，使血中游离脂肪酸减少，同时抑制脂肪的分解氧化。胰岛素缺乏可造成脂肪代谢紊乱，脂肪贮存减少，分解加强，血脂升高，久之可引起动脉硬化，进而导致心脑血管的严重疾患；同时，由于脂肪分解加强，生成大量酮体，出现酮症酸中毒。

(3)调节蛋白质代谢。胰岛素一方面促进细胞对氨基酸的摄取和蛋白质的合成，另一方面抑制蛋白质的分解，因而有利于生长。腺垂体生长激素的促蛋白质合成作用，必须有胰岛素的存在才能表现出来。因此，对于生长来说，胰岛素也是不可缺少的激素之一。

(4)其他功能。胰岛素可促进钾离子和镁离子穿过细胞膜进入细胞内；可促进脱氧核糖核酸(DNA)、核糖核酸(RNA)及三磷酸腺苷(ATP)的合成。

2. 影响胰岛素分泌的因素

体内胰岛素的分泌主要受以下因素影响：

(1)血糖浓度是影响胰岛素分泌的最重要因素。口服或静脉注射葡萄糖后，胰岛素释放呈两相反应。早期快速相，门静脉血浆中胰岛素在 2 min 内即达到最高值，随即迅速下降；延迟缓慢相，10 min 后血浆胰岛素水平又逐渐上升，一直延续 1 h 以上。早期快速相显示葡萄糖促使储存的胰岛素释放，延迟缓慢相显示胰岛素的合成和胰岛素原转变的胰岛素。

(2)进食含蛋白质较多的食物后，血液中氨基酸浓度升高，胰岛素分泌也增加。精氨酸、赖氨酸、亮氨酸和苯丙氨酸均有较强的刺激胰岛素分泌的作用。

(3)进餐后胃肠道激素增加，可促进胰岛素分泌如胃泌素、胰泌素、胃抑肽、肠血管活性肽都刺激胰岛素分泌。

(4)自由神经功能状态可影响胰岛素分泌。迷走神经兴奋时促进胰岛素分泌；交感神经兴奋时则抑制胰岛素分泌。

3. 新型胰岛素类似物

(1)超长效胰岛素：甘精胰岛素。

a. 分子结构：将普通人胰岛素A链羧基端的最后一个天门冬酰胺用甘氨酸所取代，B链羧基端的30位点连接了两个精氨酸。

b. 药代学特点：在酸性条件下，呈无色透明溶液状；而在生理条件下，溶解度则很低。在皮下注射后立即聚合、溶解度降低，形成甘精胰岛素沉淀物，因此被延迟吸收，作用时间也被延长。临床试验显示，甘精胰岛素作用缓慢，可在糖尿病患者体内持续发挥药效24 h，并且无明显的血药高峰，夜间症状性低血糖发生率比应用NPH时的发生率明显减低。

c. 临床作用：极好控制基础血糖。如与餐前注射赖脯胰岛素（速秀霖®）联合使用能更好地模拟人的生理性血液胰岛素水平变化。

用法：一天一次，皮下注射给药。

注意：①当出现低血糖或血糖≤4.0 mmol/L时，需酌情调整剂量。②勿静脉注射甘精胰岛素。③甘精胰岛素注射液不能同任何别的胰岛素或稀释液混合。

(2)超短效胰岛素：赖脯胰岛素。

a. 分子结构：将人胰岛素B28位点的脯氨酸和B29位点的赖氨酸位置互换而形成。

b. 药代学特点：这种互换改变了B链末端的空间结构，因此起效较快、作用消失迅速。皮下注射后，在15 min内起效，达峰时间为30～60 min，作用持续时间为2～4 h。

c. 临床作用：控制餐后血糖。

4. 胰岛素泵

近年来对糖尿病患者开发了一种新型治疗仪，被誉为人的第二个"胰岛"。

(1)胰岛素泵的基本结构。胰岛素泵由微型计算机控制的电子信息板、微型马达驱动的螺杆、胰岛素储药器、电池、输注导管系统这几部分组成。电子信息板上储存着时钟（时间可精确到年、月、日、小时、分）、每小时需要输注的基础胰岛素剂量、进餐时输注的胰岛素剂量、当前储药器内剩余的胰岛素剂量、已输入体内及将药输出的基础率、已输入体内的餐时追加量及进餐前将药输出的追加剂量等信息。胰岛素泵的电子信息板上还存有自动安全检查功能、胰岛素输注异常时自动报警功能、电池能量消耗状态自动显示功能等软件，是胰岛素泵的中枢。微型马达是胰岛素泵的动力部分，它推动螺旋形推杆，微量而精确地推动储药器后方的橡皮活塞，将胰岛素准确地输入体内。导管系统是由针头与特制导管组成，它把胰岛素泵、储药器与人体连接在一起，针头扎入人体皮下组织后，用透明胶膜将其固定于皮肤上，通常针头埋置在腹壁前外侧。

(2)胰岛素泵的工作原理。胰岛素泵是一个输注胰岛素的装置，它是由患者

(通常在医生的指导下)自己根据血糖的波动情况，在胰岛素泵内设置好个体化的基础率输注程序、进食前追加剂量输注程序，开启后自动输注、由患者自己操作使用的小型精密仪器。目前所有的胰岛素泵都还不能自动感知使用者体内血糖的水平，也不能自动将血糖控制到正常，患者必须不断地检测血糖来校正、调整胰岛素泵所输出地胰岛素剂量，从而使血糖水平正常化。目前的胰岛素泵还不是全自动的"人工胰"。所以还需要使用者通过多次监测血糖，用经过学习培训的大脑来指挥与操作胰岛素泵，从而达到几乎正常的血糖水平而又不发生低血糖。

第六单元　能力实训

项目一　锌盐沉析法提取胰岛素

【目的要求】

(1)了解胰岛素锌盐沉析法制备的基本原理。

(2)掌握多肽及蛋白质类生化物质提取纯化的基本操作技术。

【实验原理】

胰岛素是迄今为止治疗胰岛素依赖性糖尿病的特效药物。胰岛素广泛存在于人和动物的胰脏中。其等电点为5.30～5.35，在pH值4.5～6.5范围内几乎不溶于水，易溶于稀酸或稀碱溶液；在80%以下乙醇或丙酮中溶解；在90%以上乙醇或80%以上丙酮中难溶；在乙醚中不溶；在弱酸性水溶液或混悬在中性缓冲液中较为稳定。胰岛素具有蛋白质的各种特殊反应。以猪(或牛)的胰脏为原料，根据胰岛素易与锌离子结合的性质，用氯化锌作沉析剂，可使胰岛素直接从初步除去碱性和酸性杂蛋白的提取液中沉淀析出。为减少含锌量，进行两次氯化钠盐析。

【实验用品】

(一)材料

冻胰脏(新鲜的牛的胰脏在保持其腺体组织情况下用液氮或干冰速冻)。

(二)试剂

16%、27%氯化钠溶液，2%、10%柠檬酸溶液，12 mol/L硫酸及浓硫酸，6 mol/L盐酸及浓盐酸，65%、82%乙醇(质量比)，4 mol/L氨水、浓氨水，氯化锌，丙酮，硅藻土，五氧化二磷，20%醋酸锌，尼龙布(或纱布)。

(三)器具

离心机、烧杯 、布氏漏斗(8 cm)、抽滤瓶 (500 mL)分液漏斗 量筒、酸度计、水浴锅、滤纸、搅拌机、不锈钢锅、搪瓷桶。

【实验过程】

(一)流程

胰脏预处理→提取→碱化、锌沉析→脱脂盐析→丙酮、锌沉析→结晶干燥。

(二)操作

1. 预处理

将冻胰脏块用刨胰机刨碎成片,备用。

2. 提取

将冻胰片 100 g 置于不锈钢锅中,加入 300 mL 82%乙醇(*W*/*W*),在 10~13 ℃加入 12 mol/L 硫酸,调节 pH 2.8~3.0,搅拌提取 40 min。加入 6 mol/L 盐酸调 pH 至 2.0,继续搅拌提取 2.5 h,离心(3 000 r/min)15 min,残渣加入 65%乙醇 150 mL,用 6 mol/L盐酸调 pH 至 2.0,10~13 ℃搅拌提取 2 h,离心(3 000 r/min)15 min 分离残渣。合并两次提取液。

3. 碱化

将提取液置于搪瓷桶中,然后冷至 0~5 ℃,用浓氨水调 pH 值至 7.8~8.0,加入硅藻土(每 100 g 胰脏加 6 g),抽滤,滤液随即用混合酸(盐酸 4 mL、硫酸 1 mL、水4 mL)酸化 pH 值至 2.5,待沉淀完全后虹吸清液,用尼龙布(或纱布)过滤,弃去沉淀,温度控制在 0~3 ℃。

4. 锌沉析

将碱化液置于不锈钢锅中,然后在搅拌的条件下加入氯化锌溶液(每 100 g 胰脏加 3 g 氯化锌,先配成 30%~50%溶液,用 6 mol/L 盐酸调至 pH 2.5 后加入),温度 2~4 ℃,待沉淀完全后,虹吸上清液,用尼龙布(或纱布)过滤除去沉淀,清液用液氨水调 pH 值至 6.8~7.0,于 5 ℃过夜。

5. 脱脂

虹吸除去清液,沉淀过滤收集,溶于 5 倍量蒸馏水,用 6 mol/L 盐酸调 pH 值至 2.7~2.8,12~15 ℃放置。次日放出下层清液(上层脂肪再用 5 倍量蒸馏水洗涤,回收下层清液,作下批锌沉淀溶解用)。

6. 盐析

将清液置于搪瓷桶中,在搅拌的条件下用 6 mol/L 盐酸调 pH 值至 2.5,在温度 25 ℃加 27%氯化钠盐析。所得第一次盐析物溶于 20 倍量蒸馏水中,用 6 mol/L 盐酸调 pH 值至 2.5，再加入 16%氯化钠盐析，过滤，收集第二次盐析物。

7. 丙酮、锌沉析

将盐析物置于搪瓷桶中，然后在搅拌的条件下加入 7 倍量水、3 倍量丙酮，用 4 mol/L 氨水调 pH 值至 4.5，冷至 0～5 ℃过夜，除去沉淀（沉淀另行回收），清液用4 mol/L 氨水调 pH 值至 6.0，加入 20%醋酸锌（按每 100 g 投料加入 0.03 mL），析出白色沉淀。

8. 结晶干燥

过滤收集沉淀，按下列配方结晶（按每 100 g 投料所得沉淀物计）：2%柠檬酸 0.5 mL，20%醋酸锌 0.006 5 mL，丙酮 0.16 mL，蒸馏水稀释至 1 mL。结晶液冷却至 0～5 ℃，用 4 mol/L 氨水碱化 pH 值至 8.0，过滤除去沉淀。用 10%柠檬酸调至 pH 6.0，搅拌结晶 2 天，虹吸除去清液，离心，收集结晶，用蒸馏水洗 2 次，丙酮洗 2 次，以五氧化二磷真空干燥，得成品。

【注意事项】

(1)采摘胰脏要注意保持腺体组织的完整，避免摘断。要立即深冻，－15 ℃保存备用。如用液氮或干冰速冻，效果更好。在胰脏中，胰尾部分胰岛素含量较高，如单独使用可提高收率 10%。

(2)胰岛素对高能辐射非常敏感，容易失活；紫外线能破坏胱氨酸和酪氨酸基团。光氧化作用能导致分子中组氨酸被破坏。超声波能引起其非专一性降解。

(3)还原剂如硫化氢、甲酸、醛、醋酐、硫代硫酸钠、维生素 C 及多数重金属（除锌、铬、钴、镍、银、金外）都能使胰岛素失活。

【思考题】

(1)为何在胰岛素的制备中溶液的 pH 值不能超过 8.0？

(2)碱化过滤时为何加硅藻土？

项目二　胡萝卜素的柱色谱分离

【目的要求】

(1)了解柱色谱的基本原理。

(2)掌握胡萝卜素分离的操作方法。

【实验原理】

本实验采用氧化铝为固定相的吸附色谱。各种物质具有不同的吸附力，几种吸附力不同的物质流经色谱柱时，被吸附剂吸附的程度和在溶剂中的溶解度存在差异，因此解吸作用的程度也不相同。因此解吸作用的程度也不相同。由于流动相的洗脱作用，使吸附—解吸过程反复进行，吸附力弱、易溶于洗脱剂的物质首先流动，次弱的物质续后移动，从而使混合的几种物质彼此分开。

胡萝卜素存在于胡萝卜、辣椒等黄绿色植物中，由于在动物体内可将胡萝卜素转变为维生素 A，故又称维生素 A 原。胡萝卜素（属多烯色素类，又可分为 α、β、γ 等几种类型）可用乙醇、石油醚和丙酮等有机溶剂从食物中提取出来，并能被氧化铝所吸附。由于胡萝卜素与其他植物色素的化学结构不同，它们在有机溶剂中的溶解度以及被氧化铝吸附的强度也不相同，故将抽提液进行氧化铝柱色谱，再用石油醚等冲洗色谱柱，即可将植物提取液中混合的胡萝卜素分离成不同的色带。同植物其他色素相比较，胡萝卜素的极性最小，吸附最差，用石油醚洗脱速度最快，故被最先洗脱下来，使胡萝卜素与其他色素分开。同时也可将胡萝卜素色谱带洗脱下来进行比色定量。

【实验用品】

1. 材料

新鲜红辣椒、氧化铝（Al_2O_3，高温烘烤除去水分，提高其吸附力）。

2. 试剂

95％乙醇、无水硫酸钠、石油醚（沸点 60～90 ℃）、1％丙酮-石油醚液（丙酮、石油醚体积比为 1∶1）、三氯化锑氯仿溶液（称取三氯化锑 22 g，加 100 mL 氯仿溶解后，贮于棕色瓶中）。

3. 器具

剪刀、研钵，色谱柱（1 cm×16 cm），100 mL 分液漏斗，量筒 100 mL，铁架台及蝶形夹，蒸发皿，恒温水浴，天平，烧杯、软木塞、棉花、胶头滴管、滤纸、试管。

【实验过程】

1. 提取

称取新鲜去籽红辣椒 12 g（或去籽干红辣椒 2～3 g），剪碎后放入研钵中，加入 4 mL 95％乙醇，研磨，此匀浆液呈深红色，再加入 6 mL 石油醚，继续研磨 3～5 min，匀浆提取液颜色的深浅与胡萝卜素的含量成正比。将匀浆提取液倒入 100 mL 分液漏斗中，用 20 mL 蒸馏水洗涤匀浆液数次，直至水层透明为止，借此除去提取液中的乙醇。将红色石油醚提取液层倒入干燥试管中，加少量无水硫酸钠除去水分，用软木塞塞紧，以免石油醚挥发。

2. 制备色谱柱

取直径为 1 cm、高度约 16 cm 的玻璃色谱柱，在柱的最底部放入少量棉花，将石油醚-氧化铝悬液（石油醚、Al_2O_3体积比为 1∶1），边搅边倒入色谱柱，使氧化铝均匀沉积于柱内，高度约 10 cm 即可，在其上部铺一张圆形小滤纸，并将色谱柱垂直固定在铁架台上，柱下方加一调控阀，备用。

3. 色谱

打开色谱柱下端调控阀，加石油醚让其缓慢流下，当石油醚浸入到与氧化铝表面相平时，即用吸管吸取胡萝卜素石油醚提取液 1 mL，沿管壁加入到色谱柱上端。待提取液全部进入色谱柱时，立即用 1%丙酮-石油醚液洗脱液冲洗，此时应控制流量在每分钟 30 滴左右，使吸附在柱上端的物质逐渐展开成为颜色不同的数条色带。仔细观察色带的位置、宽度与颜色的深浅。自下而上的橘黄色带分别为 α-胡萝卜素，β-胡萝卜素、γ-胡萝卜素（通常含量分别为 15%、85%、0.1%）。

4. 鉴定

接收此橘黄色液体于蒸发皿内，在 80 ℃水浴上使石油醚、丙酮挥发，滴入三氯化锑氯仿溶液数滴，可见蓝色反应，借此鉴定胡萝卜素（同时，也可直接将洗脱下来的液体蒸干后，用石油醚溶解残渣于 5 mL 带塞试管中，用力振摇，使胡萝卜素完全溶解，用 1 cm 比色杯，在 450 nm 波长处，以石油醚做空白液调零点，读取石油醚溶解液及标准液的光密度值，计算胡萝卜素含量）。

【注意事项】

(1)实验中一定要将新鲜红辣椒研细，以彻底破坏植物细胞，使胡萝卜素释放更完全。丙酮可增强分离效果，有利于对胡萝卜素的提取，若分离条件控制得好，可依次提取、分离得到 α-胡萝卜素，β-胡萝卜素、γ-胡萝卜素，以及紧随其后的是辣椒红素，番茄红素及叶黄素等植物色素。

(2)为使分离色带整齐，装柱时色谱柱一定要无裂缝和气泡，氧化铝的高度一般为玻璃柱高度的 3/4，装好柱后柱上面覆一层滤纸，以保持柱上端顶部平整，若上端不平，影响分离效果而产生不规则的条带。

(3)分离洗脱过程中，要连续不断加入洗脱液，并保持一定高度的液面，在整个操作中绝不能使氧化铝表面的液体流干。吸附柱色谱方法最适合非极性与极性不强的有机物（如 β-胡萝卜素、甘油酯、磷脂、胆固醇等物质）的分离。

(4)三氯化锑腐蚀性较强,在实验过程中切勿触及皮肤。三氯化锑遇水生成碱式盐,再转变成氯氧化锑,此化合物与胡萝卜素不发生颜色反应,而出现浑浊。

(5)石油醚提取液中的乙醇必须洗净,否则吸附不好,色谱中色带也弥散不清。

(6)析柱底部棉花的用量不宜过多,松紧要适宜,否则将影响流速。

【思考题】

(1)吸附色谱法的基本原理是什么?

(2)简述植物色素的极性大小与洗脱速度的关系。

教学项目三　银杏叶黄酮提取分离

知识目标

- 了解银杏的基本情况、性质
- 了解黄酮的理化性质、疗效及应用前景
- 初步掌握黄酮类化合物的提取分离工艺流程

能力目标

- 培养学生的创造性思维
- 培养学生分析问题、解决问题的能力

第一单元　背景知识

知识模块一　了解银杏叶的药用历史、疗效及市场情况

药用历史：银杏是我国特有的珍贵树种，俗称白果，国家二级重点保护植物，其栽培历史达千年之久。银杏叶用于药用已有600多年的历史，在元代的《日用本草》、在明代的《本草纲目》、在《救急医方》、《本草便读》、《医林要籍》等古书中都有大量详细的介绍。而用现代科学方法对银杏进行研究和开发利用则起步较晚。在国外，最早开发利用银杏的是德国，德国舒培公司在1965年，就从中国进口银杏叶（银杏树为中国特产植物），从中提取有效成分黄酮和内酯，制成药剂投放本国市场和欧洲市场。之后，法国、美国、日本等国开始全面研究银杏。

疗效及作用：银杏叶提取物（GBE）作为植物药在很多国家普遍用于防治脑血管疾病、老年性外周循环障碍等症，如老年性痴呆症、脑栓塞、眩晕、耳鸣、头痛、短期记忆不良、听力障碍、失眠和精神不振，银杏叶提取物是首选的治疗心脑血管疾病的天然药物。德国、法国和日本等已广泛在药品或保健食品中使用。

市场情况：在国际上，银杏叶提取物每吨售价高达50万美元，韩国每年销售银杏叶有关的产品1.3亿美元，美国销售额达20亿美元，欧洲市场上每年销售额均在

1亿美元。国内外相继开发出天保宁、银可络、银杏叶片、等多种药品和保健品。

银杏叶、银杏树图片展示见图 3-1。

图 3-1 银杏叶、银杏树

银杏叶相关产品展示见图 3-2。

图 3-2 银杏叶相关产品

知识模块二　了解我国银杏资源的分布

我国是银杏的故乡，占世界银杏资源的70%以上，且银杏品种优良、银杏干叶中黄酮类成分含量为2.5%～3.8%，比国外高1.4%以上。但我国对银杏资源的开发利用起步较晚，目前相对于德国、法国、日本等国而言，利用率是相当低的。

知识模块三　银杏叶疗效作用

银杏叶的主要化学成分：银杏叶中含有黄酮、双黄酮类、萜类等化学成分60多种，分以下几类：①黄酮系类。根据其母核大小结构分为5,7,4′-三羟基黄酮醇及苷类、儿茶酚类3′,8′-芹菜素型双黄酮。②二萜内酯类。有A,B,C,M,J等5种结构，包括银杏内酯和白果内酯。③长链酚类。包括漆树酚、白果醇和腰果酚等。其他成分还有水溶性多糖，聚异戊烯醇类生物碱及少量蜡，20种以上的无机元素等，在银杏叶中具有药理作用的成分主要是黄酮类化合物和银杏内酯，而银杏中黄酮类化合物和银杏内酯含量很高。

具有疗效的成分：近10余年来，国内外特别是德国、日本、美国和法国等国家对银杏叶中的化学成分及其分离方法、药理实验和临床应用进行了大量的研究工作，大量的药理数据证明银杏黄酮苷和萜内酯对GBE的对疗效起关键作用。

黄酮在银杏中的分布：银杏黄酮类化合物和银杏内酯在天然植物中含量很低，银杏黄酮类化合物主要存在于银杏幼茎和叶片中；而银杏内酯主要存在于银杏的根和叶中，含量最高仅为0.01%。国内外研究银杏黄酮类化合物和银杏内酯的报道很多，大部分都是从银杏叶片中提取有效成分或者对其功能进行研究，为银杏黄酮和内酯等药物的工厂化生产奠定了基础。

知识模块四　黄酮类化合物理化性质

黄酮类化合物（flavonoids），简称之总黄酮，以前主要指2-苯基色原酮

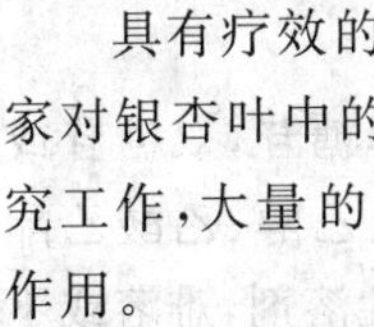

为基核的化合物，目前已扩展为具有2个芳环通过3个碳键结合的化合物，即：C6-C3-C6骨架的化合物

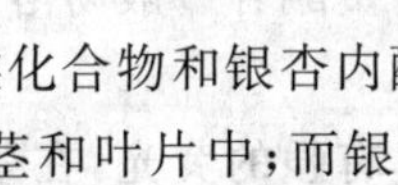

根据中央三碳链的氧化程

度、B环连接位置(2或3位)以及三碳链是否构成环状等特点,可将重要的天然黄酮类化合物分为黄酮(flavones)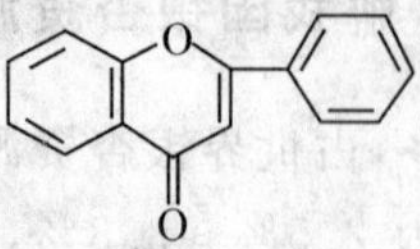、黄酮醇(flavonol)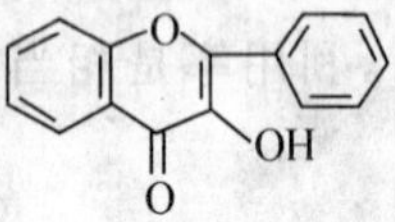、二氢黄酮类(flavanones)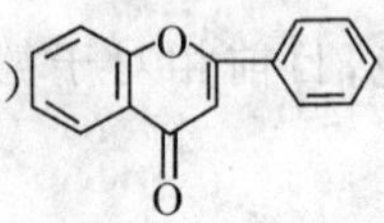、二氢黄酮醇(flavanonol)、异黄酮(isofeavone)、二氢黄酮(isoflavanones)、查耳酮(chalcones)和二氢查耳酮(dihydrochalcomos)等。

天然黄酮类化合物多以苷类形式存在,并且由于糖的种类、数量、连接位置及连接方式不同,可以组成各种各样的黄酮苷类。

黄酮类化合物具有以下性质:

(1)黄酮化合物多为晶形固体,少数(如黄酮苷类)为无定形粉末,有较高的熔点。分子结构中,大多带有酚性羟基,因此具有酚类化合物的通性。另外分子中还常带有吡酮环或羧基,构成了生色团的基本结构,根据羟基的数目,结合的位置与交叉共轭体系,构成了黄酮类化合物的呈色。一般来说,黄酮及黄酮醇和其苷类多呈灰黄到黄色。

(2)黄酮类化合物的溶解度,因结构及存在状态(苷或苷元,单糖苷,双糖苷或三糖苷)不同而有很大差异,一般游离苷元难溶于水,易溶于甲醇、乙醇、乙酸乙酯等有机溶剂及稀碱液中,而黄酮苷一般易溶于水、甲醇、乙醇等极性溶剂,难溶或不溶于苯、氯仿等有机溶剂。

(3)黄酮类化合物多具有强的荧光,在紫外灯照射下呈亮黄、黄绿、亮蓝、暗棕等颜色。

(4)黄酮类化合物对盐酸-镁粉或钠汞齐呈鲜红、紫色或黄色反应、结构中带有3-OH,5-OH或邻位羟基者,均能与金属盐类试剂如铝盐、镁盐、锶盐和铁盐等形成颜色较深的络合物。

第二单元 银杏黄酮提取

任务一 画出银杏黄酮的工艺流程图

原材料为银杏叶,生产采用双柱树脂色谱的方法,主要生产工艺流程如下:

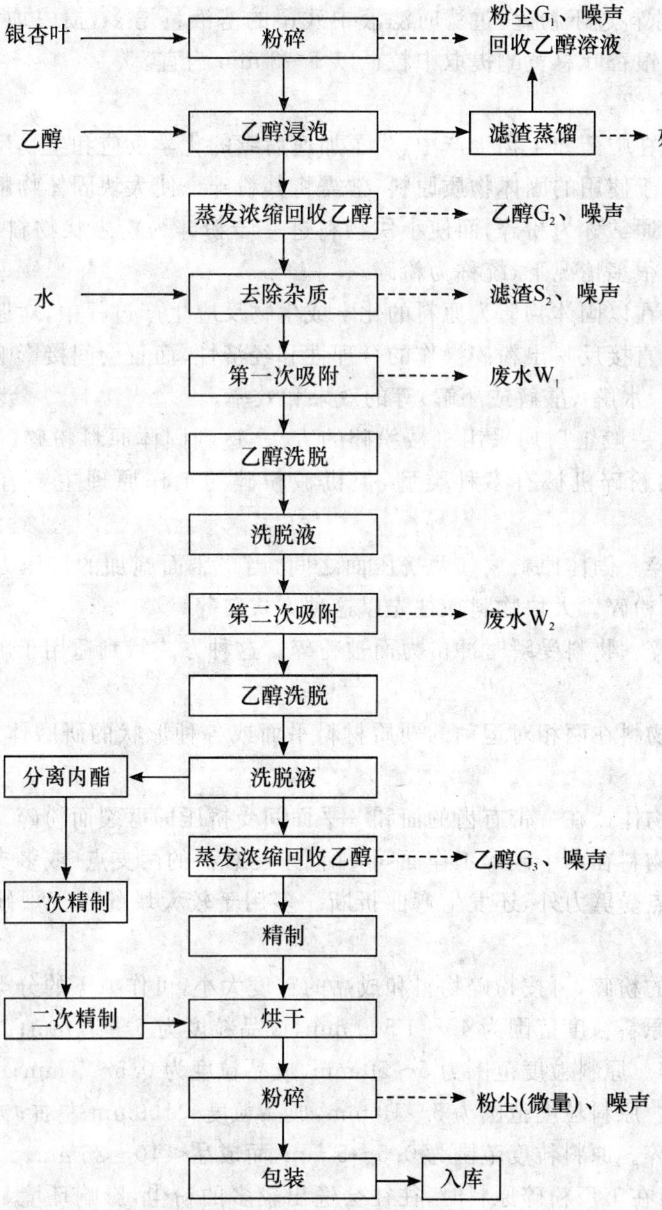

任务二　银杏叶粉碎要求

银杏叶粉碎度对银杏叶总黄酮提取率的影响在于通过破碎可以扩大扩散面积,同时减少扩散微粒的半径,在一定范围内,一方面随着破碎度的增加浸取率提高;另一方面,原料过于粉碎,过滤时滤液中残留的滤液量增多,损失加大,以致提取率降低,所以银杏叶总黄酮提取中粒径以1～3 mm为宜。

相关知识介绍。

粉碎定义:在中药和生物生产中,为了加速后续的化学反应和生物反应等过程的反应速度,对于使用的固体物质原料,常需将其粉碎。使大块固体物料破碎成小块物料的操作,通常称为粉碎,而使小块物料进一步粉碎为粉末状物料,有时则称为磨碎或研磨,很多情况下,统称为粉碎。

粉碎作用:在以固体物质为原料的化学或生物反应生产过程中,对原料粉碎的效果好坏,不仅直接反映出粉碎操作的合理性和经济性,而且会间接影响到下一工序如蒸煮、浸出、水解(酸解或酶解)等的效果和效率。

粉碎方法:一般工厂均采用机械粉碎的方法,达到固体原料粉碎的目的。粉碎类型及原理:粉碎机械有多种类型,但机械粉碎的工作原理主要有以下几种方式。

①挤压粉碎。固体原料放在两挤压面之间,当挤压面施加的挤压力达到一定值后,物料即被粉碎。大块物料往往先以这种方式破碎。

②冲击粉碎。物料受瞬时冲击力而被粉碎。这种方式特别适用于脆性物料的破碎。

③磨碎。物料在两相对运动的硬质材料平面或各种形状的研磨体之间,受到摩擦作用而破碎。

④劈碎。物体放在一带有齿的面和一平面间受挤压即劈裂而粉碎。

⑤剪碎。物料在两个破碎工作面间,如同承受载荷的两支点(或多支点)梁,除了在外力作用点受劈力外,还发生弯曲折断。多用于较大块的长、薄、硬或脆性物料粉碎。

固体物料的粉碎,可按粉碎物料和成品的粒度大小,可作如下的分类。

①粗碎。原料粒度范围为40～1 500 mm,成品粒度为5～50 mm;

②中、细碎。原料粒度范围为5～50 mm,成品粒度为0.5～5 mm;

③微粉碎。原料粒度范围为5～10 mm,成品粒度<100 μm左右;

④超微粉碎。原料粒度范围为0.5～5 mm,而成品<10～25 μm。

湿式粉碎:在工厂粉碎原料时,往往会逸出较多的粉尘,影响环境。这是干法粉碎的一个不足之处。为了避免这一缺点,在某些产品的生产过程中,采用湿式粉碎操作,其所用到的粉碎机称为湿式粉碎机。湿式粉碎设备主要包括:输料装置、加料器、粉碎机和加热器等几部分。

任务三　银杏叶的浸提

浸提的主要目的是让 GBE 最大限度地溶解于溶剂中，浸提是否充分直接影响 GBE 的提取率。浸提工艺涉及 3 个关键条件：浸提的温度、提取剂乙醇的含量和固液质量比。

1. 浸提温度

提高温度有利于总黄酮的提取。但是鉴于有效成分的热稳定性，以及温度升高时杂质溶出量也相应增大，在选取浸提温度时不能过高，同时也要考虑到乙醇的沸点是 78.5 ℃，温度过高，乙醇挥发严重，生产成本加大。浸提温度对总黄酮提取率的影响见图 3-3。

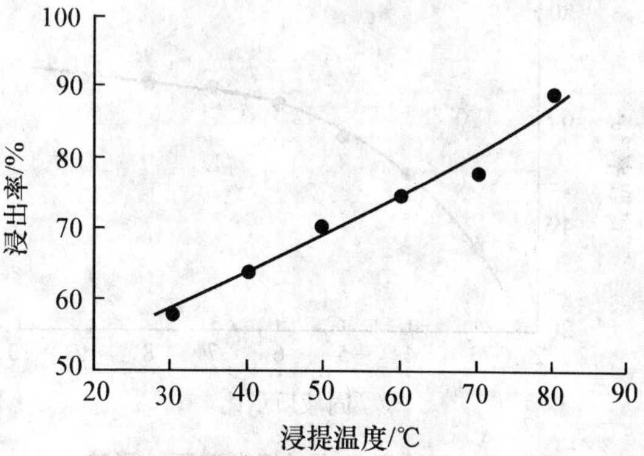

图 3-3　浸提温度对总黄酮提取率的影响

2. 乙醇含量

乙醇含量对提取率的影响，在于不同含量的乙醇溶剂极性不同。体积分数为 70％的乙醇同银杏叶黄酮的极性最相似，依据“相似相溶”的原理，此条件下银杏叶黄酮的溶解度最大，所以 70％的乙醇提取效果最好。乙醇含量对总黄酮提取率的影响见图 3-4。

3. 固液质量比

乙醇用量的增加有利于总黄酮的提取，但增加到一定的程度，对提取率的影响变缓。考虑生产成本和后续处理，固液质量比取 1∶7。固液比对总黄酮提取率的影响见图 3-5。

提出问题：在乙醇浸泡步骤中如何保证黄酮类化合物完全充分的溶解于浸提液中？可采取哪些措施？为什么选择乙醇作为浸提剂？

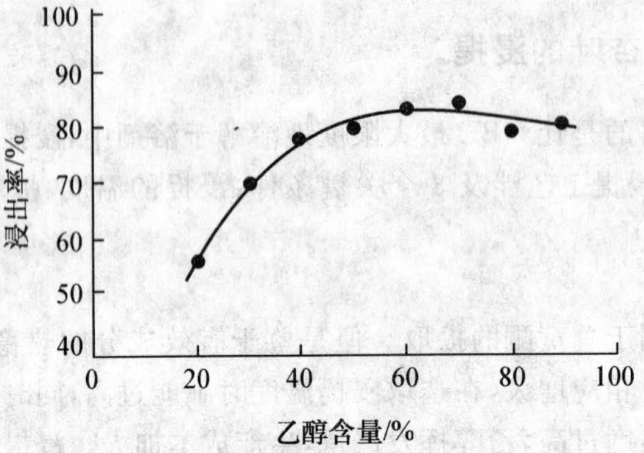

图 3-4 乙醇含量对总黄酮提取率的影响

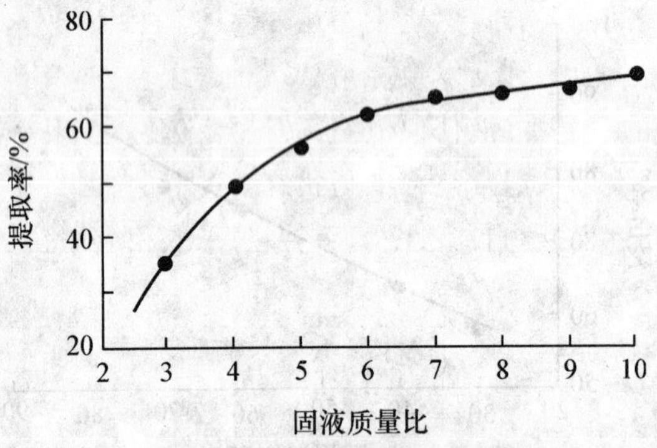

图 3-5 固液质量比对银杏黄酮的影响

参考答案:在乙醇浸泡过程中,要控制好浸提工艺涉及的 3 个关键条件,即浸提的温度、提取剂乙醇的含量和固液质量比,具体条件控制点参见图 3-3 至图 3-5 的描述。考虑有机溶剂的差异溶解能力、毒性、成本等因素,在总黄酮的提取中宜用乙醇作为提取剂。

第三单元 纯化及精制

任务一 蒸发浓缩回收乙醇目的及控制要点

蒸发浓缩目的:浸提液中含有大量的有机溶剂及其他固体杂质,为了去除有机溶剂和一些固体杂质就必须使用进行浓缩过滤。

控制要点:浓缩过滤步骤简单,但要控制好温度,在总黄酮提取中考虑到其热稳定性及工业成本，其浓缩温度一般控制在 50 ℃左右。

相关知识介绍。

蒸发定义：蒸发是将溶液加热后，使其中部分溶剂汽化并被移除，从而提高溶液浓度，即溶液被浓缩的过程。进行蒸发操作的设备称为蒸发器。蒸发原理：工业上的蒸发是一种浓缩溶液的单元操作，是具有挥发性的溶剂与不挥发的溶质的分离过程。当溶液受热时，靠近加热面的溶剂汽化，使原溶液浓度提高而被浓缩。

汽化生成的蒸汽在溶液上方空间若不除去，则蒸汽与溶液之间将逐渐趋于平衡，使汽化不能继续进行。所以，进行蒸发操作时，一方面应该不断供给热能，另一方面应该不断排除蒸汽。

蒸发方式：蒸发的方式有自然蒸发与沸腾蒸发两种。自然蒸发是溶液中的溶剂在低于其沸点下汽化，此种蒸发仅在溶液表面进行，故速率缓慢，效率很低。沸腾蒸发是在沸点下的蒸发，溶液任何部分都发生汽化，效率很高。为了强化蒸发过程，工业上应用的蒸发设备通常是在沸腾状态下进行的，因为沸腾状态下传热系数高，传热速度快。并且根据物料特性及工艺要求采取相应的强化传热措施，以提高蒸发浓缩的经济性。

蒸发分类：①按操作压力可分为：常压蒸发、加压蒸发和减压蒸发。②按蒸汽利用情况可分为：单效蒸发、二效蒸发、多效蒸发。③按操作流程分可分为：间歇式蒸发和连续式蒸发。④按加热部分的结构可分为：膜式蒸发和非膜式蒸发。

在以上蒸发分类中，重点掌握按操作压力分类的减压蒸发，其真空蒸发装置如图 3-6。

任务二　吸附控制要点

从银杏叶浸取液中富集分离黄酮类化合物主要为有机溶剂萃取法和树脂吸附法。前者残留溶剂和生产成本高，后者产物纯度高，收率高。

控制要点：

1. pH 值对吸附率的影响

银杏黄酮类化合物浸提液的 pH 值对化合物在吸附、分离过程中的影响十分显著。吸附过程中吸附质以分子状态被吸附剂吸附，因此要达到较好的效果必须使吸附质保持分子状态。黄酮类化合物为多羟基酚类，呈弱酸性，因而在酸性或弱酸性条件下易被吸附。

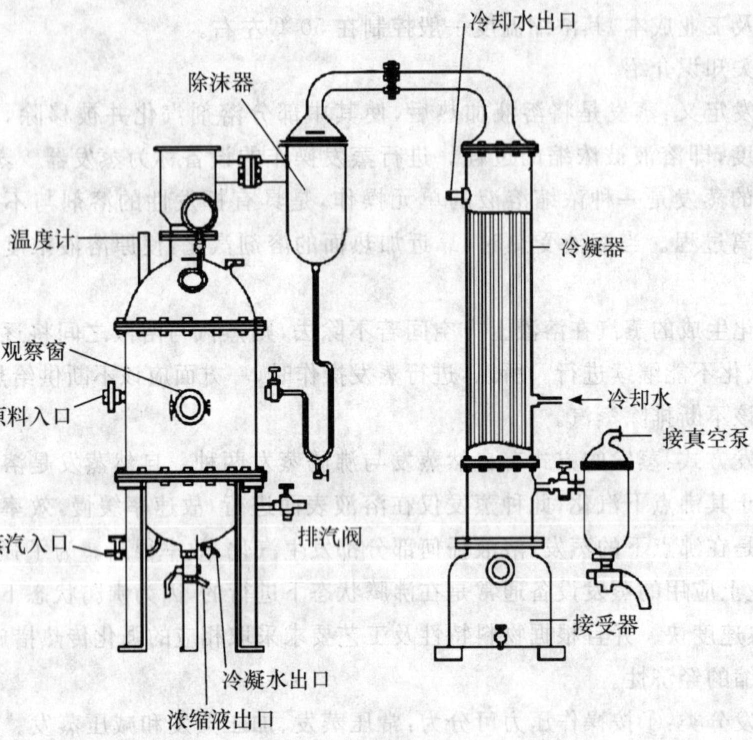

图 3-6　真空蒸发装置

2. 吸附液量与吸附树脂量的关系

对于一定量的吸附质来说，吸附剂用量增大，意味着吸附总表面增大，吸附质在吸附剂上的分布较松散，从而吸附剂对吸附质的物理作用和化学作用加强，吸附量增加。但吸附剂用量过多，不仅会导致成本增高，而且吸附选择性差，所以吸附液量与树脂量具有一定的比例关系。综合考虑经济因素，工厂一般采用液固比 15 时为最佳。

3. 流速对吸附率的影响

当流速过快时，树脂尚未及时吸附黄酮类化合物，黄酮类化合物已随吸附液流出，因此流速慢有利于吸附。

任务三　洗脱控制要点

往树脂柱中加入一定量蒸馏水洗脱柱中残留的浸提液，最后加入 70％乙醇进行洗脱。收集洗脱液，并进行第二次吸附。

控制要点：

1.洗脱剂及洗脱浓度的选择

DM-130大孔树脂是弱极性的，而黄酮类化合物易溶于甲醇、乙醇、丙酮等有机溶剂中，考虑到甲醇的毒性和丙酮的挥发性，因此分别选用了乙醇作为洗脱剂。体积分数为70%和90%的乙醇—水溶液洗脱剂解吸效果好，解吸率达到了90%以上。但是考虑乙醇的挥发性，工厂一般选择70%乙醇作为洗脱剂。

2.洗脱剂用量的确定

洗脱剂用量越多洗脱效果越好，但用量过多会影响后处理。当洗脱剂与树脂质量比为5、6、7、8时，解吸率分别为77.16%、81.17%、84.16%、85.10%。

可以看出，解吸率随着洗脱剂用量的增加而提高。当洗脱剂与树脂液固质量比为7时，它可以将吸附液中黄酮类物质浓缩1倍。

相关知识介绍。

解吸方法：①低级醇、酮或水溶液解吸。原理：使大孔树脂溶胀，减弱溶质与吸附剂间的相互作用力。②碱解吸附。原理：成盐，主要针对弱酸性溶质。③酸解吸附。原理：成盐，主要针对弱碱性溶质。④水解吸附。原理：降低体系中的离子强度，降低溶质的吸附量。

任务四　其他

内酯生产工艺流程与银杏黄酮生产工艺流程基本一致，只是在第二次吸附后对洗脱液控制条件进行内酯分离，然后进过两次精制再经烘干、粉碎、包装即得成品内酯。

乙醇洗脱结束后，对乙醇进行蒸发浓缩，由于银杏提取物的沸点较高(1 000 ℃以上)，不挥发，可以对乙醇进行回收，乙醇回收率为98%，然后将银杏提取物放入真空干燥箱，将水汽蒸发出来。烘干并经过粉碎后包装入库即为成品。

干燥要点：黄酮类化合物的物理化学变化在提取分离时已经开始，并延续至浓缩干燥过程。银杏叶黄酮类化合物在受热时容易发生酚性氧化反应，从而使活性成分的含量降低。

常用的干燥方法有喷雾干燥、真空干燥、微波干燥、常压烘干等方法。喷雾干燥因受热时间短，有效成分破坏较少，为较先进的干燥方法，可减少黄酮损失。

包装是得成品的最后一步，包装入库的目的是为了保存、便于运输。在干燥得到黄酮后应及时进行包装入库，防止其氧化。

运用技术方法一 沉淀法

利用各种沉淀方法，可以去除液相中的大部分杂质。常用方法有等电点沉淀法、变性沉淀法、盐析法、有机溶剂沉淀法、反应沉淀法等。这些沉淀方法既可作为去除杂质的方法，又可作为提取目的产物的技术手段。

一、等电点沉淀法

利用蛋白质在等电点时溶解度最低的特性，向含有目的药物成分的混合液中加入酸或碱，调整其 pH 值，使蛋白质沉淀析出的方法，称为等电点沉淀法。在等电点时，蛋白质分子以两性离子形式存在，其分子净电荷为零（即正负电荷相等），此时蛋白质分子颗粒在溶液中因没有相同电荷的相互排斥，分子相互之间的作用力减弱，其颗粒极易碰撞、凝聚而产生沉淀，所以蛋白质在等电点时，其溶解度最小，最易形成沉淀物。等电点时的许多物理性质如黏度、膨胀性、渗透压等都变小，从而有利于悬浮液的过滤。应用等电点沉淀法时应注意以下几点。

1.不同的蛋白质，具有不同的等电点

在生产过程中应根据分离要求，除去目的产物之外的杂蛋白；若目的产物也是蛋白质，且等电点较高时，可先除去低于等电点的杂蛋白，如细胞色素 C 的等电点为 10.7，在细胞色素 C 的提取纯化过程中，调 pH＝6.0 除去酸性蛋白，调 pH 为 7.5～8.0，除去碱性蛋白。

2.同一种蛋白质在不同条件下，等电点不同

在盐溶液中，蛋白质若结合较多的阳离子，则等电点的 pH 值升高；因为结合阳离子后，正电荷相对增多，只有 pH 值升高才能达到等电点状态，如胰岛素在水溶液中的等电点为 5.3，在含一定浓锌盐的水—丙酮溶液中的等电点为 6；如果改变锌盐的浓度，等电点也会改变。蛋白质若结合较多的阴离子（如 Cl^-、SO_4^{2-} 等），则等电点移向较低的 pH 值，因为负电荷相对增多了，只有降低 pH 值才能达到等电点状态。

3.目的药物成分对 pH 值的要求

生产中应尽可能避免直接用强酸或强碱调节 pH 值，以免局部过酸或过碱，而引起目的药物成分蛋白或酶的变性。另外，调节 pH 值所用的酸或碱应与原溶液中的盐或即将加入的盐相适应，如溶液中含硫酸铵时，可用硫酸或氨水调 pH 值，如原溶液中含有氯化钠时，可用盐酸或氢氧化钠调 pH 值。总之，应以尽量不增加新物质为原则。

4.考虑采用几种方法结合来实现沉淀分离

由于各种蛋白质在等电点时，仍存在一定的溶解度，使沉淀不完全，而多数蛋白质的等电点又都十分接近，因此当单独使用等点电沉淀法效果不理想时，可以考虑采用几种方法结合来实现沉淀分离。

二、变性沉淀法

当蛋白质受到外界因素作用时，蛋白质分子结构从有规则的排列变成不规则排列，其物理性质也发生改变，并失去原有的生理活性，即蛋白质发生变性，变性蛋白质在水中的溶解度较小且以沉淀的形式从溶液中析出。利用蛋白质的变性作用，除去混合液中杂蛋白的方法，称为变性沉淀法。最常用的方法如下。

1.加热

利用蛋白质等生物大分子对热的稳定性不同，加热破坏某些组分，而保存另一些组分，如脱氧核糖核酸酶对热的稳定性较核糖核酸酶差，加热处理可使混杂在核糖核酸酶中的脱氧核糖核酸酶变性而沉淀；又如以黑曲霉发酵制备脂肪酶时，常混杂有大量淀粉酶，当把混合酶在 40 ℃水中保温 2.5 h(pH＝3.4)时，则 90％以上的淀粉酶受热变性而沉淀。加热处理的方法只适用于对热较稳定的目的药物成分，如灰黄霉素(可加热至 80～90 ℃)、抗敌素(又称多黏菌素 E)(可加热至 90 ℃左右)等。加热不仅可使蛋白质变性凝固，还可改变流体的流动特性，利于固液分离，但要严格控制加热温度和时间。加热变性沉淀法的优点在于操作简便、原材料消耗较低，但是，若直接通入蒸汽加热，产生的冷凝水可使混合液体积增大，而且不能用于热敏性药物(如青霉素)的预处理。

2.加入化学试剂

金属盐、表面活性剂、某些有机酸、酚、卤代烷等可使混合液中的蛋白质或部分蛋白质发生变性而沉淀，使之与目的产物分离，如制取核酸时用氯仿将蛋白质沉淀分离。

3.调节 pH 值

当溶液的酸碱性发生剧烈变化时，可引起蛋白质的变性而沉淀，如用浓度为 2.5％的三氯乙酸处理含胰蛋白酶、抑肽酶或细胞色素 C 的溶液，均可除去大量杂蛋白，而对所提取的酶活性没有影响。也可先用酸调 pH 值后，再用碱调，或在较宽的 pH 值范围内酸碱变性结合使用，效果更为显著。

三、盐析法

基本原理在低盐浓度下，蛋白质的溶解度随着盐浓度的升高而增加，称为盐溶现象。但是在高盐浓度下，盐浓度增加反而使蛋白质的溶解度降低，当达到某一浓度时，蛋白质可从溶液中析出，这种现象称为盐析，见图 3-8。产生盐析的一个原因是由于盐离子的亲水性比蛋白质大，盐离子在水中发生了水化作用而使蛋白质基团处于裸露状态，在蛋白质分子疏水基团的相互作用下，引起蛋白质分子凝聚沉淀。另一个原因是由于盐离子与蛋白质表面具有相反电性的离子基团结合，形成离子对，即盐离子部分中和了蛋白质的电性，使蛋白质分子之间的电排斥作用减弱而相互靠拢、聚集形成沉淀。影响盐析沉淀的因素很多，主要考虑以下几个方面。

1. 盐析剂的性质和加入量

盐析剂的加入量直接影响蛋白质等生物大分子的溶解度。对于特定的蛋白质，在一定的操作条件下，产生沉淀时的无机盐浓度范围都是一定的，即具有一定的蛋白质盐析分布曲线，如图 3-7 所示。横坐标户表示无机盐浓度，纵坐标 S 表示蛋白质溶解度。当盐浓度达到一定值时，蛋白质才开始沉淀（见图 3-7 中的 C_0 点），一旦沉淀开始，蛋白质溶解度很快下降，沉淀大量产生，因此盐析沉淀时必须使盐析剂浓度达到要求。

在蛋白质盐析沉淀中，一般阴离子的盐析效果较阳离子好。对于阴离子，带电荷较多者，盐析能力较强，如硫酸钠的盐析能力大于氯化钠；对于阳离子，带电荷较多者，盐析能力较低，如硫酸镁的盐析能力小于硫酸铵。生产中最常用的盐析剂为硫酸铵，其价格低廉，在水中溶解度大，而且溶解度随温度变化小，在低温下仍具有较大的溶解度，硫酸铵对大多数蛋白质的活力损害较小，但它对金属有腐蚀作用，当溶液 pH 值较高时，还容易释放氨。

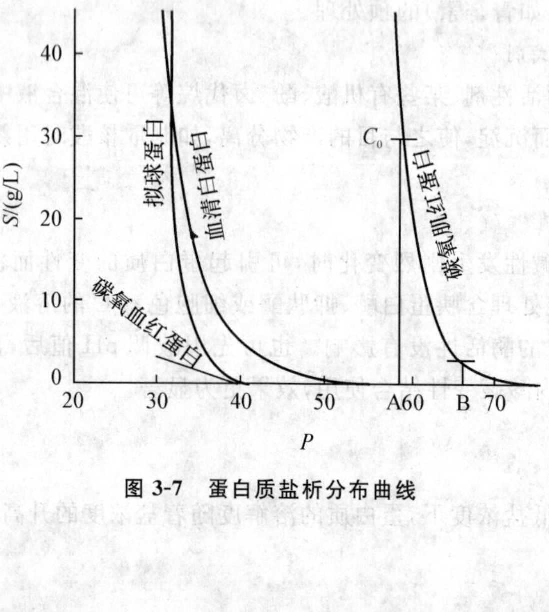

图 3-7 蛋白质盐析分布曲线

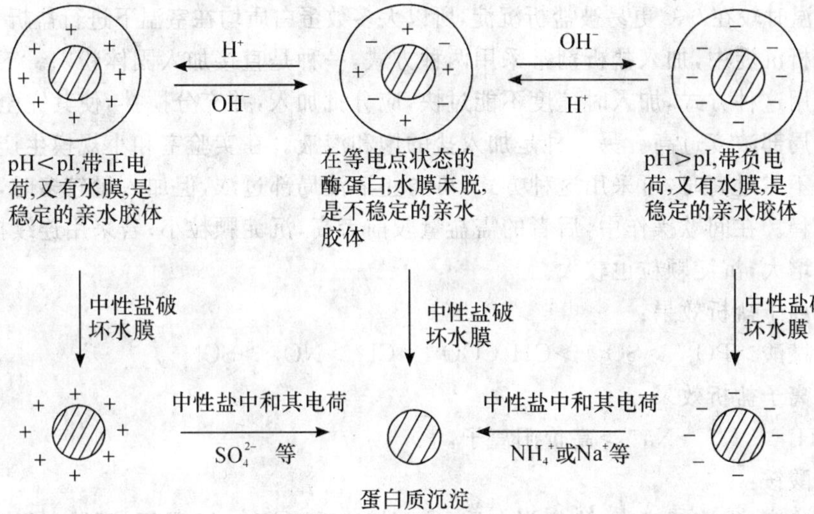

图 3-8　盐析机理示意图

2. pH 值

溶液的 pH 值距蛋白质的等电点越近，蛋白质所需的盐浓度越小，该性质适合于大部分蛋白质。但是，蛋白质的等电点与溶液中盐析剂的种类和浓度有关，在盐析沉淀时，盐的浓度一般较大，会对等电点产生较大影响。同时，还要注意 pH 值对不同蛋白质沉淀的影响。在实际生产中，应找出 pH 值与溶解度的关系，选择适合的 pH 值。

3. 蛋白质类化合物的性质

各种蛋白质的结构和性质不同，盐析沉淀的盐浓度、pH 值、温度等操作条件不同。例如用硫酸铵沉淀血浆中的蛋白质时，当硫酸铵饱和度达到 20%时，纤维蛋白质首先析出；饱和度增至 33%～35%时，优球蛋白质析出；饱和度达 50%以上时，清蛋白析出。

4. 蛋白质类化合物溶液的浓度

在相同盐析条件下，蛋白质浓度越大越易沉淀，使用盐的饱和度极限越低。但蛋白质浓度较大时，易与其他蛋白质发生共沉淀作用，影响分离效果，所以当溶液浓度较大时，可进行适当稀释（一般稀释到 3%左右），以提高分离效果和产品纯度。

5. 温度

在无盐或稀盐溶液中，大多数蛋白质的溶解度随温度升高而增大，但在高盐溶液中则相反，因此温度升高对盐析沉淀有利。但对于某些热敏性物质如蛋白酶，最好在低温下（常在 0～4 ℃范围内迅速操作）进行盐析，而血红蛋白、红蛋白和血清蛋白等在室温时较在 0 ℃更易被盐析沉淀，所以大多数蛋白质均在室温下进行盐析。

盐析沉淀中，加入盐析剂常采用两种方式，一种是直接加入固体粉末。工业生产常采用这种方式，加入时速度不能过快，应分批加入，并充分搅拌，使其完全溶解和防止局部浓度过高。另一种是加入盐的饱和溶液。在实验室和小规模生产中或盐浓度不需过高时，可采用这种方式，可防止溶液局部过浓，但加入量较多时，料液会被稀释。在间歇操作中，后者的需盐量较前者高，沉淀颗粒小；若采用连续操作，需盐量增大，沉淀颗粒也较大。

阴离子盐析效果：

柠檬酸 $> PO_4^{3-} > SO_4^{2-} > CH_3COO^- > Cl^- > NO_3^- > SCN^-$。

阳离子盐析效果：

$NH_4^+ > K^+ > Na^+ >$ 高价阳离子。

硫酸铵：

①价廉；②溶解度大，稳定蛋白质；③水解变酸；④高 pH 释氨，腐蚀；⑤残留产品有影响。

图 3-9 为利用蛋白质沉淀大规模提纯白蛋白与免疫球蛋白的工艺。

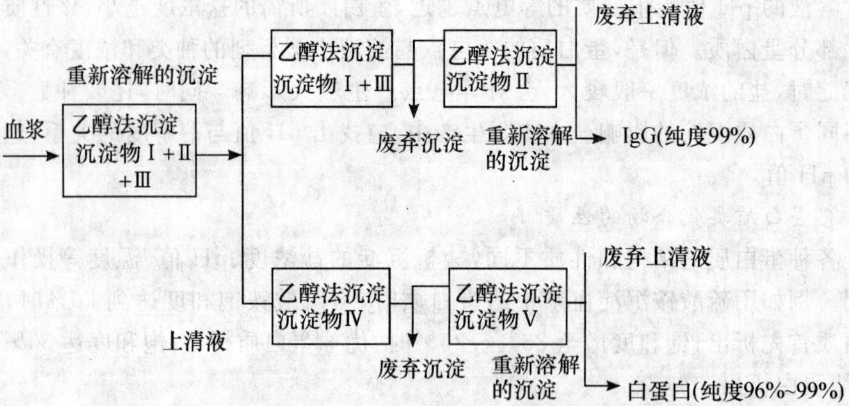

图 3-9 利用蛋白质沉淀大规模提纯白蛋白与免疫球蛋白的工艺

四、有机溶剂沉淀法

利用与水互溶的有机溶剂（如甲醇、乙醇、丙酮等）能使蛋白质在水中的溶解度显著降低而沉淀的方法，称为有机溶剂沉淀。有机溶剂引起蛋白质沉淀的主要原因是加入有机溶剂使水溶液的介电常数降低，因而增加了两个相反电荷基团之间的吸引力，促进了蛋白质分子的聚集和沉淀。有机溶剂引起蛋白质沉淀的另一种

解释认为与盐析相似，有机溶剂与蛋白质争夺水化水，致使蛋白质脱除水化膜，易于聚集形成沉淀。影响有机溶剂沉淀的主要因素如下。

1.有机溶剂的选择

在实际生产中，常用的有机溶剂有乙醇、丙酮、异丙醇、氯仿等。丙酮的介电常数小，沉淀能力强；而乙醇无毒，广泛应用于药品生产中。

2.温度的控制

有机溶剂沉淀时，温度是重要的控制指标。根据沉淀对象不同，采用的温度不同，为防止生物大分子在较高温度时发生变性，一般要求在低温下进行，同时还要考虑有机溶剂与水混合时的放热现象。

3.pH 值

等电点时，蛋白质的溶解度最低。在有机溶剂沉淀时，应选择 pH 值在等电点附近，但是 pH 值的控制还必须考虑目的药物的稳定性条件，一般生产中常用缓冲液来控制溶液的 pH 值。

4.离子强度

在有机溶剂和水的混合液中离子强度是一个特别重要的因素。因为盐在一定的浓度范围内能增加蛋白质或酶在有机溶剂中的溶解度，使有机溶剂沉淀收率降低，因此当采用盐析沉淀法得到蛋白质或酶后，如需进一步用有机溶剂沉淀法纯化，一定要先透析除盐。

图 3-10 为沉淀法提取茶多酚工艺图。

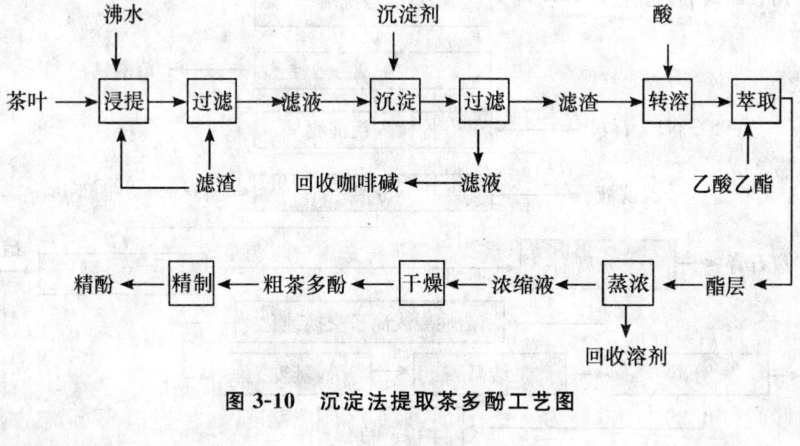

图 3-10　沉淀法提取茶多酚工艺图

五、反应沉淀法

根据预处理液中所含杂质的特点，加入某些不影响目的药物的化学反应试剂，使其与杂质发生反应，生成不溶性沉淀，此方法称为反应沉淀法。生产中常用的反应沉淀试剂有金属盐类、有机酸类、表面活性剂、离子型或非离子型的多聚物、变性剂及其他一些化合物。

许多生物活性物质（如核酸、蛋白质、多肽、抗生素和有机酸等）能与金属离子形成难溶性的复合物而沉淀。如采用硫酸锌沉淀红霉素发酵液中的杂蛋白，效果较好；含氮有机酸如苦味酸和鞣酸等能够与有机分子的碱性基团形成复合物而沉淀析出。对于某些水溶性非离子型高分子聚合物，如不同分子量的聚乙二醇、葡聚糖、右旋糖酐硫酸酯等能使蛋白质水合作用减弱而发生沉淀。在四元环类抗生素发酵液的预处理中，加入黄血盐和硫酸锌，生成亚铁氰化锌钾胶状沉淀，其对蛋白质类物质有吸附作用，而使其沉淀，这是两种盐协同作用进行沉淀的典型实例。

反应沉淀法应用面较广，既可用于除去杂蛋白，又可用于除去对提取和成品质量影响较大的无机离子杂质，主要是 Ca^{2+}、Mg^{2+}、Fe^{3+} 等高价金属离子，如用草酸除去庆大霉素中的 Ca^{2+}、Mg^{2+}，可使树脂对庆大霉素的交换容量提高 20%～30%，而最后成品的灰分可降低 70%左右。

图 3-11 为标准沉淀法回收柠檬酸流程图。

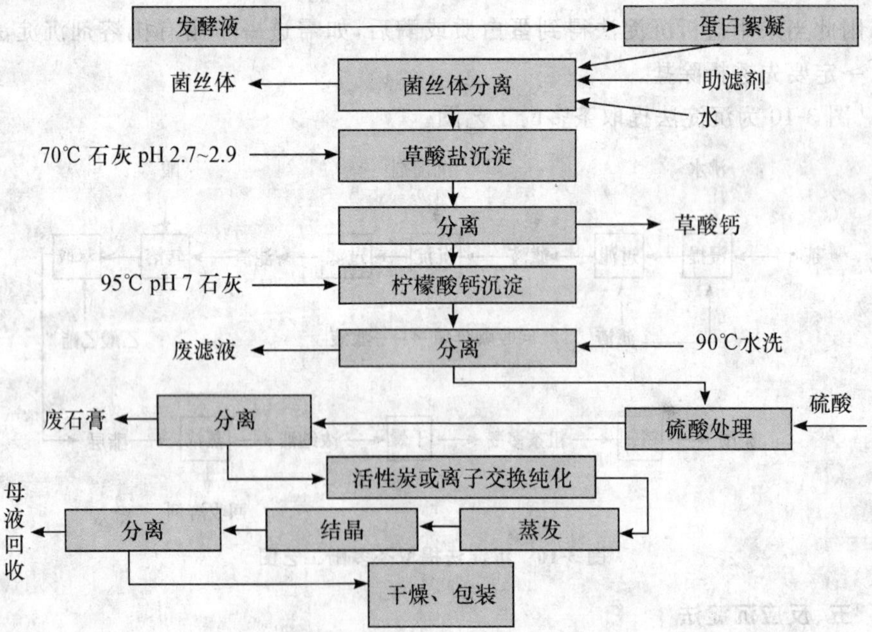

图 3-11 标准沉淀法回收柠檬酸流程图

运用技术方法二　吸附分离法

在人类生活中，固体吸附很早就有所使用，吸附在生产上，用于除臭、脱色、吸湿、防潮等方面较多，吸附在工业上应用也很早，特别是近十几年发展尤其迅速。

固体吸附和生化工程有着密切的关系。在酶、蛋白质、核苷酸、抗生素、氨基酸等产物的分离、精制中进行选择性地吸附的方法，应用较早。发酵行业中，空气的净化和除菌也离不开吸附过程；除此以外在生化产品的生产中，还常用各种吸附剂进行脱色、去热原、去组胺等杂质。早期使用的吸附剂有高岭土、氧化铝、酸性白土等无机吸附剂、凝胶型离子交换树脂、活性炭、分子筛和纤维素等。但由于这些吸附剂或是吸附能力低或是容易引起失活，故都不理想。另外要成为一个经济的生产过程，吸附剂必须能上百次甚至上千次地反复使用。为了能经受得起多次且剧烈的再生过程，吸附剂需要有良好的物理化学稳定性，再生过程还必须简便而迅速。近年来一些合成的有机大孔吸附剂即所谓大网格聚合物吸附剂可以满足上述要求，特别是用于工业规模。

一、吸附概念及吸附分类

固体可分为多孔和非多孔性两类，非多孔性固体只具有很小的比表面，用粉碎的方法可以增加其比表面；多孔性固体由于颗粒内微孔的存在，比表面很大，可达每克几百平方米。换句话说，非多孔性固体的比表面仅取决于可见的外表面，而多孔性固体的比表面是由“外表面”和“内表面”所组成。内表面积可比外表面积大几百倍，并且有较高的吸附势。因此，显然应用多孔性吸附剂较有利。

固体表面分子（或原子）处于特殊的状态。从图 3-12 可见固体内部分子所受的力是对称的，故彼此处于平衡。但在界面上的分子同时受到不相等的两相分子的作用力，因此界面分子的力场是不饱和的；即存在一种固体的表面力，它能从外界吸附分子、原子或离子，并在吸附剂表面附近形成多分子层或单分子层。我们称物质（被吸附的产物）从液体相（气体或液体）浓缩到固体（吸附剂）表面从而达到分离的过程称为吸附作用，而把在表面上能发生吸附作用的固体称为吸附剂，而被吸附的物质称为吸附物。按照作用力的差别，吸附作用可以分为 3 种类型。

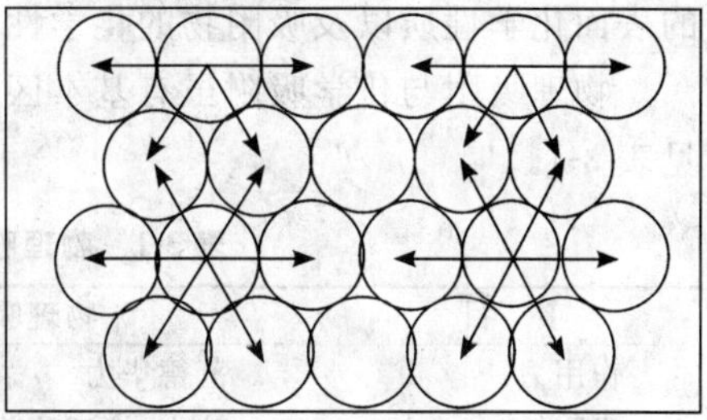

图 3-12　界面上分子和内部分子所受的力

1. 物理吸附

吸附剂和吸附物通过分子力(范德华力)产生的吸附称为物理吸附。这是一种最常见的吸附现象,它的特点是吸附不仅限于一些活性中心,而是整个自由界面。

分子被吸附后,一般动能降低,故吸附是放热过程。物理吸附的吸附热较小,物理吸附时,吸附物分子的状态变化不大,需要的活化能很小,多数在较低的温度下进行。由于吸附时除吸附剂的表面状态外,其他性质都未改变,所以两相在瞬间即可达到平衡。有时吸附速度很慢,这是由于在吸附剂颗粒的孔隙中的扩散速度是控制步骤的缘故。

物理吸附是可逆的,即在吸附的同时,被吸附的分子由于热运动会离开固体表面。分子脱离固体表面的现象称为解吸。物理吸附可以成单分子层吸附或多分子层吸附。由于分子力的普遍存在,一种吸附剂可吸附多种物质,没有严格的选择性。但由于吸附物性质不同,吸附的量有所差别。物理吸附与吸附剂的表面积、细孔分布和温度等因素有密切的关系。

2. 化学吸附

化学吸附是由于吸附剂和吸附物之间的电子转移,发生化学反应而产生的,属于库仑力范围,它与通常的化学反应不同的地方,就是吸附剂表面的反应原子保留了它或它们原来的格子不变。反应时发出大量的热量,由于是化学反应,故需要一定的活化能。

化学吸附的选择性较强,即一种吸附剂只对某种或几种特定物质有吸附作用。因此化学吸附一般为单分子层吸附,吸附后较稳定,不易解吸。这种吸附与吸附剂的表面化学性质以及吸附物的化学性质直接有关。

物理吸附与化学吸附虽有基本区别,但有时也很难严格划分,两种吸附的比较见表 3-1。

表 3-1 物理吸附与化学吸附的特点

项　目	物理吸附	化学吸附
作用力	范德华力	化学键力
吸附热	较小,接近液化热	较大,接近反应热
选择性	几乎没有	有选择性
吸附速度	较快,需要的活化能很小	慢,需要一定的活化能
吸附分子层	单分子或多分子层	单分子

3. 交换吸附

吸附剂表面如为极性分子或离子所组成,则它会吸引溶液中带相反电荷的离子而形成双电层。这种吸附称为极性吸附，同时在吸附剂与溶液间发生离子交换，即吸附剂吸附离子后，它同时要放出等量的离子于溶液中，离子的电荷是交换吸附的决定因素。离子所带电荷越多，它在吸附剂表面的相反电荷点上的吸附力就越强，电荷相同的离子其水化半径越小，越易被吸附。

必须指出，固体自溶液中的吸附往往是几种吸附力同时作用，较为复杂，造成各种类型的吸附之间没有明显的界线，有时很难区别。

4.吸附法优缺点

(1)优点。

①可不用或少用有机溶剂；

②操作简便、安全、设备简单；

③生产过程中 pH 变化小，适用于稳定性较差的生化物质。

(2)缺点。

①吸附法选择性差、收率不太高；

②特别是无机吸附剂性能不稳定、不能连续操作、劳动强度大；

③炭粉等吸附剂还影响环境卫生，所以有一阶段吸附法已几乎为其他方法所取代。

随着凝胶类吸附剂、大网格聚合物吸附剂的合成和发展，吸附剂又重新为生化工程领域所重视并获得应用。

二、几种常用的吸附剂

吸附剂按其化学结构可分为两大类：一类是有机吸附剂，如活性炭、纤维素、大孔吸附树脂、聚酰胺等；另一类是无机吸附剂，如氧化铝、硅胶、人造沸石、磷酸钙、氢氧化铝等。下面介绍一些生物分离过程中常用的几种吸附剂。

(一)活性炭

活性炭具有吸附力强、来源比较容易、价格便宜等优点，常用于生物产物的脱色和除臭，还应用于糖、氨基酸、多肽及脂肪酸等的分离提取。但活性炭的生产原料和制备方法不同，吸附力就不同，因此很难控制其标准。在生产上常因采用不同来源或不同批号的活性炭而得到不同的结果。另外，活性炭色黑质轻，污染环境。

1.活性炭的种类

活性炭的种类很多，一般分为以下3种。

(1)粉末活性炭。该类活性炭颗粒极细，呈粉末状，其总表面积大，是活性炭中吸附能力(吸附力、吸附量)最强的一类。但因其颗粒太细，静态使用时不容易与溶液分离，色谱时流速太慢，需要加压或减压操作，手续麻烦。

(2)颗粒活性炭。该类活性炭颗粒较前者大，其总表面积相应减少，吸附能力次于粉末活性炭。但静态使用时容易与溶液分离，色谱流速易于控制，不需加压或减压操作。

(3)锦纶活性炭。该类活性炭是以锦纶为黏合剂，将粉末活性炭制成颗粒。其总表面积介于粉末活性炭和颗粒活性炭之间，其吸附力较两者弱(因为锦纶是活性炭的脱活性剂)。可用于分离前两种活性炭吸附太强而不容易洗脱的化合物。

2.活性炭的选择

在提取分离过程中，根据所分离物质的特性，选择适当吸附力的活性炭是成功的关键。当欲分离的物质不容易被活性炭吸附时，要选用吸附力强的活性炭；当欲分离的物质很容易被活性炭吸附时，要选择吸附力弱的活性炭。在首次分离料液或样品时，一般先选用颗粒状活性炭。如果待分离的物质不能被吸附，则改用粉末状活性炭。如果待分离的物质吸附后不能洗脱或很难洗脱，造成洗脱剂体积过大，洗脱高峰不集中，则改用锦纶活性炭。

3.影响活性炭吸附能力的因素

活性炭的吸附能力与其所处的溶液和待吸附物质的性质有关。一般地说，活性炭的吸附作用在水溶液中最强，在有机溶液中较弱，所以水的洗脱能力最弱，而有机溶剂则较强，吸附能力的顺序如下：水＞乙醇＞甲醇＞乙酸乙酯＞丙酮＞氯仿。活性炭对不同物质的吸附能力有所不同，一般遵循以下规律：对具有极性基团的化合物吸附力较大；对芳香族化合物的吸附力大于脂肪族化合物；对相对分子质量大的化合物的吸附力大于对相对分子质量小的化合物。

4.活性炭的活化

由于活性炭是一种强吸附剂，对气体的吸附能力很大，气体分子占据了活性炭的吸附表面，会造成活性炭“中毒”，使其活力降低，因此使用前可加热烘干，以除去大部分气体。对于一般的活性炭可在160 ℃加热干燥4～5 h；锦纶活性炭受热易变形，可于100 ℃干燥4～5 h。

(二)硅胶

硅胶是应用最广泛的一种极性吸附剂，色谱用硅胶可用 $SiO_2 . nH_2O$ 表示，具有多孔性网状结构。它的主要优点是化学惰性，具有较大的吸附量，容易制备不同类型、孔径、表面积的多孔性硅胶。可用于萜类、固醇类、生物碱、酸性化合物、磷脂类、脂肪类、氨基酸类等的吸附分离。

1.影响硅胶吸附能力的因素

硅胶的吸附能力与吸附物的性质有关，硅胶能吸附非极性化合物，也能吸附极性化合物，对极性化合物的吸附力更大（因为硅胶是一种亲水性吸附剂）。硅胶的吸附能力与其本身的含水量密切相关。硅胶吸附活性随含水量的增加而降低，当含水量小于1%时，活性最高，而当含水量大于20%时，硅胶的吸附活性最低。

2. 硅胶的活化

硅胶表面上带有大量的羟基，有很强的亲水性，能吸附多量水分，因此硅胶一般于105～110 ℃活化1～2 h后使用。活化后的硅胶应马上使用，如当时不用，则要储存在干燥器或密闭的瓶中，但时间不宜过长。

3. 硅胶的再生

用过的硅胶用5～10倍量的1%NaOH水溶液回流30 min，热过滤，然后用蒸馏水洗3次，再用3～6倍量的5%乙酸回流30 min，过滤，用蒸馏水洗至中性，再用甲醇洗、水洗2次，然后在120 ℃烘干活化12 h，即可重新使用。

（三）氧化铝

氧化铝也是一种常用的亲水性吸附剂，它具有较高的吸附容量，分离效果好，特别适用于亲脂性成分的分离，广泛应用在醇、酚、生物碱、染料、苷类、氨基酸、蛋白质以及维生素、抗生素等物质的分离。活性氧化铝价廉，再生容易，活性容易控制；但操作不便，手续繁琐，处理量有限，因此也限制了在工业生产上大规模应用。

1. 氧化铝的分类

氧化铝通常可按制备方法的不同，分为以下3种：

（1）碱性氧化铝。直接由氢氧化铝高温脱水而得，柱色谱时一般用100～150目。一般水洗脱液得pH值为9～10，经活化即可使用。碱性氧化铝主要用于碳氢化合物的分离，如甾体化合物、醇、生物碱、中性色素等对碱稳定的中性、碱性成分。

（2）中性氧化铝。用碱性氧化铝加入蒸馏水，在不断搅拌下煮沸10 min，倾去上清液。反复处理至水洗液的pH值为7.5左右，滤干活化后即可使用。中性氧化铝使用范围最广，常用于分离脂溶性生物碱、脂类、大分子有机酸以及酸碱溶液中不稳定的化合物（如酯、内酯）的分离。

（3）酸性氧化铝。氧化铝用水调成糊状，加入2 mol/L盐酸，使混合物对刚果红呈酸性反应。倾去上清液，用热水洗至溶液对刚果红呈弱紫色，滤干活化备用。酸性氧化铝适用于天然和合成的酸性色素、某些醛和酸、酸性氨基酸和多肽的分离。水洗液pH值为4～4.5。

2. 氧化铝的吸附活性和活化

氧化铝的吸附活性也与含水量的关系很大，吸附能力随含水量增多而降低。

和硅胶相似，氧化铝在使用前也需在一定条件下（150 ℃下 2 h）除去水分以使其活化。

(四)羟基磷灰石

羟基磷灰石又名羟基磷酸钙[$Ca_5(PO_4)_3 \cdot OH$]，简称 HA。在无机吸附剂中，羟基磷灰石是唯一适用于生物活性高分子物质（如蛋白质、核酸）分离的吸附剂。一般认为，羟磷灰石对蛋白质的吸附作用主要是其中 Ca^{2+} 与蛋白质负电基团结合，其次是羟基磷灰石的 PO_4^{3-} 与蛋白质表面的正电基团相互反应。

由于羟基磷灰石吸附容量高，稳定性好（在温度小于 85 ℃，pH 值为 5.5～10.0 均可使用），因此在制备及纯化蛋白质、酶、核酸乙病毒等生命物质方面得到了广泛的应用。有时有些样品如 RNA、双链 DNA、单链 DNA 和杂型双链 DNA-RNA 等，经过一次羟基磷灰石柱色谱，就能达到有效的分离。

1. 羟基磷灰石的制备

取 500 mL 烧杯 1 只，装上搅拌机、加热器。另取 2 只分液漏斗分别装 2 000 mL 0.5 mol/L Na_2HPO_4 和 2 000 mL 0.5 mol/L $CaCl_2$，开动搅拌机，并将 Na_2HPO_4 和 $CaCl_2$ 等量地加入烧杯中，流速为 12 mL/min，滴加完毕后，静止沉淀，倾去上清液，沉淀用 3 000 mL 蒸馏水洗涤 4 次。将沉淀悬浮于 3 000 mL 蒸馏水中，加入 100 mL 40%氢氧化钠同时开动搅拌机，并在 45 min 内加热至沸，继续煮沸 1 h，停止加热。静止后，倾去上清液，沉淀用 3 000 mL 蒸馏水洗 4 次。沉淀加 3 000 mL 0.01 mol/L pH 值为 6.8 磷酸缓冲溶液，搅拌加热至刚刚沸腾，停止加热，静止后倾去上清液，再加入 0.01 mol/L pH 值为 6.8 磷酸缓冲溶液，搅拌加热煮沸 15 min，停止加热，静止后倾去上清液，再加入 0.001 mol/L pH 值为 6.8 磷酸缓冲溶液，搅拌加热，煮沸 15 min，停止加热，静止后倾去上清液，沉淀中加入 0.001 mol/L pH 值为 6.8 磷酸缓冲溶液，摇匀备用。

2. 羟基磷灰石的预处理和再生

(1)预处理。羟基磷灰石为干粉时，要先在蒸馏水中浸泡，使其膨胀度（水化后所占有的体积）达到 2～3 mL/g 后，再按 1∶6 体积加入缓冲液（如 0.01 mol/L 磷酸钠缓冲溶液，pH 为 6.8）悬浮，以除去细小颗粒。

(2)再生。用过的羟基磷灰石色谱柱再生时，要先挖去顶部的一层羟基磷灰石，然后用 1 倍床体积的 1 mol/L NaCl 溶液洗涤，接着用 4 倍床体积平衡液洗涤平衡，如此处理后即可使用。

3. 羟基磷灰石的使用注意事项

羟基磷灰石悬浮液需用旋涡振荡器混合，若用磁棒或玻璃棒搅拌时，羟基磷灰石的晶体结构会被破坏；忌用柠檬酸缓冲溶液和 pH 值小于 5.5 的缓冲溶液。就操作容量来说，一般细颗粒羟基磷灰石比粗的大。就分辨率比较，粗颗粒羟基磷灰石也没细的好，但用细颗粒羟基磷灰石色谱时，柱子直径大些才能达到满意的流速。

(五)聚酰胺粉

聚酰胺是一类化学纤维的原料，国外称为尼龙，国内称锦纶。由己二酸与己二胺聚合而成的叫锦纶66，由己内酰胺聚合而成的叫锦纶6，因为这两类分子都含有大量的酰胺基团，故统称聚酰胺。适于分离含酚羟基、醌基的成分，如黄酮、酚类、鞣质、蒽醌类和芳香族酸类等。

聚酰胺通过与被分离物质形成氢键而产生吸附作用。各种物质由于与聚酰胺形成氢键的能力不同，聚酰胺对它们的吸附力也不同。一般地说，形成氢键的基团（如酚羟基）多，吸附力大，难洗脱；具有对、间位取代基团的化合物比具有邻位取代基团的化合物吸附力大；芳核及共轭双键多者吸附力大；能形成分子内氢键的化合物吸附力减少。聚酰胺和各类化合物形成氢键的能力和溶剂的性质有密切关系。通常，在碱性溶液中聚酰胺和其他化合物形成氢键的能力最弱，在有机溶剂中其次，在水中最强。因此，聚酰胺在水中的吸附能力最强，在碱液中的吸附能力最弱。

(六)人造沸石

人造沸石是人工合成的一种无机阳离子交换剂，其分子式为$Na_2Al_2O_4 \cdot xSiO_2 \cdot yH_2O$，人造沸石在溶液中呈$Na_2Al_2O_4$—$2Na^+Al_2O_4^{2-}$，而偏铝酸根与$xSiO_2 \cdot yH_2O$紧密结合成为不溶于水的骨架。我们以$Na_2Z$代表沸石，$M^+$表示溶液中阳离子，则$Na_2Z+2M^+$—$M_2Z+2Na^+$，使用过的沸石可以用以下方法再生：先用自来水洗去硫酸铵，再用0.2～0.3 mol/L氢氧化钠和1 mol/L氯化钠混合液洗涤至沸石成白色，最后用水反复洗至pH值至7～8，即可重新使用。

(七)白陶土(白土、陶土、高岭土)

白陶土可分为天然白陶土和酸性白陶土两种。在生物制药工艺中常作为某些活性物质的纯化分离吸附剂，也可作为助滤剂与去除热原质的吸附剂。天然白陶土的主要成分是含水的硅酸铝，其组成与$Al_2O_3 \cdot 2SiO_2 \cdot 2H_2O$相当。新采出的白陶土含水50%～60%，经干燥压碎后，加热至420 ℃活化，冷却后再压碎过滤即可使用。经如此处理，白陶土具有大量微孔和大的比表面积（一般为120～140 m^2/g，可称活性白土），能吸附大量有机杂质。将白陶土浸于水中，pH值为6.5～7.5，即中性，由于它能吸附氢离子，所以可起中和强酸的作用。

我国产的白陶土质量较好，色白而杂质少。白陶土作为药物可用于吸附毒物，如吸附有毒的胺类物质，食物分解产生的有机酸等，并可能吸附细菌。在生化制药中，白陶土能吸附一些相对分子质量较大的杂质，包括能导致过敏的物质，也常用它脱色。应该注意，天然产物白陶土差别可能很大，所含杂质也会不同。商品药用白陶土或供吸附用的白陶土虽已经处理，如果产地不同，在吸附性能上也有差别。所以在生产上，白陶土产地和规格更换时，要经过试验。临用前，用稀盐酸清洗并用水冲洗至近中性后烘干，效果较好。

酸性白陶土（也可称酸性白土）的原料是某些斑土，经浓盐酸加热处理后烘干即得。其化学成分与天然白陶土相似，但具有较好的吸附能力，如其脱色效率比天然白陶土高许多倍。

三、大网格聚合物吸附剂

1. 大网格聚合物吸附剂的概念

大网格聚合物吸附剂又称为大孔吸附树脂，是一种有机高聚物，具有与大网格离子交换树脂相同的大网格骨架（由于在聚合时加入了一些不能参加反应的致孔剂，聚合结束后又将其除去，因而留下永久性孔隙，形成大网格结构），一般为白色球形颗粒。与大网格离子交换树脂不同的是，大网格聚合物吸附剂的骨架上没引入可进行离子交换的酸性或碱性功能基团，它借助的是范德华力从溶液中吸附各种有机物质。

与活性炭等经典吸附剂相比，大网格吸附剂具有选择性好、解吸容易、机械强度好、可反复使用和流体阻力较小等优点。特别是其孔隙小、骨架结构和极性可按照需要，选择不同的原料和合成条件而改变，因此可适用于吸附各种有机化合物。在抗生素工业中，大网格吸附剂的应用正在日益发展。目前已用于头孢菌素、维生素 B_{12}，林可霉素等的提取。对于一些属于弱电解质或非离子型的抗生素，过去不能用离子交换法提取，现在可考虑用大网格吸附剂。因此它可补充离子交换树脂的不足，为抗生素提炼提供了新的途径。

图 3-13 为大网格聚合物吸附剂构造示意图。

2. 大网格聚合物吸附剂的应用

大网格吸附剂是一种非离子型共聚物。它能够借助范德华力从溶液中吸附各种有机物质。大网格吸附剂的吸附能力，不但与树脂的化学结构和物理性能有关，而且与溶质及溶液的性质有关。根据“类似物容易吸附类似物”的原则，一般非极性吸附剂适宜于从极性溶剂（如水）中吸附非极性物质。相反，高极性吸附剂适宜于从非极性溶剂中吸附极性物质。而中等极性的吸附剂则对上述两种情况都具有吸附能力。

大网格吸附剂的吸附作用可用图 3-14 来表示。非极性吸附剂从极性溶剂中吸附时，溶质分子的憎水性部分优先被吸附，而它的亲水性部分在水相中定向排列

图[3-14(a)]。相反,中等极性吸附剂从非极性溶剂中吸附时,溶剂分子以亲水性部分吸着在吸附剂上图[3-14(c)];而当它从极性溶剂中吸附时,则可同时吸附溶质分子之极性和非极性部分[图 3-14(b)]。

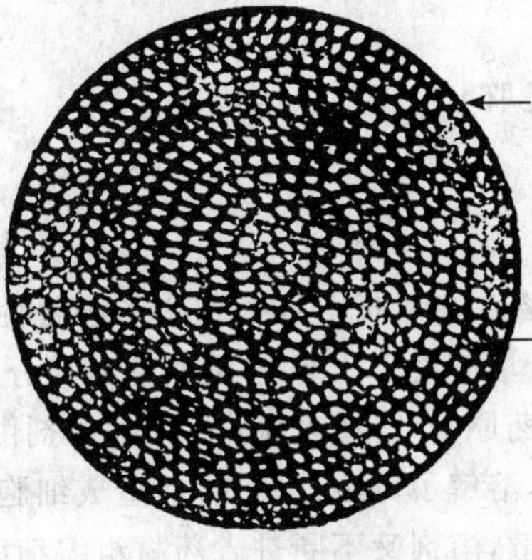

图 3-13　大网格聚合物吸附剂构造示意图

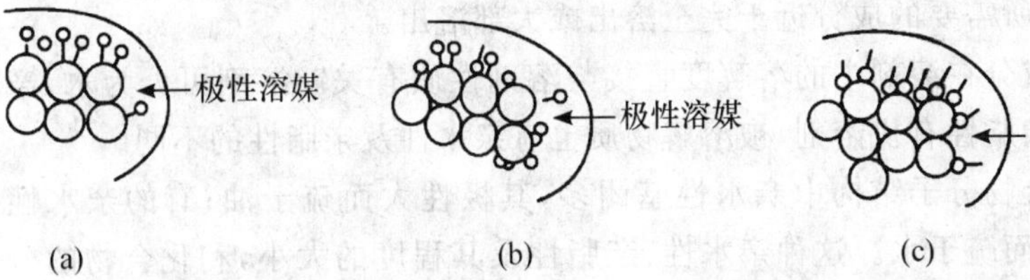

(a)在极性溶剂中,非极性吸附剂之吸附;　(b)在极性溶剂中,中等极性吸附剂之吸附;
(c)在非极性吸附剂中,中等极性吸附剂之吸附;　o-. 溶质分子;　o. 溶质分子亲水性部分;
-. 溶质分子疏水性部分;○. 吸附剂分子

图 3-14　大网格吸附剂的吸附作用示意图

当从水溶液中吸附时,对同族化合物,一般分子量越大,极性越弱,吸附量就越大。和离子交换不同,无机盐类对吸附不仅没有影响,反而会使吸附量增大。因此用大网格吸附剂提取有机物时,不必考虑盐类的存在,这也是大网格吸附剂的优点之一。

大网格吸附剂在生化物质的生产和研究上的应用日益增多。对于在水中溶解度不太大,而较易溶于有机溶剂中的生化物质都可考虑用大网格吸附剂提取,除此以外,也可用于对已被分离出的产物的各组分分离,用来处理离子交换的洗脱液使盐与产物或色素与产物分离然后用酸或碱或溶剂将产物以有机酸和有机碱的形式解吸下来。

此外,大网格吸附剂还可用于污水处理,如含酚、含氯、含硝基化合物废水处理,造纸、印染、洗涤剂废水等的处理;做色谱法的载体,分析痕量物质,也可作为野外采样保存剂；食品工业上做糖浆脱色剂。此外大网格吸附剂在医疗化验和治疗等方面都有着广泛的应用。

运用技术方法三 中草药有效成分提取分离

一、中草药有效成分的提取

（一）溶剂提取法

1. 溶剂提取法的原理

溶剂提取法是根据中草药中各种成分在溶剂中的溶解性质，选用对活性成分溶解度大，对不需要溶出成分溶解度小的溶剂，而将有效成分从药材组织内溶解出来的方法。当溶剂加到中草药原料（需适当粉碎）中时，溶剂由于扩散、渗透作用逐渐通过细胞壁透入到细胞内，溶解了可溶性物质，而造成细胞内外的浓度差，于是细胞内的浓溶液不断向外扩散，溶剂又不断进入药材组织细胞中，如此多次往返，直至细胞内外溶液浓度达到动态平衡时，将此饱和溶液滤出，继续多次加入新溶剂，就可以把所需要的成分近于完全溶出或大部溶出。

中草药成分在溶剂中的溶解度直接与溶剂性质有关。溶剂可分为水、亲本性有机溶剂及亲脂性有机溶剂，被溶解物质也有亲水性及亲脂性的不同。

有机化合物分子结构中亲水性基团多，其极性大而疏于油；有的亲水性基团少，其极性小而疏于水。这种亲水性、亲脂性及其程度的大小，和化合物的分子结构直接相关。一般来说，两种基本母核相同的成分，其分子中功能基的极性越大，或极性功能基数量越多，则整个分子的极性大，亲水性强，而亲脂性就越弱，其分子非极性部分越大，或碳键越长，则极性小，亲脂性强，而亲水性就越弱。

各类溶剂的性质，同样也与其分子结构有关。例如甲醇、乙醇是亲水性比较强的溶剂，它们的分子比较小，有羟基存在，与水的结构很近似，所以能够和水任意混合。丁醇和戊醇分子中虽都有羟基，保持和水有相似处，但分子逐渐地加大，与水性质也就逐渐疏远。所以它们能彼此部分互溶，在它们互溶达到饱和状态之后，丁醇或戊醇都能与水分层。氯仿、苯和石油醚是烃类或氯烃衍生物，分子中没有氧，属于亲脂性强的溶剂。

通过中草药成分结构分析，去估计它们的此类性质和选用的溶剂。例如葡萄糖、蔗糖等分子比较小的多羟基化合物，具有强亲水性，极易溶于水，就是在亲水性比较强的乙醇中也难于溶解。淀粉虽然羟基数目多，但分子太大，所以难溶解于水。蛋白质和氨基酸都是酸碱两性化合物，有一定程度的极性，所以能溶于水，不溶于或难溶于有机溶剂。甙类都比其甙元的亲水性强，特别是皂甙由于它们的分子中往往结合有多数糖分子，羟基数目多，能表现出较强的亲水性，而皂甙元则属于亲脂性强的化合物。多数游离的生物碱是亲脂性化合物，与酸结合成盐后，能够离子化，加强了极性，就变为亲水的物质，这些生物碱可称为半极性化合物。所以，生物碱的盐类易溶于水，不溶或难溶于有机溶剂；而多数游离的生物碱不溶或难溶于水，易溶于亲脂性溶剂，一般以在氯仿中溶解度最大。鞣质是多羟基的化合物，为亲水性的物质。油脂、挥发油、蜡、脂溶性色素都是强亲脂性的成分。

2.溶剂的选择

运用溶剂提取法的关键，是选择适当的溶剂。溶剂选择适当，就可以比较顺利地将需要的成分提取出来。选择溶剂要注意以下 3 点：①溶剂对有效成分溶解度大，对杂质溶解度小；②溶剂不能与中药的成分起化学变化；③溶剂要经济、易得、使用安全等。

常见的提取溶剂可分为以下 3 类：

(1)水。水是一种强的极性溶剂。中草药中亲水性的成分，如无机盐、糖类、分子不太大的多糖类、鞣质、氨基酸、蛋白质、有机酸盐、生物碱盐及甙类等都能被水溶出。为了增加某些成分的溶解度，也常采用酸水及碱水作为提取溶剂。酸水提取，可使生物碱与酸生成盐类而溶出，碱水提取可使有机酸、黄酮、蒽醌、内酯、香豆素以及酚类成分溶出。但用水提取易酶解甙类成分，且易霉坏变质。某些含果胶、黏液质类成分的中草药，其水提取液常常很难过滤。沸水提取时，中草药中的淀粉可被糊化，而增加过滤的困难。故含淀粉量多的中草药，不宜磨成细粉后加水煎煮。中药传统用的汤剂，多用中药饮片直火煎煮，加温可以增大中药成分的溶解度外，还可能有与其他成分产生“助溶”现象，增加了一些水中溶解度小的、亲脂性强的成分的溶解度。但多数亲脂性成分在沸水中的溶解度是不大的，即使有助溶现象存在，也不容易提取完全。如果应用大量水煎煮，就会增加蒸发浓缩时的困难，且会溶出大量杂质，给进一步分离提纯带来麻烦。中草药水提取液中含有皂甙及黏液质类成分，在减压浓缩时，还会产生大量泡沫，造成浓缩的困难。通常可在蒸馏器上装置一个汽-液分离防溅球加以克服，工业上则常用薄膜浓缩装置。

(2)亲水性的有机溶剂。也就是一般所说的与水能混溶的有机溶剂，如乙醇(酒精)、甲醇(木精)、丙酮等，以乙醇最常用。乙醇的溶解性能比较好，对中草药细胞的穿透能力较强。亲水性的成分除蛋白质、黏液质、果胶、淀粉和部分多糖等外，大多能在乙醇中溶解。难溶于水的亲脂性成分，在乙醇中的溶解度也较大。还可以根据被提取物质的性质，采用不同浓度的乙醇进行提取。用乙醇提取比用水量较少，提取时间短，溶解出的水溶性杂质也少。乙醇为有机溶剂，虽易燃，但毒性小，价格便宜，来源方便，有一定设备即可回收反复使用，而且乙醇的提取液不易发霉变质。由于这些原因，用乙醇提取的方法是历来最常用的方法之一。甲醇的性质和乙醇相似，沸点较低(64 ℃)，但有毒性，使用时应注意。

(3)亲脂性的有机溶剂。也就是一般所说的与水不能混溶的有机溶剂，如石油醚、苯、氯仿、乙醚、乙酸乙酯、二氯乙烷等。这些溶剂的选择性能强，不能或不容易提出亲水性杂质。但这类溶剂挥发性大，多易燃(氯仿除外)，一般有毒，价格较贵，设备要求较高，且它们透入植物组织的能力较弱，往往需要长时间反复提取才能提取完全。如果药材中含有较多的水分，用这类溶剂就很难浸出其有效成分，因此，大量提取中草药原料时，直接应用这类溶剂有一定的局限性。

3.提取方法

用溶剂提取中草药成分，常用浸渍法、渗漉法、煎煮法、回流提取法及连续回流提取法等。同时，原料的粉碎度、提取时间、提取温度、设备条件等因素也都能影响提取效率，必须加以考虑。

(1)浸渍法。浸渍法系将中草药粉末或碎块装入适当的容器中，加入适宜的溶剂(如乙醇、稀醇或水)，浸渍药材以溶出其中成分的方法。本法比较简单易行，但浸出率较差，且如用水为溶剂，其提取液易于发霉变质。须注意加入适当的防腐剂。

图 3-15 为浸渍罐。

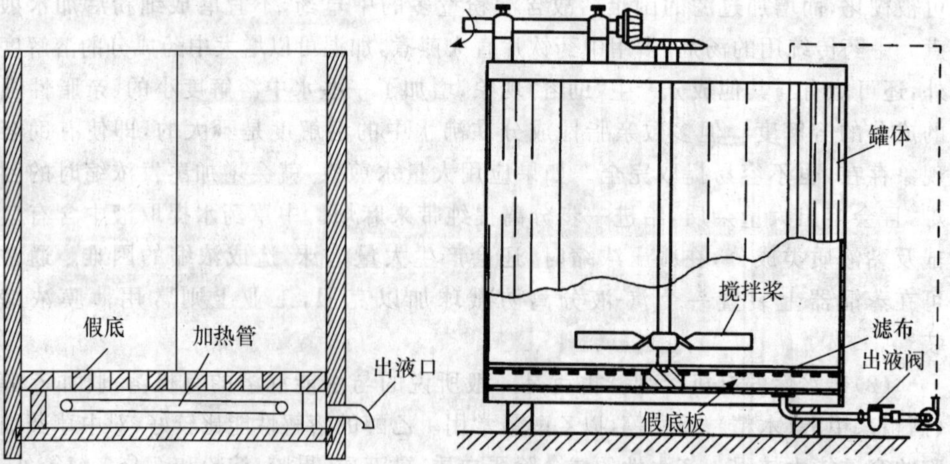

图 3-15　浸渍罐

(2)渗漉法。渗漉法是将中草药粉末装在渗漉器中,不断添加新溶剂,使其渗透过药材,自上而下从渗漉器下部流出浸出液的一种浸出方法。当溶剂渗进药粉溶出成分比重加大而向下移动时,上层的溶液或稀浸液便置换其位置,造成良好的浓度差,使扩散能较好地进行,故浸出效果优于浸渍法。但应控制流速,在渗渡过程中随时自药面上补充新溶剂,使药材中有效成分充分浸出为止。或当渗滴液颜色极浅或渗涌液的体积相当于:原药材重的10倍时,便可认为基本上已提取完全。在大量生产中常将收集的稀渗溶液作为另一批新原料的溶剂之用。

图 3-16 为常用小型渗漉罐,图 3-17 为大规模连续渗漉流程示意。

(3)煎煮法。煎煮法是我国最早使用的传统的浸出方法。所用容器一般为陶器、砂罐或铜制、搪瓷器皿,不宜用铁锅,以免药液变色。直火加热时最好时常搅拌,以免局部药材受热太高,容易焦煳。有蒸汽加热设备的药厂,多采用大反应锅、大铜锅、大木桶,或水泥砌的池子中通入蒸汽加热。还可将数个煎煮器通过管道互相连接,进行连续煎浸。

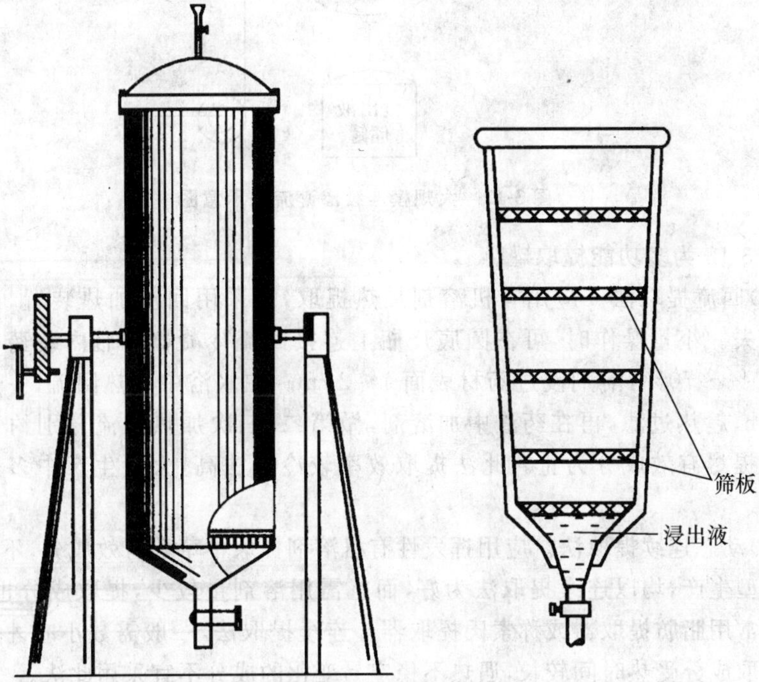

图 3-16 常用小型渗漉罐

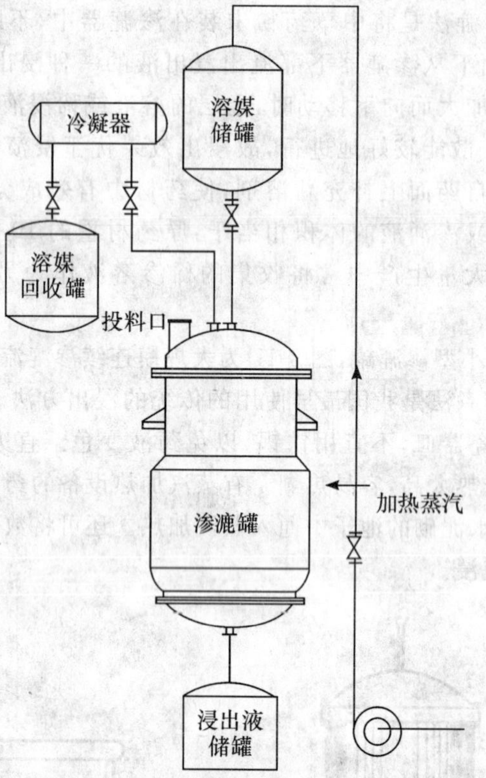

图 3-17 大规模连续渗漉流程示意图

图 3-18 为多功能提取罐。

(4)回流提取法。应用有机溶剂加热提取，需采用回流加热装置，以免溶剂挥发损失。小量操作时，可在圆底烧瓶上连接回流冷凝器。瓶内装药材约为容量的 60%～70%，溶剂浸过药材表面 1～2 cm。在水浴中加热回流，一般保持沸腾约 1 h，趁热过滤，再在药渣中加溶剂，做第二、三次加热回流分别约 0.5 h，或至基本提尽有效成分为止。此法提取效率较冷浸法高，大量生产中多采用连续提取法。

(5)动态连续提取法。应用挥发性有机溶剂提取中草药有效成分，不论小型实验或大型生产，均以连续提取法为好，而且需用溶剂量较少，提取成分也较完全。实验室常用脂肪提取器或称索氏提取器。连续提取法，一般需数小时才能提取完全。提取成分受热时间较长，遇热不稳定易变化的成分不宜采用此法。

(二)水蒸气蒸馏法

水蒸气蒸馏法，适用于能随水蒸气蒸馏而不被破坏的中草药成分的提取。此

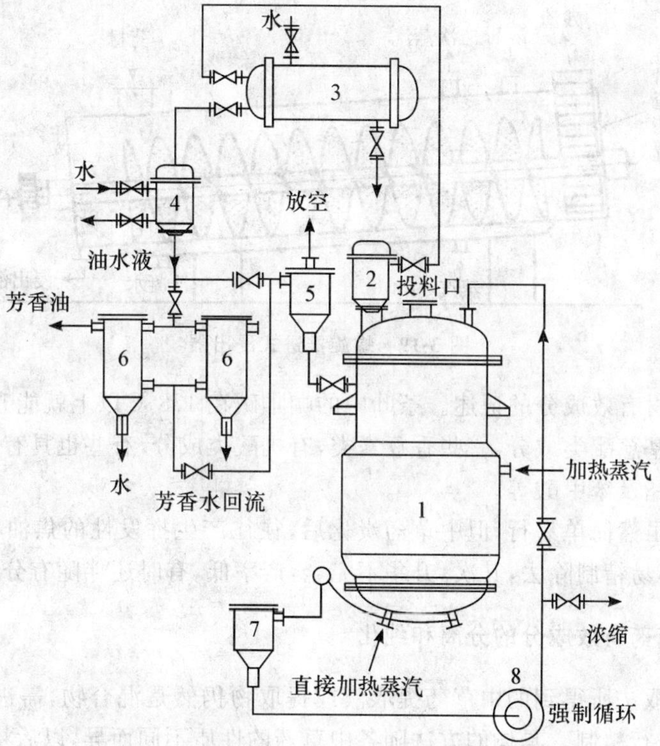

1. 提取罐；2. 泡沫捕集器；3. 换热器；4. 却器；5. 汽液分离器；
6. 油水分离器；7. 过滤器；8. 循环泵

图 3-18　多功能提取罐

类成分的沸点多在 100 ℃以上，与水不相混溶或仅微溶，且在约 100 ℃时存一定的蒸汽压。当与水在一起加热时，其蒸汽压和水的蒸气压总和为一个大气压时，液体就开始沸腾，水蒸气将挥发性物质一并带出。例如中草药中的挥发油，某些小分子生物碱——麻黄碱、萧碱、槟榔碱，以及某些小分子的酚性物质牡丹酚（paeonol）等，都可应用本法提取。有些挥发性成分在水中的溶解度稍大些，常将蒸馏液重新蒸馏，在最先蒸馏出的部分，分出挥发油层，或在蒸馏液水层经盐析法并用低沸点溶剂将成分提取出来。例如玫瑰油、原白头翁素等的制备多采用此法。

图 3-19 为螺旋推进式浸出器。

（三）升华法

固体物质受热直接气化，遇冷后又凝固为固体化合物，称为升华。中草药中有一些成分具有升华的性质，故可利用升华法直接自中草药中提取出来。例如樟木中升华的樟脑（camphor），在《本草纲目》中已有详细的记载，为世界上最早应用升

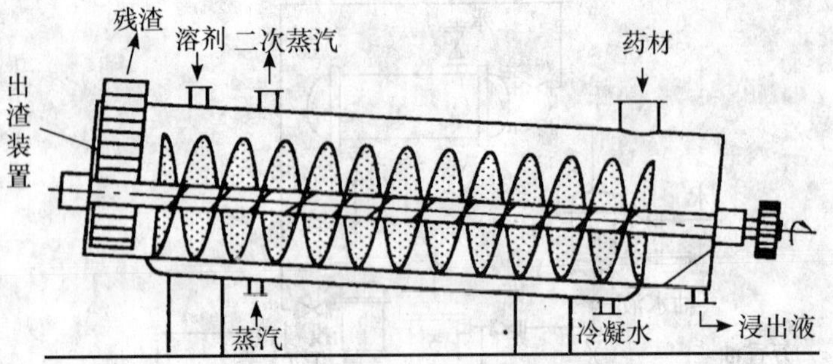

图 3-19 螺旋推进式浸出器

华法制取药材有效成分的记述。茶叶中的咖啡碱在 178 ℃以上就能升华而不被分解。游离羟基蒽醌类成分,一些香豆素类,有机酸类成分,有些也具有升华的性质。例如七叶内酯及苯甲酸等。

升华法虽然简单易行,但中草药炭化后,往往产生挥发性的焦油状物,黏附在升华物上,不易精制除去,其次,升华不完全,产率低,有时还伴随有分解现象。

二、中草药有效成分的分离和纯化

上述提取法所得到的中草药提取液或提取物仍然是混合物,需进一步除去杂质,分离并进行精制。具体的方法随各中草药的性质不同而异,以后将通过实例加以叙述,此处只作一般原则性的讨论。

(一)溶剂分离法

一般是将上述总提取物,选用三、四种不同极性的溶剂,由低极性到高极性分步进行提取分离。水浸膏或乙醇浸膏常常为胶伏物,难以均匀分散在低极性溶剂中,故不能提取完全,可拌入适量惰性填充剂,如硅藻土或纤维粉等,然后低温或自然干燥,粉碎后,再以选用溶剂依次提取,使总提取物中各组成成分,依其在不同极性溶剂中溶解度的差异而得到分离。例如粉防己乙醇浸膏,碱化后可利用乙醚溶出脂溶性生物碱,再以冷苯处理溶出粉防己碱,与其结构类似的防己诺林碱比前者少一甲基而有一酚羟基,不溶于冷苯而得以分离。利用中草药化学成分,在不同极性溶剂中的溶解度进行分离纯化,是最常用的方法。

自中草药提取溶液中加入另一种溶剂,析出其中某种或某些成分,或析出其杂质,也是一种溶剂分离的方法。中草药的水提液中常含有树胶、黏液质、蛋白质、糊化淀粉等,可以加入一定量的乙醇,使这些不溶于乙醇的成分自溶液中沉淀析出,而达到与其他成分分离的目的。例如自中草药提取液中除去这些杂质,或自白及水提取液中获得白及胶,可采用加乙醇沉淀法;自新鲜括楼根汁中制取天花粉素,可滴入丙酮使分次沉淀析出。目前，提取多糖及多肽类化合物，多采用水溶解、浓缩、加乙醇或丙酮析出的办法。

此外，也可利用其某些成分能在酸或碱中溶解，又在加碱或加酸变更溶液的pH值后，成不溶物而析出以达到分离。例如内酯类化合物不溶于水，但遇碱开环生成羧酸盐溶于水，再加酸酸化，又重新形成内酯环从溶液中析出，从而与其他杂质分离；生物碱一般不溶于水，遇酸生成生物碱盐而溶于水，再加碱碱化，又重新生成游离生物碱。这些化合物可以利用与水不相混溶的有机溶剂进行萃取分离。一般中草药总提取物用酸水、碱水先后处理，可以分为3部分：溶于酸水的为碱性成分(如生物碱)，溶于碱水的为酸性成分(如有机酸)，酸、碱均不溶的为中性成分(如甾醇)。还可利用不同酸、碱度进一步分离，如酸性化合物可以分为强酸性、弱酸性和酷热酚性3种，它们分别溶于碳酸氢钠、碳酸钠和氢氧化钠，借此可进行分离。有些总生物碱，如长春花生物碱、石蒜生物碱，可利用不同rH值进行分离。但有些特殊情况，如酚性生物碱紫董定碱(corydine)在氢氧化钠溶液中仍能为乙醚抽出，蝙蝠葛碱(dauricins)在乙醚溶液中能为氢氧化钠溶液抽出，而溶于氯仿溶液中则不能被氢氧化钠溶液抽出；有些生物碱的盐类，如四氢掌叶防己碱盐酸盐在水溶液中仍能为氯仿抽出。这些性质均有助于各化合物的分离纯化。

(二)两相溶剂萃取法

1. 萃取法

两相溶剂提取又简称萃取法，是利用混合物中各成分在两种互不相溶的溶剂中分配系数的不同而达到分离的方法。萃取时如果各成分在两相溶剂中分配系数相差越大，则分离效率越高，如果在水提取液中的有效成分是亲脂性的物质，一般多用亲脂性有机溶剂，如苯、氯仿或乙醚进行两相萃取，如果有效成分是偏于亲水性的物质，在亲脂性溶剂中难溶解，就需要改用弱亲脂性的溶剂，例如乙酸乙酯、丁醇等。还可以在氯仿、乙醚中加入适量乙醇或甲醇以增大其亲水性。提取黄酮类成分时，多用乙酸乙脂和水的两相萃取。提取亲水性强的皂甙则多选用正丁醇、异戊醇和水做两相萃取。不过，一般有机溶剂亲水性越大，与水作两相萃取的效果就越不好，因为能使较多的亲水性杂质伴随而出，对有效成分进一步精制影响很大。

两相溶剂萃取在操作中还要注意以下几点：

(1)先用小试管猛烈振摇约1 min，观察萃取后二液层分层现象。如果容易产生乳化，大量提取时要避免猛烈振摇，可延长萃取时间。如碰到乳化现象，可将乳化层分出，再用新溶剂萃取；或将乳化层抽滤，或将乳化层稍稍加热；或较长时间放置并不时旋转，令其自然分层。乳化现象较严重时，可以采用二相溶剂逆流连续萃取装置。

(2)水提取液的密度范围最好在 1.1～1.2 g/cm^3，过稀则溶剂用量太大，影响操作。

(3)溶剂与水溶液应保持一定量的比例，第一次提取时，溶剂要多一些，一般为水提取液的 1/3，以后的用量可以少一些，一般 1/6～1/4。

(4)一般萃取 3～4 次即可。但亲水性较大的成分不易转入有机溶剂层时，须增加萃取次数，或改变萃取溶剂。

萃取法所用设备，如为小量萃取，可在分液漏斗中进行；如系中量萃取，可在较大的适当的下口瓶中进行。在工业生产中大量萃取，多在密闭萃取罐内进行，用搅拌机搅拌一定时间，使二液充分混合，再放置令其分层；有时将两相溶液喷雾混含，以增大萃取接触，提高萃取效率，也可采用二相溶剂逆流连续萃取装置。

2. 逆流连续萃取法

逆流连接萃取法是一种连续的两相溶剂萃取法。其装置可具有一根、数根或更多的萃取管。管内用小瓷圈或小的不锈钢丝圈填充，以增加两相溶剂萃取时的接触面。例如用氯仿从川楝树皮的水浸液中萃取川楝素。将氯仿盛于萃取管内，而比重小于氯仿的水提取浓缩液贮于高位容器内，开启活塞，则水浸液在高位压力下流入萃取管，遇瓷圈撞击而分散成细粒，使与氯仿接触面增大，萃取就比较完全。如果一种中草药的水浸液需要用比水轻的苯、乙酸乙酯等进行萃取，则需将水提浓缩液装在萃取管内，而苯、乙酸乙酯贮于高位容器内。萃取是否完全，可取样品用薄层色谱、纸色谱及显色反应或沉淀反应进行检查。

3. 逆流分配法

逆流分配法又称逆流分溶法、逆流分布法或反流分布法。逆流分配法与两相溶剂逆流萃取法原理一致，但加样量一定，并不断在一定容量的两相溶剂中，经多次移位萃取分配而达到混合物的分离。本法所采用的逆流分布仪是由几只乃至数百只管子组成。若无此仪器，小量萃取时可用分液漏斗代替。预先选择对混合物分离效果较好，即分配系数差异大的两种不相混溶的溶剂。并参考分配色谱的行为分析推断和选用溶剂系统，通过试验测知要经多少次的萃取移位而达到真正的分离。逆流分配法对于分离具有非常相似性质的混合物，往往可以取得良好的效果。但操作时间长，萃取管易因机械振荡而损坏，消耗溶剂亦多，应用上常受到一定限制。

4. 液滴逆流分配法

液滴逆流分配法又称液滴逆流色谱法。为近年来在逆流分配法基础上改进的两相溶剂萃取法。对溶剂系统的选择基本同逆流分配法，但要求能在短时间内分离成两相，并可生成有效的液滴。由于移动相形成液滴，在细的分配萃取管中与固定相有效地接触、摩擦不断形成新的表面，促进溶质在两相溶剂中的分配，故其分离效果往往比逆流分配法好。且不会产生乳化现象，用氮气压驱动移动相，被分离物质不会因遇大气中氧气而氧化。本法必须选用能生成液滴的溶剂系统，且对高分子化合物的分离效果较差，处理样品量小（<1 g），并要有一定设备。应用液滴逆流分配法曾有效地分离多种微量成分如柴胡皂甙原小檗碱型季铵碱等。液滴逆流分配法的装置，近年来虽不断在改进，但装置和操作较繁。目前，对适用于逆流分配法进行分离的成分，可采用两相溶剂逆流连续萃取装置或分配柱色谱法进行。

（三）沉淀法

沉淀法是在中草药提取液中加入某些试剂使其产生沉淀，以获得有效成分或除去杂质的方法。

1. 铅盐沉淀法

铅盐沉淀法为分离某些中草药成分的经典方法之一。由于醋酸铅及碱式醋酸铅在水及醇溶液中，能与多种中草药成分生成难溶的铅盐或络盐沉淀，故可利用这种性质使有效成分与杂质分离。中性醋酸铅可与酸性物质或某些酚性物质结合成不溶性铅盐。因此，常用以沉淀有机酸、氨基酸、蛋白质、黏液质、鞣质、树脂、酸性皂甙、部分黄酮等。可与碱式醋酸铅产生不溶性铅盐或络合物的范围更广。通常将中草药的水或醇提取液先加入醋酸铅浓溶液，静置后滤出沉淀，并将沉淀洗液并入滤液，于滤液中加碱式醋酸铅饱和溶液至不发生沉淀为止，这样就可得到醋酸铅沉淀物、碱式醋酸铅沉淀物及母液3部分。

然后将铅盐沉淀悬浮于新溶剂中，通以硫化氢气体，使分解并转为不溶性硫化铅而沉淀。含铅盐母液亦须先如法脱铅处理，再浓缩精制。硫化氢脱铅比较彻底，但溶液中可能存有多余的硫化氢，必须先通入空气或二氧化碳让气泡带出多余的硫化氢气体，以免在处理溶液时参与化学反应。新生态的硫化铅多为胶体沉淀，能吸附药液中的有效成分，要注意用溶剂处理收回。脱铅方法，也可用硫酸、磷酸、硫酸钠、磷酸钠等除铅，但硫酸铅、磷酸铅在水中仍有一定的溶解度，除铅不彻底。用阳离子交换树脂脱铅快而彻底，但要注意药液中某些有效成分也可能被交换上去，同时脱铅树脂再生也较困难。还应注意脱铅后溶液酸度增加，有时需中和后再处理溶液，有时可用新制备的氢氧化铅、氢氧化铝、氢氧化铜或碳酸铅、明矾等代替醋酸铅、碱式醋酸铅。例如在黄芩水煎液中加入明矾溶液，黄芩甙就与铝盐络合生成难溶于水的络化物而与杂质分离，这种络化物经用水洗净就可直接供药用。

2. 试剂沉淀法

例如在生物碱盐的溶液中，加入某些生物碱沉淀试剂(见生物碱性质下)，则生物碱生成不溶性复盐而析出。水溶性生物碱难以用萃取法提取分出，常加入雷氏铵盐使生成生物碱雷氏盐沉淀析出。又如橙皮甙、芦丁、黄芩甙、甘草皂甙均易溶于碱性溶液，当加入酸后可使之沉淀析出。某些蛋白质溶液，可以变更溶液的 pH 值利用其在等电点时溶解度最小的性质而使之沉淀析出。此外，还可以用明胶、蛋白溶液沉淀鞣质；胆甾醇也常用以沉淀洋地黄皂甙等。可根据中草药有效成分和杂质的性质，适当选用。

(四)盐析法

盐析法是在中草药的水提液中，加入无机盐至一定浓度，或达到饱和状态，可使某些成分在水中的溶解度降低沉淀析出，而与水溶性大的杂质分离。常用作盐析的无机盐有氯化钠、硫酸钠、硫酸镁、硫酸铵等。例如三七的水提取液中加硫酸镁至饱和状态，三七皂甙乙即可沉淀析出，自黄藤中提取掌叶防己碱，自三颗针中提取小檗碱在生产上都是用氯化钠或硫酸铵盐析制备。有些成分如原白头翁素、麻黄碱、苦参碱等水溶性较大，在提取时，亦往往先在水提取液中加入一定量的食盐，再用有机溶剂萃取。

(五)透析法

透析法是利用小分子物质在溶液中可通过半透膜，而大分子物质不能通过半透膜的性质，达到分离的方法。例如分离和纯化皂甙、蛋白质、多肽、多糖等物质时，可用透析法以除去无机盐、单糖、双糖等杂质。反之也可将大分子的杂质留在半透膜内，而将小分子的物质通过半透膜进入膜外溶液中，而加以分离精制：透析是否成功与透析膜的规格关系极大。透析膜的膜孔有大有小，要根据欲分离成分的具体情况而选择。透析膜有动物性膜、火棉胶膜、羊皮纸膜(硫酸纸膜)、蛋白质胶膜、玻璃纸膜等。油常多用市售的玻璃纸或动物性半透膜扎成袋状，外面用尼龙网袋加以保护，小心加入欲透析的样品溶液，悬挂在清水容器中。经常更换清水使透析膜内外溶液的浓度差加大，必要时适当加热，并加以搅拌，以利透析速度加快。为了加快透析速度，还可应用电透析法，即在半透膜旁边纯溶剂两端放置二个电极，接通电路，则透析膜中的带有正电荷的成分如无机阳离子、生物碱等向阴极移动，而带负电共荷的成分如无机阴离子、有机酸等则向阳极移动，中性化合物及高分子化合物则留在透析膜中。透析是否完全，须取透析膜内溶液进行定性反应检查。

一般透析膜可以自制：动物半透膜如猪、牛的膀胱膜，用水洗净，再以乙醚脱脂，即可供用；羊皮纸膜可将滤纸浸入 50%的硫酸 15～60 min，取出铺在板上，以水冲洗制得。其膜孔大小与硫酸浓度、浸泡时间以及用水冲洗速度有关;火棉胶膜系将火棉胶溶于乙醚及无水乙醇,涂在板上,干后放置水中即可供用,其膜孔大小与溶剂种类、溶剂挥发速度有关,溶剂中加入适量水可使膜孔增大,加入少量醋酸可使膜孔缩小;蛋白质胶(明胶)膜可用20%明胶涂于细布上,阴干后放水中,再加甲醛使膜凝固,冲洗干净即可供用。近来商品有透析膜管成品出售(visking dialysis tubing),有各种大小厚度规格,可供不同大小分子量的多糖、多肽透析时选用。

(六)结晶、重结晶和分步结晶法

鉴定中草药化学成分,研究其化学结构,必须首先将中草药成分制备成单体纯品。在常温下,物质本身性质是液体的化合物,可分别用分馏法或色谱法进行分离精制。一般地说,中草药化学成分在常温下多半是固体的物质,都具有结晶化的通性,可以根据溶解度的不同用结晶法来达到分离精制的目的。研究中草药化学成分时,一旦获得结晶,就能有效地进一步精制成为单体纯品。纯化合物的结晶有一定的熔点和结晶学的特征,有利于鉴定。如果鉴定的物质不是单体纯品,不但不能得出正确的结论,还会造成工作上的浪费。因此,求得结晶并制备成单体纯品,就成为鉴定中草药成分、研究其分子结构重要的一步。

1.杂质的除去

中草药经过提取分离所得到的成分,大多仍然含有杂质,或者是混合成分。有时即使有少量或微量杂质存在,也能阻碍或延缓结晶的形成。所以在制备结晶时,必须注意杂质的干扰,应力求尽可能除去。有时可选用溶剂溶出杂质,或只溶出所需要的成分。有时可用少量活性炭等进行脱色处理,以除去有色杂质。有时可通过氧化铝,硅胶或硅藻土短柱处理后,再进行制备结晶。但应用吸附剂除去杂质时,要注意所需要的成分也可能被吸附而损失。此外,色谱法更是分离制备单体纯品所常用的有效方法。

如果一再处理仍未能使近于纯品的成分结晶化,则可先制备其晶态的衍生物,再回收原物,可望得到结晶。例如游离生物碱可制备各种生物碱盐类,羟基化合物可转变成乙酸化物,碳基化合物可制备成苯踪衍生物结晶。美登碱在原料中含量少,且反复分离精制难以得到结晶,但制备成3-滇丙基美登碱结晶后,再经水解除去澳丙基,美登碱就能制备成为结晶。

2.溶剂的选择

制备结晶,要注意选择合宜的溶剂和应用适量的溶剂。合宜的溶剂,最好是在冷时对所需要的成分溶解度较小,而热时溶解度较大。溶剂的沸点亦不宜太高。一般常用甲醇、丙酮、氯仿、乙醇、乙酸乙醋等。但有些化合物在一般溶剂中不易形成结晶，而在某些溶剂中则易于形成结晶。例如葛根素、逆没食子酸（ellagicacid）在冰醋酸中易形成结晶，大黄素（emodin）在吡啶中易于结晶，萱草毒素（hemerocallin）在N,N-二甲基甲酰胺（DMF）中易得到结晶，而穿心莲亚硫酸氢钠加成物在丙酮一水中较易得到结晶。又如蝙蝠葛碱通常为无定形粉末，但能和氯仿或乙醚形成为加成物结晶。

3. 结晶溶液的制备

制备结晶的溶液，需要成为过饱和的溶液。一般是应用适量的溶剂在加温的情况下，将化合物溶解再放置冷处。如果在室温中可以析出结晶，就不一定放置于冰箱中，以免伴随结晶析出更多的杂质。

新游离的物质或无定形的粉末状物质，远较晶体物质的溶解度大，易于形成过饱和溶液。一般经过精制的化合物，在蒸去溶剂抽松为无定形粉末时就是如此，有时只要加入少量溶剂，往往立即可以溶解，稍稍放置即能析出结晶。例如长春花总弱碱部分抽松后加入1.5倍量的甲醇溶解，放置后很快析出长春碱结晶。又如蝙蝠葛碱在乙醚中很难溶解，但当其盐的水溶液用氨液碱化，并立即用乙醚萃取，所得的乙醚溶液，放置后即可析出蝙蝠葛碱的乙醚加成物结晶。

制备结晶溶液，除选用单一溶剂外，也常采用混合溶剂。一般是先将化合物溶于易溶的溶剂中，再在室温下滴加适量的难溶的溶剂，直至溶液微呈浑浊，并将此溶液微微加温，使溶液完全澄清后放置。例如J-细辛醚重结晶时，可先溶于乙醇，再滴加适量水，即可析出很好的结晶。又如自虎杖中提取水溶性的虎杖甙时，在已精制饱和的水溶液上添加一层乙醚放置，既有利于溶出其共存的脂溶性杂质，又可降低水的极性，促使虎杖甙的结晶化。自秦皮中提取七叶甙（秦皮甲素），也可运用这样的办法。

结晶过程中，一般是溶液浓度高，降温快，析出结晶的速度也快些。但是其结晶的颗粒较小，杂质也可能多些。有时自溶液中析出的速度太快，超过化合物晶核的形成和分子定向排列的速度，往往只能得到无定形粉末。有时溶液太浓，黏度大反而不易结晶化。如果溶液浓度适当，温度慢慢降低，有可能析出结晶较大而纯度较高的结晶。有的化合物其结晶的形成需要较长的时间，例如铃兰毒甙等，有时需放置数天或更长的时间。

4. 制备结晶操作

制备结晶除应注意以上各点外，在放置过程中，最好先塞紧瓶塞，避免液面先出现结晶，而致结晶纯度较低。如果放置一段时间后没有结晶析出，可以加入极微量的种晶，即同种化合物结晶的微小颗粒。加种晶是诱导晶核形成常用而有效的手段。一般地说，结晶化过程是有高度选择性的，当加入同种分子或离子，结晶多会立即长大。而且溶液中如果是光学异构体的混合物，还可依种晶性质优先析出其同种光学异构体。没有种晶时，可用玻璃棒蘸过饱和溶液一滴，在空气中任溶剂挥散，再用以摩擦容器内壁溶液边缘处，以诱导结晶的形成。如仍无结晶析出，可打开瓶塞任溶液逐步挥散，慢慢析晶。或另选适当溶剂处理，或再精制一次，尽可能除尽杂质后进行结晶操作。

5.重结晶及分步结晶

在制备结晶时，最好在形成一批结晶后，立即倾出上层溶液，然后再放置以得到第二批结晶。晶态物质可以用溶剂溶解再次结晶精制。这种方法称为重结晶法。结晶经重结晶后所得各部分母液，再经处理又可分别得到第二批、第三批结晶。这种方法则称为分步结晶法或分级结晶法。晶态物质在一再结晶过程中，结晶的析出总是越来越快，纯度也越来越高。分步结晶法各部分所得结晶，其纯度往往有较大的差异，但常可获得一种以上的结晶成分，在未加检查前不要贸然混在一起。

6.结晶纯度的判定

化合物的结晶都有一定的结晶形状、色泽、熔点和熔距，一可以作为鉴定的初步依据。这是非结晶物质所没有的物理性质。化合物结晶的形状和熔点往往因所用溶剂不同而有差异。原托品碱在氯仿中形成棱往状结晶，熔点 207 ℃；在丙酮中则形成半球状结晶，熔点 203 ℃；在氯仿和丙酮混合溶剂中则形成以上两种晶形的结晶。又如 N-氧化苦参碱，在无水丙酮中得到的结晶熔点 208 ℃，在稀丙酮（含水）析出的结晶为 77～80 ℃。所以文献中常在化合物的晶形、熔点之后注明所用溶剂。一般单体纯化合物结晶的熔距较窄，有时要求在 0.5 ℃左右，如果熔距较长则表示化合物不纯。

但有些例外情况，特别是有些化合物的分解点不易看得清楚。也有的化合物熔点一致，熔距较窄，但不是单体。一些立体异构体和结构非常类似的混合物，常有这样的现象。还有些化合物具有双熔点的特性，即在某一温度已经全部融熔，当温度继续上升时又固化，再升温至一定温度又熔化或分解。如防己诺林碱在 176 ℃ 时熔化，至 200 ℃时又固化，再在 242 ℃时分解。中草药成分经过同一溶剂进行三次重结晶，其晶形及熔点一致，同时在薄层色谱或纸层色谱法经数种不同展开剂系统检定，也为一个斑点者，一般可以认为是一个单体化合物。但应注意，有的化合物在一般色谱条件下，虽然只呈现一个斑点，但并不一定是单体成分。例如鹿含草中主成分为高熊果甙，异高熊果甙极难用一般方法分离，经反复结晶后，在纸层及聚酰胺薄层上都只有一个斑点，易误认为单一成分，但测其熔点在 115～125 ℃，熔距很长。经制备其甲醚后，再经纸层色谱检定，可以出现两个斑点，异高熊果甙的比移值大于高熊果甙。又如水菖蒲根茎挥发油中的α-细辛醚和β-细辛醚，在一般薄层上均为一个斑点，前者为结晶，熔点63 ℃，后者为液体沸点296 ℃，用硝酸银薄层或气相层析很容易区分。有时个别化合物(如氨基酸)可能部分地与色谱纸或薄层上的微量金属离子(如Cu)、酸或碱形成络合物、盐或分解而产生复斑。因此，判定结晶纯度时，要依据具体情况加以分析。此外，高压液谱、气相色谱、紫外光谱等，均有助于检识结晶样品的纯度。

(七)色谱法

色谱技术的应用与发展，对于植物各类化学成分的分离鉴定工作起到重大的推动作用。如中药丹参的化学成分在20世纪30年代仅从中分离到3种脂溶性色素，分别称为丹参酮Ⅰ、Ⅱ、Ⅲ。但以后进一步的研究，发现除丹参酮Ⅰ为纯品外，丹参酮Ⅱ、Ⅲ均为混合结晶。此后通过各种色谱方法，迄今已发现15种单体(其中有4种为我国首次发现)。目前新的色谱技术不断发展，随着色谱理论和电子学、光学、计算机等技术的应用，色谱技术已日趋完善。

中草药成分的整体分子观是重要的，例如极性基团的数目愈多，被吸附的机会就会更大些，在同系物中碳原子数目少些，被吸附的机会也会强些。总之，只要两个成分在结构上存在差别，就有可能分离，关键在于条件的选择。要根据被分离物质的性质，吸附剂的吸附强度，与溶剂的性质这三者的相互关系来考虑。首先要考虑被分离物质的极性。如被分离物质极性很小为不含氧的萜烯，或虽含氧但非极性基团，则需选用吸附性较强的吸附剂，并用弱极性溶剂如石油醚或苯进行洗脱。但多数中药成分的极性较大，则需要选择吸附性能较弱的吸附剂(一般Ⅲ～Ⅳ级)。采用的洗脱剂极性应由小到大按某一梯度递增，或可应用薄层色谱以判断被分离物在某种溶剂系统中的分离情况。此外，能否获得满意的分离，还与选择的溶剂梯度有很大关系。现以实例说明吸附色谱中吸附剂、洗脱剂与样品极性之间的关系。如有多组分的混合物，像植物油脂系由烷烃、烯烃、甾醇酯类、甘油三酸脂和脂肪酸等组分。当以硅胶为吸附剂时，使油脂被吸附后选用一系列混合溶剂进行洗脱，油脂中各单一成分即可按其极性大小的不同依次被洗脱。

又如对于C-27甾体皂甙元类成分，能因其分字中羟基数目的多少而获得分离：将混合皂甙元溶于含有5%氯仿的苯中，加于氧化铝的吸附柱上，采用以下的溶剂进行梯度洗脱。如改用吸附性较弱的硅酸镁以替代氧化铝，由于硅酸镁的吸附性较弱，洗脱剂的极牲需相应降低，亦即采用苯或含5%氯仿的苯，即可将一元羟基皂甙元从吸附剂上洗脱下来。这一例子说明，同样的中草药成分在不同的吸附剂中层析时，需用不同的溶剂才能达到相同的分离效果，从而说明吸附剂、溶剂和欲分离成分三者的相互关系。

第四单元　能力拓展

项目一　黄酮含量测定

无论是工业化大生产还是在实验室里做实验，对提取物的含量测定是必不可少的步骤，这也是检验生产提取工艺好坏的重要参考依据。近10余年来，国内外特别是德国、日本、美国和法国等国家对银杏叶中的化学成分及其分离方法、药理实验和临床应用进行了大量的研究工作，大量的药理数据证明银杏黄酮苷和萜内酯对GBE的疗效起关键作用。因此，GBE中黄酮苷和萜内酯的含量通常作为GBE的质量标准，目前国际上采用德国Schwal公司建立的标准：黄酮苷≥24%，萜内酯≥6%。

一、银杏叶中总黄酮含量的测定

(1)将银杏叶洗净，在低温下烘干至恒重，准确称取2 g。

(2)置于索氏提取器中用甲醇回流提取至提取液无色。

(3)提取液经浓缩，并转入50 mL容量瓶中，用甲醇定容至刻度，摇匀。

(4)取1 mL按照标准曲线的作法测定吸光度，水浴温度控制在75 ℃左右。

(5)银杏叶中总黄酮的质量分数$=50\times\rho_1/m_1$，ρ_1为银杏叶中总黄酮的质量浓度，m_1为银杏叶质量。

二、GBE中总黄酮含量测定

(1)准确称取GBE 0.1 g，用甲醇溶解，并用体积分数为30%的乙醇定容至50 mL。

(2)用移液管准确吸取该溶液1.0 mL于10 mL比色管中，加入30%乙醇至5 mL，加入质量分数为5%的亚硝酸钠水溶液0.3 mL，摇匀，放置6 min。

(3)加入硝酸铝水溶液0.3 mL，摇匀、放置6 min。

(4)加入质量分数为4%的氢氧化钠水溶液4 mL，再加入体积分数为30%乙醇至10%，放置10 min。

(5)于510 nm处测吸光度，并由吸光度计算出质量浓度ρ_2，则GBE中总黄酮的质量分数$=50\times\rho_2/m_2$，m_2为GBE质量。

项目二 银杏黄酮制剂

注射液的制备：称取 GBE 1 g，加入山梨醇 40 mg，加入 8.75 mL 乙醇溶解，至全溶后加注射用水 200 mL，滴入 0.1 mol/L 的 NaOH 至 pH 6.5～7.0，搅拌均匀，加注射用水至 240 mL，0.4 μm 微孔滤膜过滤，每支 5 mL 分装，灌封，100 ℃水浴灭菌 30 min 即得。

在配制银杏叶黄酮 GBE 注射液时，加少量乙醇可全部溶解 GBE，但加水后有析出，溶液变浑浊，加入山梨醇可明显增加主药溶解，提取物全溶并且澄明度好。

双柱树脂法生产银杏黄酮及内酯的工艺：

从市场上购入银杏叶原料和食用酒精，放入提取罐中进行浸泡提取，加热搅拌，控制温度在 50 ℃左右，约 20 h 后，打开阀门，通过筛网过滤收集含有提取物的乙醇液，提取罐内的滤渣经蒸馏后回收乙醇，剩余残渣进行集中处理（本项目用于锅炉燃料）。含有银杏提取物的乙醇溶液进行蒸发浓缩回收乙醇，乙醇回收率为 98%。经浓缩的提取物加水，进入离心机进行分离，将不溶于水的杂质分离出来。将离心的母液慢慢流入大孔吸附柱进行吸附，控制流速，至母液流完为止，待银杏叶提取物全部被大孔吸附柱吸收，然后用水进行清洗吸附柱，清洗时控制流速使熟知孔对银杏提取物的吸附性较好，清洗时基本不会流失银杏提取物，清洗完毕后，加入 80%的乙醇溶液洗脱，将银杏提取物洗脱出来并合理控制乙醇的流速。

乙醇洗脱结束后，对乙醇进行蒸发浓缩，由于银杏提取物的沸点较高（1 000 ℃以上），不挥发，可以对乙醇进行回收，乙醇回收率为 98%，然后将银杏提取物放入真空干燥箱，将水汽蒸发出来。烘干并经过粉碎后包装入库即为成品。

第五单元 能力实训

项目一 活性炭吸附分离色素实验

【目的要求】

(1)了解吸附基本原理。

(2)掌握活性炭和木炭简单的静态及动态吸附的基本操作。

【实验原理】

活性炭具有较大的比表面，在水溶液中比一般固态物质吸附能力强得多，故可以吸附许多物质的分子及离子。本实验用活性炭、木炭静态和动态吸附溶液中的色素及气体。

【实验用品】

1. 材料

红心萝卜(或胡萝卜)8 kg、活性炭粉(或木炭粉)8 kg、脱脂棉 1 包。

2. 试剂

石蕊试剂 500 mL;浓硝酸 500 mL;铜屑 400 g;高锰酸钾 400 g;

3. 器具

组织捣碎机、大烧杯、小烧杯、U 形管、漏斗、直通管、导管、漏斗架、滤纸、玻璃棒、锥形瓶、胶塞、导管、玻璃管、橡皮圈、小试管等。

【实验过程】

(1)活性炭静态吸附石蕊。将石蕊稀释液放在小烧杯中,加活性炭粉两匙,然后搅拌片刻,放入过滤器中过滤,用另一烧杯或试管收集液体,观察滤液颜色。

(2)活性炭动态吸附胡萝卜色素。选深红色,质地紧密,色素含量高的红心胡萝卜切碎打浆,过滤得含胡萝卜色素的溶液。然后以直通管中段全部用活性炭装满,两端堵上纱布棉团,上面单孔塞装上漏斗,下面单孔塞加一个短导管作为滤液出口,实验前将这套装置固定于铁架台上,把含有萝卜色素的溶液放入漏斗中,观察下面接收器中收集到的溶液颜色。

(3)木炭吸附高锰酸钾。U 形管中放入约 1/3 容积的小块木炭,两管口同时加脱脂棉一团,实验时从左管口加入稀高锰酸钾溶液。不久右管上层液面渐渐升高,观察右管上层液面颜色。

(4)制二氧化氮气体。取两只带塞锥形瓶、以细线拴牢一只小试管,小试管中有一两片铜屑,滴加浓硝酸后立即吊入锥形瓶中,待瓶中气体的棕红色明显时即将小试管转移到另一锥形瓶中,同时给第一只瓶加塞,第二瓶也达到同样浓度后,取出加塞,并立即把小试管连同其中废液一起浸入大水杯中,此废液若量少可弃去,但可以把洗净的铜屑晾干回收。

(5)活性炭吸附气体。将两匙处理过的木炭粉或活性炭粉倒入瓶中并立即加塞塞紧摇动锥形瓶、摇瓶时力求瓶上部在转动的中轴处,只让炭粉在瓶底部转动,观察到瓶内二氧化氮的颜色变化。

【注意事项】

(1)所用木炭或活性炭一定要处理过,增强它的吸附活性,实验前应将木炭或活性炭放在坩埚里烘烤，充分进行解吸。

(2)选用有色液体颜色不可太浓，否则吸附不净可能会出现滤液带色，得不到无色清液。

(3)榨取的胡萝卜汁在活性炭脱色前，应进行过滤前处理，避免汁液过黏影响活性炭吸附效果。

(4)所用锥形瓶在实验前应当是完全干燥的。

【思考题】

(1)实验中操作第1步和第2步用同样的胡萝卜色素和活性炭，哪步吸附效果显著？

(2)木炭、活性炭哪种吸附剂的吸附效果好？

项目二　等电点沉析法分离牛乳中的酪蛋白

【目的要求】

(1)学习从牛乳中制备酪蛋白的原理和方法。

(2)掌握等电点沉析分离的基本操作技术。

【实验原理】

蛋白质、酶、氨基酸、核酸等都是两性电解质，当其溶液在某一 pH 值时，这些生物大分子所带的正负电荷数目相等而呈电中性，此时溶液的 pH 值称为该物质的等电点。生物大分子在其等电点的溶液中，溶解度最低，易发生沉淀，一般疏水性较强的蛋白质可用此法分离。

【实验用品】

1.材料

鲜牛奶。

2.试剂

醋酸钠、优级纯醋酸、95%乙醇、乙醚、蒸馏水、0.2 mol/L pH 4.7 醋酸-醋酸钠缓冲液其配制如下：

①配 A 液：0.2 mol/L 醋酸钠溶液，称 NaAc. H_2O 5.44 g 溶至 200 mL。

②配 B 液：0.2 mol/L 醋酸溶液，称优级纯醋酸 2.4 g 溶至 200 mL。

③取 A 液约 17.7 mL，B 液约 12.3 mL 混合，用酸度计调得 pH 4.7 醋酸-醋酸钠缓冲液 30 mL。

3. 器具

烧杯(100 mL)、玻璃棒、滴管、量筒、离心机、水浴锅、布氏漏斗、精密 pH 试纸或酸度计、表面皿、电子天平、抽滤瓶。

【实验过程】

等电点沉析制备酪蛋白:

①将鲜牛奶 30 mL 及醋酸-醋酸钠缓冲液 30 mL 分别水浴加热 40 ℃左右。并用 8 层纱布过滤牛奶。

②量取加热后的牛奶 20 mL。在搅拌下慢慢加入加热后的醋酸-醋酸钠缓冲液 20 mL。用酸度计调 pH 至 4.7。

③将上述混合液冷至室温,离心(3 500 r/min)15 min,弃去上清液,得酪蛋白粗制品。

④用水洗沉淀 3 次,离心(3 500 r/min)10 min,弃去上清液。

⑤在沉淀中加入 20 mL 乙醇,搅拌片刻。将全部的悬浊液转移至布氏漏斗中抽滤。用乙醇-乙醚混合液洗沉淀 2 次。最后用乙醚洗沉淀 2 次,抽干。

⑥将沉淀摊开在表面皿上,风干得酪蛋白纯品。

⑦准确称量,计算含量和收率。

$$\text{含量}=\text{酪蛋白 g/100 mL 牛乳}$$

$$\text{收率}=\frac{\text{测得含量}}{\text{理论含理}}\times 100\%$$

式中理论含量为 3.5 g/100 mL 牛乳。

【注意事项】

(1)醋酸-醋酸钠缓冲液的配制应规范,pH 值应用酸度计测试,准确达到酪蛋白的等电点。

(2)加入醋酸-醋酸钠缓冲液时,动作要缓慢,并慢慢加入,不可操之过急而大量一次加入。

(3)离心前温度一定要降至室温。

【思考题】

(1)为何用醋酸-醋酸钠缓冲液来调酪蛋白的等电点,可否改用酸或碱?

(2)如何提高酪蛋白的收率?

教学项目四 牛血中超氧化物歧化酶的提取分离

知识目标

- 了解牛血超氧化物歧化酶的基本情况、性质
- 了解牛血超氧化物歧化酶的理化性质、疗效及应用前景
- 初步掌握牛血超氧化物歧化酶的提取分离工艺流程

能力目标

- 培养学生的创造性思维
- 培养学生分析问题、解决问题的能力

第一单元 背景知识

知识模块一 超氧化物歧化酶组成、作用机理

超氧化物歧化酶(superoxide dismutase),简称 SOD,又称过氧化物歧化酶。SOD 属于金属酶,按照结合金属离子种类不同,该酶有以下 3 种:含铜与锌超氧化物歧化酶(CUZNSOD)、含锰超氧化物歧化酶(MN-SOD)和含铁超氧化物歧化酶(Fe-SOD)。3 种 SOD 都催化超氧化物阴离子自由基歧化为过氧化氢与氧气。

目前,人们认为自由基(也称游离基)与大部分疾病以及人体的衰老有关。所谓的自由基就是当机体进行代谢时,能夺去氧的一个电子,这样这个氧原子就变成自由基,自由基很不稳定,它要在身体组织细胞的分子中再夺取电子来使自己配对,当细胞分子推陈出新,动一个电子后,它也变成自由基,又要去抢夺细胞膜或细胞核分子中的电子,这样又会产生新的自由基,如超氧化物阴离子自由基、羟自由基、氢自由基和甲基自由基等。在细胞由于自由基非常活泼,化学反应性极强,参与一系列的连锁反应，能引起细胞生物膜上的脂质过氧化，破坏了膜的结构和功能。它能引起蛋白质变性和交联，使体内的许多酶及激素失去生物活性，机体的免疫能力、神经反射能力、运动能力等系统活力降低，同时还能破坏核酸结构和导致整个机体代谢失常等，最终使机体发生病变。因此，自由基作为人体垃圾，能够促使某些疾病的发生和机体的衰老。

虽然人体内的自由基会对机体产生诸多危害，但是在一般的条件下人体细胞内也存在着清除自由基、抑制自由基反应的体系，它们有的属于抗氧化酶类，有的属于抗氧化剂。像SOD是一种主要的抗氧化酶，能清除超氧化物自由基，在防御氧的毒性、抑制老年疾病以及预防衰老等方面起着重要作用。

SOD能专一地清除体内有害的自由基，以解除自由基氧化体内的某些组成成分而造成的机体损害。如氧中毒、急性炎症、水肿、自身免疫性疾病、辐射病等疾病都与活性氧的毒性有关。实验证明，SOD能够清除自由基，因此可消除上述疾病的病因。此解毒反应过程是两步。第一步：作为有害物质的超氧阴离子在SOD的作用下和氢离子反应，生成另一种物质—过氧化氢；第二步：过氧化氢又在过氧化氢酶的作用下和氢离反应，最终生成了一种对人体无害的物质—水。在体内，此第一步反应所生成的过氧化氢酶或谷胱甘肽过氧化氢酶体系给予清除，因而作为治疗手段的药用SOD如与过氧化氢酶或谷胱甘肽过氧化氢酶合并使用，其治疗效果将更好。

超氧化物歧化酶(SOD)作为超氧阴离子的整合剂，它即是目前临床上常用的治疗药物，可以制成SOD胶囊。例如赛凡SOD胶囊，能有效地俘获自由基，抵御自由基对机体蛋白质的破坏，从而防止老年常发的三高病症。

知识模块二　超氧化物歧化酶的临床应用

1. 可抑制心脑血管疾病

机体的衰老与体内氧自由基的产生与积累密切相关，SOD可清除人体内过多的有害的氧自由，是对健康的有益的功效成分。具有调节血脂的保健作用，可预防动脉粥样硬化，预防高血脂引起的心脑血管疾病。降低脂质过氧化物的含量。

2. 抗衰老作用

年龄的增长和某些体外因素会造成机体和皮肤组织自由基产生超过机体正常清除自由基的能力，从而使皮肤组织造成伤害，导致衰老。由于SOD能够清除自由基，因而可以延缓衰老。

3. 自身免疫性疾病

SOD对各类自身免疫性疾病都有一定的疗效。如红斑狼疮、硬皮病、皮肌炎等。对于类风湿关节炎患者应在急性期病变未形成前使用，疗效较好。

4. 肺气肿

肺气肿患者亦可使用 SOD，但应在病变初期肺弹性纤维尚未受到损害时使用，疗效较好。

5. 辐射病及辐射防护

本品可用来治疗因放疗引起的膀胱炎、皮肌炎、红斑狼疮及白细胞减少等疾病，对有可能受到电离辐射的人员，也可注射 SOD 作为预防措施。

6. 老年性白内障

对这类疾病应在进入老年期前即开始经常服用抗氧化剂，或者说经常注射 SOD。如果一旦形成白内障，则除摘除外，用 SOD 治疗无效。

第二单元　SOD 提取工艺

植物中 SOD 粗提液制备目前采用的方法主要包括磷酸缓冲液提取法、Tris-HCl 和热变性法，磷酸缓冲液法用的较多。植物材料常用的有玉米、沙棘、莴笋、莴苣、大蒜等。本课程主要讲述牛血液中 SOD 提取纯化技术。

在我国，可用来提取 SOD 的动物资源丰富。随着养殖业的发展，另外，兔血、鸡肝、猪血、鸭血、马血等动物组织及血液中都含有 SOD。因此从动物中提取 SOD 具有重要的意义。

牛血液 SOD 粗提液制备主要包括分离和除血红蛋白两个步骤。

(1)分离。分离主要指除去血液中的杂毛及其他异物，收集细胞。传统的 SOD 提取工艺中，牛血液须经过分离这一步抗凝血处理，在血液中加入一定量的抗凝血剂，此法的不足之处是，抗凝血剂比例不易掌握，后续工艺复杂，一般离心不利于规模化生产。将新鲜牛血收集后，用纱布滤出血液，以除去血液中的杂毛及其他异物，然后加入柠檬酸钠离心，收集血球。

(2)除血红蛋白。SOD 主要存在于血红细胞内，必须采用适当物理或化学方法破碎血红细胞，释放出 SOD。破碎的方法包括：超声波处理，冻融处理，溶菌酶处理。目前超声波处理较常用，该法操作简单，处理容量大，适合大规模 SOD 提取操作。去除血红蛋白传统工艺是向血液加入乙醇和氯仿离心，得 SOD 粗酶液。

任务一　粗提液制备

运用技术方法一　离心分离

一、沉降基本原理

重力沉降(适用于分离较大的颗粒)过程中固体颗粒受到重力、浮力和摩擦阻力的作用。

根据斯托克思定律，当浮力、摩擦阻力和重力达到平衡时，球形固体颗粒均速沉降。

沉降速度为：

$$V_g=\frac{d_p^2(\rho_s-\rho_L)g}{18\mu_L}$$

由于菌体细胞的直径很小，沉降速度很慢，因此常需向菌体的料液中加入絮凝剂，使菌体细胞凝聚成较大颗粒后过滤除去。

离心沉降（适用于分离较小的颗粒）广泛应用于固液、液液相的分离。

离心沉降速度为：

$$V_s=\frac{2\pi^2 d_p^2(\rho_s-\rho_L)N^2 r}{9\mu_L}=Sr\omega^2$$

$$S=\frac{d_p^2(\rho_s-\rho_L)}{18\mu_L}$$

从该式中可看出，

①当 $\rho_s>\rho_L$，则 $S>0$，粒子顺着离心方向沉降。

②当 $\rho_s=\rho_L$，则 $S=0$，粒子到达某一位置后达到平衡。

③当 $\rho_s<\rho_L$，则 $S<0$，粒子逆着离心方向上浮。

蛋白质离心沉降时，蛋白质的相对分子质量越大，沉降系数越大，离心沉降速度越大。

二、离心分离法

1. 差速离心分离

原理：利用不同的粒子在离心力场中沉降的差别（大而重的颗粒沉降最快，最先到达底部），在同一离心条件下，沉降速度不同，通过不断增加相对离心力，使一个非均匀混合液内的大小、形状不同的粒子分级沉淀。

操作过程：一般是在离心后用倾倒的办法把上清液与沉淀分开，然后将上清液加高转速离心，分离出第二部分沉淀，如此往复加高转速，逐级分离出所需要的物质。

优点：操作最简便，使用最广泛。

缺点：差速离心的分辨率不高，沉淀系数在同一个数量级内的各种粒子不容易分开，常用于其他分离手段之前的粗制品提取。

2. 区带离心

根据离心操作条件不同，可分为差速区带离心和平衡区带离心。

3. 差速区带离心法

是在离心前于离心管内先装入密度梯度介质（如蔗糖、甘油、KBr、CsCl 等），溶液的密度从离心管顶部至底部逐渐增加，待分离的样品铺在梯度液的顶部，同梯度液一起离心。离心后在近旋转轴处（r_1）的介质密度最小，离旋转轴最远处（r_2）介质的密度最大，但最大介质密度必须小于样品中粒子的最小密度，即 $\rho_s > \rho_L$。这种方法是根据分离的粒子在梯度液中沉降速度的不同，使具有不同沉降速度的粒子处于不同的密度梯度层内分成一系列区带，达到彼此分离的目的。梯度液在离心过程中以及离心完毕后，取样时起着支持介质和稳定剂的作用，避免因机械振动而引起已分层的粒子再混合。用与差速区带离心分离的物质密度必须大于梯度液中最大密度，离心过程必须在被分离物区带到达管底前停止。

由于 $\rho_s > \rho_L$ 可知 $S > 0$，因此该离心法的离心时间要严格控制，既有足够的时间使各种粒子在介质梯度中形成区带，又要控制在任一粒子达到沉淀前。如果离心时间过长，所有的样品可全部到达离心管底部；离心时间不足，样品还没有分离。由于此法是一种不完全的沉降，沉降受物质本身大小的影响较大，一般是应用在物质大小相异而密度相同的情况。

4. 等密度离心法

是在离心前预先配制介质的密度梯度，此种密度梯度液包含了被分离样品中所有粒子的密度，待分离的样品铺在梯度液顶上或和梯度液先混合，离心开始后，当梯度液由于离心力的作用逐渐形成底浓而管顶稀的密度梯度，与此同时原来分布均匀的粒子也发生重新分布。当管底介质的密度大于粒子的密度，即 $\rho_L > \rho_s$ 时粒子上浮；在弯顶处 $\rho_P > \rho_L$ 时，则粒子沉降，最后粒子进入到一个它本身的密度位置即 $\rho_s = \rho_L$，此时 dr/dt 为零粒子不再移动，粒子形成纯组分的区带，与样品粒子的密度有关，而与粒子的大小和其他参数无关，因此只要转速、温度不变，则延长离心时间也不能改变这些粒子的成带位置。

此法一般应用于物质的大小相近，而密度差异较大时。

三、离心分离设备

实验室用离心机以离心管式转子离心机为主，见图 4-1。

生化用离心机一般为冷却式，可在低温下操作，称为冷冻离心机。

工业离心分离设备常用的有管式和碟片式两大类，见图 4-2。

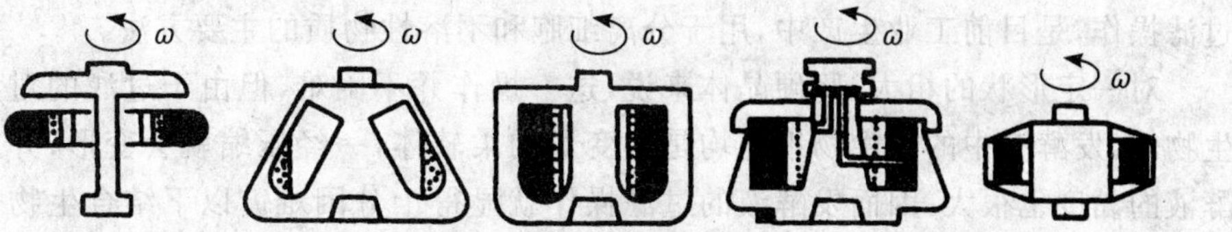

图 4-1　各种形式的离心机转子

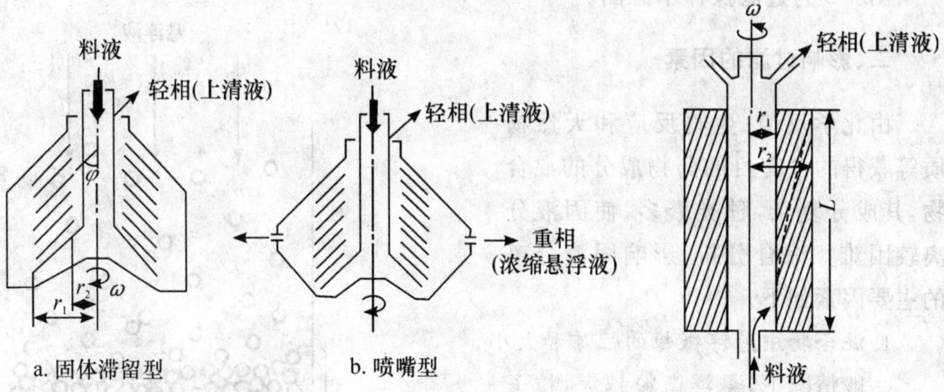

图 4-2　碟片式离心机和管式离心机

1. 管式离心机

常应用于液-液分离(连续式)、低固体含量(<1%)的固-液分离(间歇式)。

主要技术指标:①离心管直径 40～150 mm,长径比 4～8;②离心强度 8 000～15 000 g;③处理能力 100～400 L/h;④适应的颗粒直径 0.01～100 mm,固液密度差大于 0.01 g/cm³,固体含量小于 1%。优点:①结构简单,价廉;②分离效果好,分离因子高 8 000～15 000 g。缺点:①处理能力有限,间歇操作;②低固体含量的悬浮液(<1%)。

2. 碟式离心机

化学、制药和生化工业应用最广泛,特点:①10～100 个锥顶角为 60～100 ℃的锥形碟片;②碟片距很短,为 0.5～2.5 mm,沉降距离极短,分离效果高;③碟片多,沉降面积大,增加分离效果;④抗对流效果高。常用的分类方法有:①人工排渣式;②喷嘴排渣式;③活塞排渣式。

运用技术方法二　过滤分离

一、过滤基本原理

过滤是利用多孔性介质截留固液悬浮液中的固体粒子,进行固液分离的方法。

过滤操作，是目前工业生产中，用于分离细胞和不溶性物质的主要方法。

对一定形状的粗大、坚硬晶体来说，这一操作并不困难，但由于过滤的对象是生物体，发酵液中的微生物细胞均是易变形的柔软体，一经压缩就会变形；并且发酵液的黏度也很大，因而发酵液的过滤操作就显得十分困难。以下结合生物分离的特点，对这些特殊的问题，分别作一讨论。

图 4-3 为过滤操作示意图。

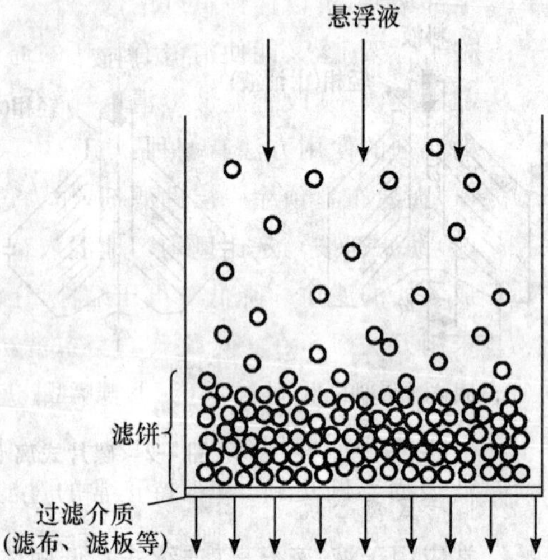

图 4-3 过滤操作示意图

二、影响过滤的因素

由化学反应、生物反应和天然物质等获得的含有目的药物成分的混合物，其成分复杂，种类繁多，使固液分离较困难。综合分析，影响固液分离的主要因素如下。

1. 混合物中悬浮微粒的性质和大小

一般情况下，悬浮微粒越大，粒子越坚硬，大小越均匀，固液分离越容易。如发酵液中的细菌菌体较小，分离较困难；而胶体粒子通常悬浮于流体中，必须运用凝聚与絮凝技术，增大悬浮粒子的体积，以利于固液分离，从而获得澄清的滤液。

2. 混合液的黏度

流体的流动特性对固液分离影响很大，流体的黏度越大，固液分离越困难。通常混合液的黏度与其组成和浓度密切相关，组成越复杂，浓度越高，其黏度越大。在微生物发酵制药生产中，菌体种类和浓度不同，其黏度差别很大；另外，培养基中若用淀粉作碳源，黄豆饼作氮源，其发酵液的黏度也较大；若发酵终点控制不当，菌体发生自溶，也会使发酵液变黏。

3. 操作条件

固液分离操作中，温度、pH 值等的控制也会影响固液分离速率。温度升高，流体黏度降低；调整 pH 值，也可改变流体黏度，从而使固液分离效率得到提高。

4.助滤剂的使用

惰性助滤剂是一种颗粒均匀、质地坚硬、不可压缩的粒状物质,用于扩大过滤表面的适用范围,使非常稀薄或非常细小的悬浮液在过滤时发生的快速挤压和介质堵塞现象得到减轻,易于过滤。其原因是充当过滤介质的助滤剂表面具有吸附胶体的能力,并且由此助滤剂颗粒形成的滤饼具有格子型结构,不可压缩,滤孔不会被全部堵塞,可以保持良好的渗透性。既能使悬浮液中细小颗粒状胶态物质截留在格子骨架上,又能使清液有流畅的通道,所以使用惰性助滤剂能大大提高过滤能力和生产效率,改善滤液澄清度,降低过滤成本。

助滤剂的使用方法有两种:

(1)在滤布上预涂一层助滤剂,作为过滤介质使用,待滤毕后与滤饼一起除去;

(2)助滤剂按一定比例均匀地混入待滤的悬浮液中,然后一起进入过滤机,使其形成效松的滤饼。降低其可压缩性,让滤液可以顺畅流通。

采用方法(1),在一个旋转真空过滤机的转鼓上,预涂上助滤剂,就可以对非常细小或可压缩的低固含量(5%)悬浮液进行过滤。在改进的旋转真空过滤机上,采用一把缓慢向鼓面移动的副刀,在操作时,将滤饼连同一层助滤剂一起利去,使过滤表面不断更新,以维持正常的过滤速度,直到助滤剂被全部移走后。再重新涂层。采用方法(2),则多数是助滤剂与压滤机结合起来使用,对于菌体较细小、密度较大的发酵液,可加入助滤剂后进行压滤,或者先将含助滤剂的悬浮液通过压滤机,形成过滤介质,然后对混有助滤剂的料液进行过滤,这样可提高滤饼的渗透性。对于后一种方法,一般在助滤剂用量等于进料液中固体含量时,滤速最快。

可作为惰性助滤剂的材料很多,如硅藻土、膨胀珍珠岩、石棉、纤维素、未活化的炭渣、重质碳酸钙或这些材料的混合物。

助滤剂的用量须经优化,而优化的标准取决于过滤的目的。每单位质量助滤剂的滤液最大产量很可能是最常用的判断标准,但是最长的周期、最快的流速或者滤饼空间的最大利用率则是另一些判断标准,它们各自要求不同的助滤剂添加速率。为了优化而进行的试验,通常是利用实验室或中试规模的过滤实验来完成的,同时,还应注意过滤参数如压力和滤饼厚度的变化所带来的影响。

选择和使用助滤剂时应考虑以下几个方面:

1.根据目的药物的性质选择助滤剂品种

当日的药物存在于液相时,应注意目的药物是否会被助滤剂吸附,是否可通过

其他 3 种过滤机则都是封闭式的，因此可用于存在有毒烟雾或生物危险物的场合。

鉴于这几种过滤器使用时劳动强度都很大，故仅适用于小规模生产。

图 4-4(b)所示的水平板式过滤机，对小规模分离操作十分适用，但在设计这类过滤设备时，必须考虑把滤片的清洗和过滤介质的安装放在机外进行。

图 4-4(c)所示的是垂直叶滤机，仅需较小的生产场地，但却需有足够的净空高度，以便于叶片和滤饼的取出。这种过滤机，具有较大的过滤面积。

图 4-4(d)所示的管状垂直过滤机内，其过滤管系悬挂在管板上，滤饼在管子的外表面形成，滤液流动通过沉积在管上的滤饼，而进入顶盖并被排出，过滤结束时管子可用反冲法清洗。

回转真空过滤机，也是制药分离中的主要过滤设备，但它是连续操作的，通常适用于大规模生产的场合，见图 4-5。与板框过滤机相比，回转过滤机的优点是，便于自动操作及低的劳动强度。

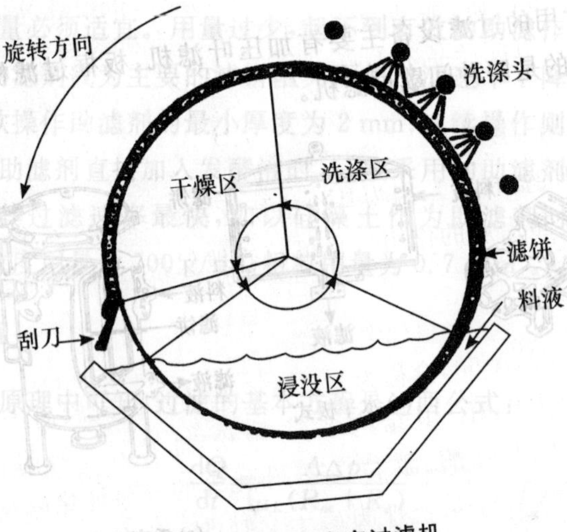

图 4-5 回转真空过滤机

特点：把过滤、洗涤、吹干、卸渣和清洗滤布等几个阶段的操作在转筒的旋转过程中完成，转筒每旋转一周，过滤机完成一个循环，滤饼被洗涤，干燥，最后被刮刀卸去。

缺点：过滤面积远小于板框压滤机，设备结构复杂，滤渣含湿量比较高，为 10%～30%，洗涤也不够彻底。

任务二　SOD纯化与精制

上述获得的SOD粗提液，含有大量的杂蛋白，为了纯化SOD常采用沉淀的方法，有选择地沉淀杂质或有选择地沉淀所需成分，以提高酶的比活。常用的方法有下列几种。

1. 热变性法

热变性法是提取工艺中一种较为廉价的方法，可以降低生产成本，并且简单易行。热变性法不引入其他杂质，对提取工艺非常有利。SOD是一种热稳定性较好的酶，并且大部分杂蛋白在55 ℃时就可变性，因此可以利用SOD和杂蛋白变性温度的差异来实现初步分离。

2. 丙酮分级沉淀法

向蛋白质溶液中加入有机溶剂丙酮，水的活度降低。随着有机溶剂浓度的增大，水对蛋白质分子表面荷电基团或亲水基团的水化程度降低，溶液的介电常数下降，蛋白质分子间的静电引力增大，发生沉淀。加入粗提液等量的冷丙酮，效果最好，可去除近40%蛋白质，酶活力仅轻微降低。有机溶剂密度较低，易于沉淀分离；与盐析法相比，沉淀产品不需脱盐处理。但该法容易引起蛋白质变性，必须低温下进行。

3. 硫酸铵盐析法

硫酸铵是常用的盐析盐。因为其价格便宜，操作简单，安全(溶解度大且受温度影响小，具有稳定蛋白质的作用)，且可较好地保持SOD的活性，它常被用在蛋白质初级纯化和浓缩。

4. 离子交换法

用DEAE-SephadexA-50，全称为二乙胺乙基葡聚糖凝胶离子交换剂，具有离子交换和分子筛的双重作用。其结构多孔、疏松，非特异性吸附很少，层析流速易控制，特别适用于蛋白质、酶、激素、多核苷酸等的分离纯化以及生化制剂的除热源。DEAE-SephadexA-50是一种阴离子交换剂，用前应预先处理，首先将它溶于水中(或5～10倍量洗脱剂中)，最好将干胶往水里加，边加边搅拌，以防凝胶结块。在室温放置，完全水化后，再用水反复洗3～4次，同时沥去水面上漂浮的细粉，用抽气漏斗抽干。将抽干的胶浸泡于0.1 mol/L的氯化氢溶液中20 min，滤去氯化氢溶液，用水洗至中性。再用0.1 mol/L的氢氧化钠溶液浸泡20 min，滤去氢氧化钠溶液，用水洗至中性。最后再用0.1 mol/L的氯化钠溶液浸泡20 min，滤去酸液，用水洗至中性，然后用磷酸缓冲液浸泡平衡即可使用。交换剂使用多次后吸附量降低，可按上述方法处理一遍，以保证交换剂的交换能力不降低。

运用技术方法 离子交换法

相关知识一 离子交换法基本知识

离子交换法始创于两位英国化学家 Thompson 和 Way。他们于 1850 年认识到土壤中的钙、镁离子和水中的钾、铵离子的阳离子交换现象。Lemberg 和后来的 Wiegner 发现土壤中的黏土、沸石以及腐殖物等都具有此种离子交换能力。1903 年的德国化学家 Harm 和 Rumpler 首先合成了工业用离子交换树脂，接着 Gans 把天然的和合成的硅酸盐用于制药业，如制药用水的制备，药物的分离提取。英国人 Adams 和 Holmas 在 1935 年研究了离子交换的性质，随后研制出性质优良的酚醛类型骨架的阳、阴离子交换树脂。到 1945 年开发了聚苯乙烯型强酸性树脂及聚丙烯酸型弱酸性树脂，这类性能稳定、交换容量较大的阳离子交换树脂得到了普遍的应用，离子交换技术自此也得到了较为迅速的发展。

一、基本概念

1. 离子交换技术

离子交换技术即根据某些溶质能解离为阳离子或阴离子的特性，利用离子交换剂与不同离子结合力强弱的差异，将溶质暂时交换到离子交换剂上，然后用适合的洗脱剂将溶质离子洗脱下来，使溶质从原溶液中分离、浓缩或提纯的操作技术。

离子交换技术最早应用于制备软水和无盐水，药物生产用水多采用此法。在生化制药领域中，离子交换技术也逐渐应用于蛋白质、核酸等物质的分离和提取，从微量到常量的生物活性物质的提取；一些经典的生产工艺也正等待着用离子交换技术去替代或改造。目前，离子交换技术已成为分离精制生化药物的主要工业手段之一。

在抗生素的提取分离中，利用离子交换法将抗生素从发酵液中有选择性地交换到离子交换树脂上，然后在适宜的条件下将其洗脱下来，这样能使体积缩小到几十分之一，从而使抗生素被分离提取。由于离子交换技术具有成本低、设备简单、操作方便、不用或少用有机溶剂等优点，已成为提取抗生素的重要方法之一。如链霉素、新霉素、卡那霉素、庆大霉素、土霉素、多黏菌素等的提取均可采用离子交换法。

2. 离子交换剂

离子交换剂是利用离子交换技术进行分离的关键。离子交换剂是一种不溶性的、具有网状立体结构的、可解离阳离子或阴离子基团的固态物质。常见的离子交换剂有离子交换树脂、离子交换纤维素、葡聚糖凝胶离子交换剂等。各类交换剂均可按其可解离的功能基团性质分为阳离子交换剂（强酸性 SA、弱酸性 WA）与阴离子交换剂（强碱性 SB、弱碱性 WB）两大类。另外，还可按其化学组成成分为无机质和有机质两大类，无机质类又可分为天然的（如海绿石）和人造的（如合成沸石）；有机质类又分为天然的（如磺化煤）和合成的（如合成树脂）。其中合成高分子离子交换树脂具有不溶于酸碱溶液及有机溶剂、性能稳定、经久耐用、选择性高等特点，在制药工业中应用较多。离子交换剂具体分类见图 4-6。

- 固体离子交换
  - 有机交换
    - 合成
      - 离子交换
      - 离子交换纤
      - 离子交换树
        - 阳离子交换
          - 强酸
          - 弱酸
        - 阴离子交换
          - 强碱
          - 弱碱
    - 天然
      - 磺化
      - 改性淀
  - 无机交换
    - 合成
      - 人工沸石
      - 磷酸锆
    - 天然
      - 沸石
      - 长石
      - 高岭

图 4-6　离子交换剂的分类

(1)天然无机离子交换剂。主要是一些具有一定结晶构造的硅铝酸盐。最具代表性的是沸石类。沸石的晶格由 SiO_2、AlO_2 的四面体构成。由于 Al 是 3 价，因此晶格中带有负电荷，此负电荷可由晶格骨架中的碱金属，碱土金属离子来平衡。这些碱金属、碱土金属离子虽然不占据固定位置，却可在晶格骨架通道中自由运动。能与其他外部阳离子进行交换。

(2)合成无机离子交换剂。

①合成沸石。将钠、钾、长石、高岭土等的混合物熔融，可制得具有天然沸石行为的人工沸石，即熔融型沸石。碱与硫酸铝、硅酸钠的酸性溶液反应析出沉淀。沉淀物经过适当干燥，可制得另一种类似天然沸石的凝胶型沸石。这两种合成沸石都是无定形结构。

②分子筛。将含有硅、铝的碱溶液在较高温度下进行结晶，可制得具有规则结晶构造的分子筛。这种水热法制备的分子筛，具有严格确定的微孔结构与孔尺寸，

主要用作高选择性吸附剂。另外还有氢氧化物凝胶和磷酸锆类无机离子交换剂。

(3)有机离子交换树脂。离子交换树脂是一种具有活性交换基团的不溶性高分子共聚物。其交换基团使用失效后，经过再生以恢复交换能力，重复使用。商品离子交换树脂有各种类型。按交换基团分，有阳离子树脂（含$—SO_3H$、$—COOH$、$—PO_3H_2$等基团）和阴离子交换树脂（含$—N^+R_3$、$—NR_2$等基团）；按骨架材料分为聚苯乙烯型、酚醛型、丙烯酸型、乙烯吡啶型等：按结构形式分，有凝胶型、大孔型、载体型、蛇笼型、布丁型等；按功能分，有常规树脂、整合树脂、两性树脂、热再生树脂、磁性树脂、氧化-还原树脂等。

二、离子交换技术与其他分离技术的异同点

离子交换分离技术与其他分离技术相比具有以下特点。

(1)离子交换操作属于液-固非均相扩散传质过程。所处理的溶液一般为水溶液，多相操作使分离变得容易。

(2)离子交换可看作是溶液中的被分离组分与离子交换剂中可交换离子进行离子置换反应的过程。其选择性高，而且离子交换反应是定量进行的，即离子交换树脂吸附和释放的离子的物质的量相等。

(3)离子交换剂在使用后，其性能逐渐消失，需用酸、碱再生而恢复使用。

(4)离子交换技术具有较高的浓缩倍数，操作方便，效果突出。

相关知识二　离子交换树脂

离子交换树脂是一种具有网状立体结构的高分子多元酸或多元碱的聚合物，一般不溶于酸、碱和有机溶剂，其化学稳定性良好，且具有交换能力。从电化学的观点来看，离子交换树脂是一种不溶解的多价离子，其四周包围着可移动的带有相反电荷的离子。从胶体化学观点看来，离子交换树脂是一种均匀的弹性新液凝胶。

一、离子交换树脂的结构

离子交换树脂的单元结构由3部分构成：

(1)惰性不溶的、具有三维多孔网状结构的网络骨架（通常用R表示）；

(2)与网络骨架以共价键相连的活性基，又称功能基，它不能自由移动，如$—SO_3^-$、$—N^+(CH_3)_3$等（一般用M表示）；

(3)与活性基以离子键连接的可移动的活性离子，即可交换离子，如H^+、OH^-、Na^+等，图4-7所示为骨架上带有钠离子的树脂结构。

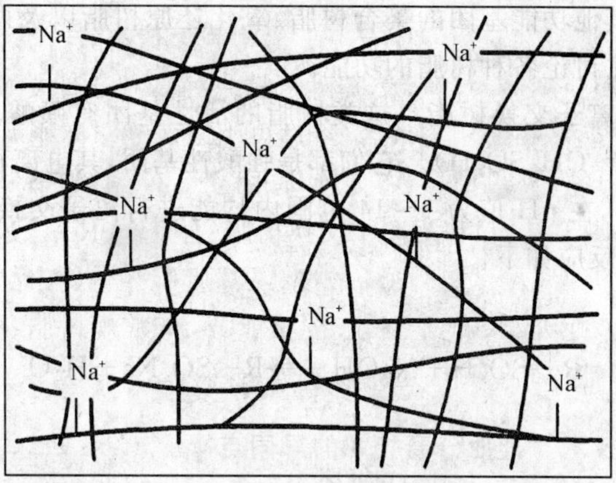

图 4-7　骨架上带有钠离子的树脂结构示意图

活性离子决定着离子交换树脂的主要性能，当活性离子为阳离子时，称为阳离子交换剂树脂；当活性离子为阴离子时，称为阴离子交换树脂。

二、离子交换树脂的分类

离子交换树脂有许多种类，常用的分类方法有：①按树脂骨架的主要成分不同可分为聚苯乙烯型树脂，如 001×7；聚丙烯酸型树脂，如 112×4；多乙烯多胺-环氧氯丙烷型树脂，如 330；酚醛型树脂如 122 等。②按制备树脂的聚合化学反应类型不同可分为共聚型树脂，如 001×7；缩聚型树脂，如 122。③按树脂骨架的物理结构不同，可分为凝胶型树脂（又称微孔树脂），如 201×7；大网格树脂（又称大孔树脂），如 D201；均孔树脂（又称等孔树脂），如 Zeolitep。④按活性基团的性质不同，可分为含酸性基团的阳离子交换树脂和含碱性基团的阴离子交换树脂。由于活性基团的电离强度强弱不同，又可分为强酸性和弱酸性阳离子交换树脂及强碱性和弱碱性阴离子交换树脂，如图 4-8 所示。

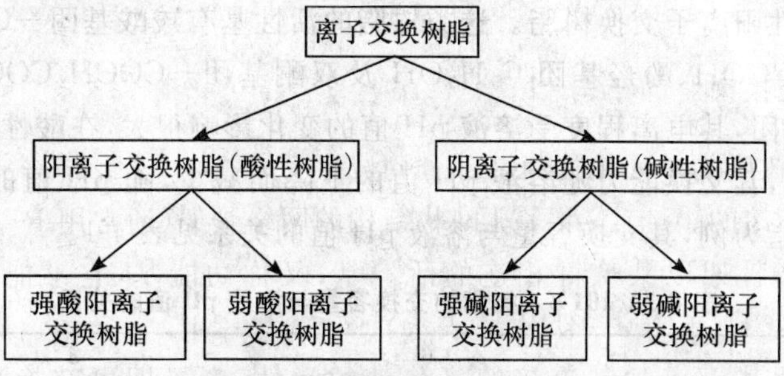

图 4-8　离子交换树脂按活性基团性质不同的分类

此外还有含其他功能基团的螯合树脂、氧化还原树脂以及两性树脂等。下面按第四种分类方法讨论各种树脂的功能。

(1)强酸性阳离子交换树脂。这类树脂的活性基团有磺酸基团($-SO_3H$)和次甲基磺酸基团($-CH_2SO_3H$)。它们都是强酸性基团,其电离程度大且不受溶液pH值变化的影响,在pH值为1～14范围内均能进行离子交换反应。以001×7树脂为例,其交换反应如下。

中和:

$$R-SO_3H+NaOH \longrightarrow R-SO_3Na+H_2O$$

中性盐分解:

$$R-SO_3H+NaCl \rightleftharpoons R-SO_3Na+HCl$$

复分解:

$$R-SO_3Na+KCl \rightleftharpoons R-SO_3K+NaCl$$

应用复分解反应原理,可将青霉素钾盐转成青霉素钠盐,其反应式如下

$$\underset{\text{(青霉素钾盐)}}{R-SO_3Na+PenK} \longrightarrow \underset{\text{(青霉素钠盐)}}{R-SO_3K+PenNa}$$

强酸树脂与H^+结合力弱,因此再生成氢型时比较困难,故耗酸量较大。比较重要的强酸阳离子交换树脂有1×4、1×7和1×14等。除大量用于水处理外,在氨基糖苷类抗生素提取中应用较多,如金霉素、庆大霉素、新霉素、丁胺卡那霉素、妥布霉素以及杆菌肽等。

在强酸性阳离子交换树脂和弱酸性阳离子交换树脂中间,还有一种介于两种酸度间的中等酸性阳离子交换树脂,即含磷酸基团$-PO(OH)_2$和次磷酸基团$-PHO(OH)$的树脂。

(2)弱酸性阳离子交换树脂。这类树脂的活性基有羧酸基团$-COOH$、氧乙酸基团$-OCH_2COOH$、酚羟基团C_6H_5OH及双酮基团$-COCH_2COCH_3$等。它们都是弱酸性基团,其电离程度受溶液pH值的变化影响很大,在酸性溶液中几乎不发生交换反应,其交换能力随溶液pH值的下降而减少,随pH值的升高而增加。以101×4树脂为例,其交换容量与溶液pH值的关系见表4-1。

表4-1 101×4树脂的交换容量与溶液pH值的关系

pH值	5	6	7	8	9
交换容量/(meq/g)	0.8	2.5	8.0	9.0	9.0

弱酸阳离子交换树脂仅能起中和反应和复分解反应。

中和：

$$R—COOH+NaOH \rightleftharpoons R—COONa+H_2O$$

R—COONa 在水中不稳定，遇水易水解成 RCOOH，同时产生 NaOH，故钠型羧酸树脂不易洗涤到中性，一般洗到出口 pH 值为 9～9.5 即可，洗水量也不宜过多。

复分解：

$$R—COONa+KCl \rightleftharpoons R—COOK+NaCl$$

110-Na 型树脂提取链霉素即应用复分解原理

$$R—(COONa)_3+Str \cdot 3HCl \rightleftharpoons R—(COO)_3StrH_3+3NaCl$$

和强酸性阳离子交换性质相反，H^+ 和弱酸阳离子树脂的结合力很强，故易再生成氢型，耗酸量亦小。在抗生素工业中常用的这类树脂有提取链霉素、柔红霉素的树脂，提取博莱霉素和链霉素脱色用的树脂。

(3)强碱性阴离子交换树脂。这类树脂的活性基是季铵基团，有三甲胺基团 $RN(CH_3)_3OH$（Ⅰ型）和二甲基羟基乙基胺基团 $RN(CH_3)_2(C_2H_4OH)OH$（Ⅱ型）。和强酸离子交换相似，其活性基团电离程度较强不受溶液 pH 值变化的影响，在 pH 值为 1～14 范围内均可使用，其交换反应如下。

中和：

$$R—N(CH_3)_3OH+HCl \longrightarrow R—N(CH_3)_3Cl+H_2O$$

中性盐分解：

$$R—N(CH_3)_3OH+NaOH \rightleftharpoons R—N(CH_3)_3Cl+NaOH$$

复分解：

$$R—N(CH_3)_3Cl+Na_2SO_4 \rightleftharpoons [R—N(CH_3)_3]_2SO_4+2NaCl$$

这类树脂成氯型时较羟型稳定，耐热性亦较好，因此，商品大多以氯型出售。Ⅰ型树脂的热稳定性、抗氧化性、机械强度、使用寿命均好于Ⅱ型树脂，但再生较难。Ⅱ型树脂抗有机污染好于Ⅰ型，但Ⅱ型树脂碱性亦弱于Ⅰ型树脂。由于 OH^- 和强碱交换树脂结合力较弱，再生剂 NaOH 用量较大。这类树脂主要用于制备无盐水（除去 CO_3^{2-} 等弱酸根），抗生素生产常用的有 201×4(711)，应用于卡那霉素、巴龙霉素、新霉素的精制。

(4)弱碱性阴离子交换树脂。这类树脂的活性基团有伯胺—NH_2，仲胺—

NHR 和叔胺—N(R)$_2$以及吡啶等基团。基团的电离程度弱，和弱酸阳离子树脂一样交换能力受溶液 pH 值的变化影响很大，变化越大，pH 值越低，交换能力越高，反之则小，故在 pH 值小于 7 的溶液中使用。其交换反应如下。

中和：

$$R—NH_3OH+HCl \rightleftharpoons R—NH_3Cl+H_2O$$

复分解：

$$R—(NH_3Cl)_2+Na_2SO_4 \rightleftharpoons R—(NH_3)_2SO_4+2NaCl$$

羟型伯胺树脂还可与—CHO 发生缩合反应：

$$R—NH_3OH+RCHO \longrightarrow R—NH=CR'+H_2O$$

应用缩合反应纯化链霉素具有重要意义。

和弱酸阳离子树脂相似，弱碱性阴离子交换树脂生成的盐 R-NH$_3$Cl 易水解成 R-NH$_3$OH，亦说明 OH$^-$ 结合力强，故用 NaOH 再生成羟型较容易，耗碱量亦少，甚至可用 Na$_2$CO$_3$再生。常用的这种树脂有吸附头孢菌素 C 及精制博莱霉素、抗敌素、链霉素的 330(701)树脂。

以上 4 种类型树脂性能的比较见表 4-2。

表 4-2　4 类树脂性能比较

性能	阴离子交换树脂		阳离子交换树脂	
	强酸性	弱酸性	强碱性	弱碱性
活性基团	磺酸	羟酸	季铵	伯胺、仲胺、叔胺
pH 值对交换能力的影响	无	在酸性溶液中交换能力很小	无	在碱性溶液中交换能力很小
盐的温度性	稳定	洗涤时水解	稳定	洗涤时水解
再生①	用 3～5 倍再生剂	用 1.5～2 倍再生剂	用 3～5 倍再生剂	用 1.5～2 倍再生剂，可用碳酸钠或氨水
交换速度	快	慢(除非离子化)	快	慢(除非离子化)

注：①再生剂用量指该树脂交换容量的倍数。

三、离子交换树脂的命名

我国原化工部在 1958 年制定了离子交换树脂命名法草案，规定各类树脂命名编号为：1～100 为强酸性阳离子交换树脂；101～200 为弱酸性阳离子交换树脂；201～300 为强碱性阴离子交换树脂；301～400 为弱碱性阴离子交换树脂。命名法在规定各种树脂的类别和编号外，还需标明载体的交联度。交联度是聚合载体骨架时交联剂用量的质量分数，它与树脂的性能有密切的关系。在表达交联度时，去掉%，仅把数值写在树脂编号之后，并用“×”号与编号隔开，如“1×7”表示强酸性阳离子交换树脂编号为1，交联度为7%。

在树脂的商品名中还有一些不规范的编号，数值往往在600以上，如常见的“强酸1×7树脂”也被称为“732树脂”；“弱酸101×4树脂”也被称为“724树脂”；“强碱201× 7树脂”也被称为“717树脂”。

1997年我国原化工部颁布了新的规范化命名法，离子交换树脂的型号由3位阿拉伯数字组成。第一位数字表示树脂的分类，第二位数字表示树脂骨架的高分子化合物类型。离子交换树脂命名法分类、骨架代号见表4-3。第三位数字表示序号。“×”表示连接符号，“×”之后的数字表示交联度。对于大孔型离子交换树脂，在3位数字型号前加代表“大”的汉语拼音首位字母“D”，表示为“D ***”。如图4-9所示。

表4-3　离子交换树脂命名法分类、骨架代号

分类	骨架	代号	分类	骨架	代号
强酸性	苯乙烯型	0	螯合性	乙烯吡啶型	4
弱酸性	丙烯酸型	1	两性	脲醛型	5
强碱性	酚醛型	2	氧化还原性	氯乙烯型	6
弱碱性	环氧型	3			

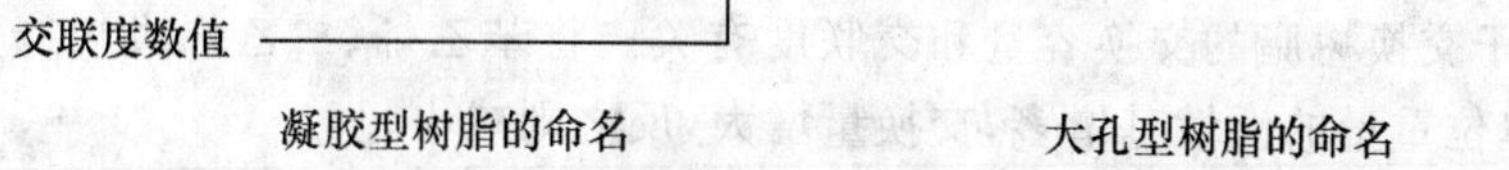

图4-9　离子交换树脂型号表示示意图

例如“001×7”树脂，第一位数字“0”表示树脂的分类属于强酸性，第二位数字“0”表示树脂的骨架是苯乙烯型，第三位数字“1”表示顺序号，“×”后的数字“7”表示交联度为7%。因此“001×7”树脂表示凝胶型苯乙烯系强酸性阳离子交换树脂。目前新旧两种命名法同时使用，有时会遇到同一产品有多种名称的情况，应注意识别。

四、离子交换树脂的理化性质

1.外观和粒度

除因合成方法限制或因特殊用途而制成无定形、膜状、棒状、粉末状的形状外，商品树脂多制成球形，其直径为0.2～1.2 mm(16～70目)。球形的优点是增大比表面积、提高机械强度和减少流体阻力。普通凝胶型树脂是透明珠球，大孔树脂呈不透明雾状珠球。树脂色泽随合成原料、工艺条件不同而异，一般有白、黄、黄褐及红棕等几种色泽。为便于观察交换过程中色带的分布情况，以选用浅色树脂为宜。树脂使用后色泽逐步深化，但一般不明显影响交换容量。抗生素提取一般使用粒度为16～60目占90%以上的球形树脂，这是因为料液黏度较大、夹杂物较多的缘故。粒度过小、堆积密度大容易产生阻塞。粒度过大、强度下降、装填量少、内扩散时间延长，不利于有机大分子的交换。

2.交换容量

交换容量是表征树脂活性基团数量—交换能力的重要参数，其表示方法有重量交换容量(mmol/g 干树脂)和体积交换容量(mmol/mL 湿树脂)两种，后一种表示法较直观和实际地反映了生产设备的能力，关系到产品质量、收率高低和设计投资额大小的可靠性。

工作交换容量，亦称实用交换量。即在某一指定的应用条件下树脂实际表现出来的交换量，此时所有的交换基团并未完全利用。树脂失效后要再生才能重新使用，出于生产成本角度考虑，一般并不再生完全，因此，再生剂用量对工作交换容量影响较大，在指定的再生剂用量条件下的交换容量就称为再生交换容量。一般情况下，交换容量、工作交换容量和再生交换容量三者的关系为：再生交换容量0.5～1.0倍交换容量；工作交换容量0.3～0.9倍再生交换容量。工作交换容量与再生交换容量之比称为离子交换树脂利用率。

离子交换树脂的交换容量和交联度有关。将苯乙烯、二乙烯类树脂交联度减小，则单位重量的活性基增多，交换量增大，反之则减小。

3.机械强度

测定机械强度的方法一般是将离子交换树脂先经过酸、碱溶液处理后，将一定量的树脂置于球磨机或震荡筛机中撞击、磨损，一定时间后取出过筛，以完好树脂的重量百分率来表示。商品树脂的机械强度通常规定在90%以上，抗生素则要求在95%以上。

4.膨胀度

干树脂在水或有机溶剂中溶胀，湿树脂在功能基离子转型或再生后洗涤时亦有溶胀现象，其基本原因是极性功能基强烈吸水或高分子骨架非极性部分吸附有机溶剂所致的体积变化。当树脂浸在水溶液中时，活性离子因热运动可在树脂空隙的一定距离内运动，由于内部和外部溶液的浓度差(通常是内部浓度较高)，存在着渗透压。这种压力使外部水分渗入内部促使树脂骨架变形，空隙扩大而使树脂体积膨胀，反之则缩小。当树脂骨架的内、外部渗透压达到平衡时，体积便停止变化，此时的膨胀度最大。测定膨胀前后树脂的体积比，即可算出膨胀率。如果渗透压超过树脂骨架的强度极限，大分子链发生断裂，树脂就会出现裂纹甚至破碎。影响膨胀度的因素有以下几方面。

(1)交联度。一般凝胶树脂的膨胀度随交联度的增大而减小，交联度大，结构中线性舒展的活动性小，树脂骨架弹力较大，所以溶胀度就较小。干树脂溶胀前后体积之比称为膨胀系数。膨胀系数或溶胀体积与树脂交联度有关。

(2)活性基团的性质和数量。树脂上活性基团的亲水性强，则膨胀度较大。如相同交联度氢型树脂，弱酸树脂比强酸树脂膨胀度小。对活性基团相同的树脂，其溶胀度随活性基团数量的增加而增加。

(3)活性离子的性质。活性离子对膨胀度的影响是由于离子水合情况不同而引起的，活性离子的水合程度愈大，树脂的膨胀度降低。一般来说，膨胀度随活性离子的价数升高而降低；对于同价离子，膨胀度则随裸离子半径的增大而减小，但 H^+ 和 OH^- 例外。在设计离子交换柱时，树脂的装填系数应以工艺过程中膨胀度最大时的离子形式为上限参数，避免发生装量过多或设备利用率低的现象。

(4)介质的性质和浓度。经水溶胀后的树脂与低级醇或高浓度电解质溶液(如酸碱或盐溶液)接触时，由于水分从树脂内部向外部转移，可使树脂体积缩小；相反，则会膨胀。设计树脂装量时亦应注意。

(5)骨架结构。无机离子交换树脂因链的刚性，不易溶胀；有机离子交换树脂由于碳-碳链的柔韧性及无定形的凝胶性质，膨胀系数较大。大孔离子交换树脂的交联度比较大，所含空隙又有缓冲作用，故膨胀系数较小。在弱酸性阳离子树脂中，聚丙烯酸系的膨胀度大于聚苯乙烯系，这是由于大分子链结构和化学基团的综合效应，而聚苯乙烯大分子链为非极性，刚性较强，起的作用较大。

5. 含水量

每克干树脂吸收水分的数量称为含水量，一般是 0.3～0.7 g，交联度、活性基团性质及数量、活性离子的性质对树脂含水量的影响和对树脂膨胀度的影响相似。例如高交联度的树脂，含水量就低，反之则高。常用的 1×14 树脂含 30%～40% 水分，1×7 树脂含水量为 46%～52%。

干燥的树脂易破碎，故商品树脂均以湿态密封包装。冬季贮运，应有防冻措施。干燥树脂初次使用前，应先用盐水浸润后再用水逐步稀释以防止暴胀破碎。

6.视密度

有湿视密度和湿真密度两种表示法。湿视密度又叫堆积密度，是指树脂在柱中堆积时，单位体积湿树脂(包括树脂间空隙)的重量(g/mL)，其值一般在0.6～0.85 g/mL之间。阳树脂偏上限，阴树脂靠下限，交联度高，湿视密度亦高。凝胶树脂比相应的大孔树脂视密度大。

湿真密度是指单位体积湿树脂的重量，用比重瓶法测定。一般树脂的湿真密度为1.1～1.4 g/mL。活性基团越多，其值越大。在应用混合床或叠床工艺时，应尽量选取湿真密度差值较大的两种树脂，以利于分层和再生。

7.稳定性

(1)化学稳定性。苯乙烯系磺酸树脂对各种有机溶剂、强酸、强碱等稳定，可长期耐受饱和氨水、0.1 mol/L $KMnO_4$，0.1 mol/L HNO_3及温热 NaOH 等溶液而不发生明显破坏。一般聚苯乙烯型的树脂化学稳定性比缩聚型树脂好；阳树脂比阴树脂好；阴树脂中弱碱性树脂最差。低交链阴树脂在碱液中长期浸泡易降解破坏，羟型阴树脂稳定性差，故以氯型存放为宜。

(2)热稳定性。干燥的树脂受热易降解破坏。强酸、强碱树脂的盐型比游离酸(碱)型稳定，苯乙烯系比酚羟系树脂稳定，阳树脂比阴树脂稳定。各种树脂的最高操作温度见表4-4。

表4-4 各种离子交换树脂的最高工作温度 ℃

类型	强酸性离子交换树脂		弱酸性离子交换树脂		强碱性离子交换树脂		弱碱性离子交换树脂	
	Na型	H型	Na型	H型	Cl型	OH型	丙烯酸系OH型	苯乙烯系Cl型
最高工作温度	100～120	150	120	120	<76	<60	<60	<94

8.滴定曲线

离子交换树脂是不溶性的多元酸或多元碱，同样具有滴定曲线。滴定曲线能定性地反映树脂活性基团的特征，从滴定曲线图谱便可鉴别树脂酸碱度的强弱。

9.孔度、孔径、比表面

离子交换树脂的多孔性质，包括孔度、孔径和比表面在应用时有重要意义。孔度是指每单位重量或体积树脂所含有的孔隙体积，以mL/g或mL/mL表示。树脂的孔径大小差别很大，与合成方法、原料性质等密切相关，凝胶树脂的孔径决定于交联度，而且只在湿态时才有几个纳米的大小。大孔树脂的孔径在干态或湿态时相差不大。通过交联度、致孔剂的变化，其孔径可在几个纳米到上千个纳米范围内变化。孔径大小对离子交换树脂选择性的影响很大，对吸附有机大分子尤为重要。凝胶树脂的比表面积不到 1 m^2/g，大孔树脂的比表面积则由数个单位（m^2/g）到几百个单位（m^2/g）。在合适的孔径基础上，选择比表面积较大的树脂，有利于提高吸附量和交换速率。

相关知识三 离子交换基本原理

离子交换是指相同数量带同种电荷的离子在由晶格或凝胶组成的固定相周围与液相之间的交换，即成等物质的量交换。交换离子带正电荷，则发生阳离子交换，交换离子带负电荷则发生阴离子交换。

一、离子交换过程

待分离的离子存在于被处理的料液中，可进行选择性交换分离；洗脱液是一些离子强度较大的酸、碱或盐等溶液，用于将交换到离子交换树脂上的目标药物离子重新交换到溶液中。当树脂与溶液接触时，溶液中的阳离子（或阴离子）与阳离子（或阴离子）树脂中的活性离子发生交换，暂时停留在树脂上。因为交换过程是可逆的，如果再用酸、碱、盐或有机溶剂进行处理，交换反应则向反方向进行，被交换在树脂上的物质就会逐步洗脱下来，该过程称为洗脱（或解吸）。离子交换、洗脱示意如图 4-10 所示。

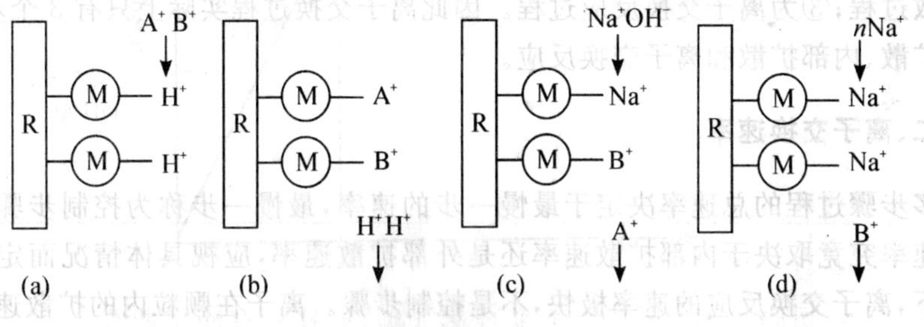

(a)交换前；（b）A^+、B^+ 取代 H^+ 而被交换；（c）加碱后，A^+ 被首先洗脱；
(d)提高碱浓度，B^+ 被洗出；H^+. 树脂上的平衡离子；A^+，B^+. 待分离离子

图 4-10 离子交换、洗脱示意图

一般来说，无论在树脂表面还是在树脂内部均可发生交换作用，故树脂总交换容量与其颗粒大小无关。设溶液中有一粒树脂，溶液中的 A^+ 与树脂上的 B^+ 发生交换反应。工业生产中的离子交换反应过程都是在动态下进行的，即溶液与树脂发生相对运动；无论溶液如何流动，树脂表面始终存在一层液体薄膜即“水膜”，交

的溶液，溶液中的交换离子 A_1 由于不断被树脂吸附，其浓度从起始浓度 c_0 沿曲线 1 逐渐下降至浓度为零，而树脂上的平衡离子 A_2 由于逐渐被释放，则浓度由零沿曲线 2 逐渐上升至 c_0。离子交换过程只能在 $A_1 \sim A_2$ 层内进行，这一段树脂层称为交换带，交换带内两种离子同时存在。

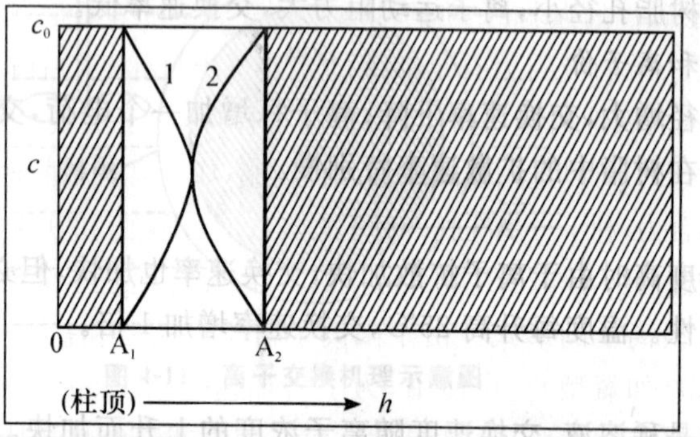

h. 柱的高度；c. 浓度；c_0. 起始浓度；$A_1 \sim A_2$. 交换带；
A_1. 溶液中的交换离子；A_2. 树脂上的平衡离子

图 4-13 旋转 90°的离子交换柱中离子分层示意图

在进行离子交换操作时，都希望交换带 $A_1 \sim A_2$ 尽可能窄一些，以求较高的分辨率。交换带的宽窄由多种因素决定。交换平衡常数 $K>1$ 要比 $K<1$ 时的交换带狭窄，也就是说 K 值越小，交换带越宽；离子的化合价、离子的浓度、树脂的交换容量也会影响交换带的宽窄；此外两种离子的解离度和树脂的颗粒大小也会影响交换带的宽度。另外，柱床流速高于交换速率也会加宽交换带，流速越快则交换带越宽。

理论上，只有当树脂上的平衡离子 A_2 被溶液中的交换离子 A_1 完全交换时，树脂达到饱和，此时树脂的利用率才最大。但在实际操作中，通常在某一时刻，A_2 尚未被 A_1 完全交换，流出液中就已出现离子 A_1，并达到一定浓度时，此时操作即应停止，待树脂再生后继续使用，此时即称为漏出点。因此，为使树脂达到最大饱和度，发挥树脂的最大利用率，必须采用几根柱串联的系统。例如从发酵液中吸附抗生素时，常将两根或三根树脂柱串联使用，这样才能达到用抗生素将第一根柱饱和的目的。所以研究离子在柱中的运动情况具有极大的实际意义。

相关知识四 离子交换工艺过程与设备

一、离子交换工艺过程

1. 离子交换树脂的选择

在工业应用中，对离子交换树脂的要求是：具有较高的交换容量；具有较好的交换选择性；交换速率快；具有在水、酸、碱、盐、有机溶剂中的不可溶性；较高的机械强度，耐磨性能好，可反复使用；耐热性好，化学性质稳定。应用离子交换技术进行药物分离提纯的关键是选择适合的离子交换树脂，一般应从以下几方面考虑。

(1)被分离物质的性质和分离要求。包括目标药物和主要杂质的解离特性、分子量、浓度、稳定性、酸碱性的强弱、介质的性质以及分离要求等方面，关键是保证树脂对被分离物质与主要杂质的吸附力有足够大的差异。当目标药物有较强的碱性或酸性时，应选用弱酸性或弱碱性树脂，这样可以提高选择性，利于洗脱。当目标药物为弱酸性或弱碱性的小分子时，可以选用强碱或强酸性树脂，如分离氨基酸多采用强酸性树脂，以保证有足够的结合力，利于分步洗脱。对于大多数蛋白质、酶和其他生物大分子的分离多采用弱碱或弱酸性树脂，以减少生物大分子的变性，有利于洗脱，并提高选择性。

(2)树脂可交换离子的形式。由于阳离子树脂有氢型和盐型(如钠型)，阴离子树脂有羟型和盐型(如氯型)可供使用，为了增加树脂活性、离子的解离度，提高吸附能力，弱酸性和弱碱性树脂应采用盐型，而强酸性和强碱性树脂则根据用途可任意使用，对于在酸性、碱性条件下不稳定的药物，亦不宜选用氢型或羟型树脂。

(3)适宜的交联度。多数药物的分子较大，应选择交联度较低的树脂，以便于吸附。但交联度过小，会影响树脂的选择性，其机械强度也较差，使用过程中易造成破碎流失。所以选择交联度的原则是：在不影响交换容量的条件下，尽量提高交联度。

(4)洗脱难易程度和使用寿命。离子交换过程仅完成了一半分离过程，洗脱是非常重要的另一半分离过程，往往关系到离子交换工艺技术的可行性。从经济角度考虑，交换容量、交换速率、树脂的使用寿命等都是非常重要的选择参数。

总之，应根据目标药物的理化性质及具体分离要求，综合考虑来选择树脂。

2. 离子交换树脂的预处理

(1)物理处理。商品树脂在预处理前要先去杂过筛，粒度过大时可稍加粉碎，对于粉碎后的树脂应进行筛选或浮选处理。经筛选去除杂质后的树脂，往往还需要水洗以去除木屑、泥沙等杂质，再用酒精或其他溶剂浸泡以去除吸附的少量有机杂质。

(2)化学处理。化学处理的方法是用 8～10 倍的 1 mol/L 的盐酸或氢氧化钠溶液交替搅拌浸泡。如 732 树脂在用于氨基酸分离前先以 8～10 倍树脂体积的 1 mol/L 盐酸搅拌浸泡 4 h，反复用水洗至近中性后，再用 8～10 倍体积的 1 mol/L 氢氧化钠溶液搅拌浸泡 4 h，反复以水洗至近中性后，再用 8～10 倍树脂体积的 1 mol/L 盐酸搅拌浸泡 4 h，最后水洗至中性备用。

(3)转型。即树脂经化学处理后，为了发挥其交换性能，按照使用要求人为地赋予树脂平衡离子的过程。如化学处理 732 树脂的最后一步，用酸处理使之变为氢型树脂的操作也可称为转型。常用的阳离子交换树脂有氢型、钠型、铵型等；常用的阴离子交换树脂有羟型、氯型等。对于分离蛋白质、酶等物质，往往要求在一定的pH值范围及离子强度下进行操作，因此，转型完毕的树脂还必须用相应的缓冲液平衡数小时后备用。

3.离子交换操作条件的选择

(1)交换pH值。pH值是最重要的操作条件。选择时应考虑：在药物稳定的pH值范围内；使药物能离子化；使树脂能离子化。如赤霉素为一弱酸，pK_a为3.8，可用强碱性树脂进行提取。一般来说，对于弱酸性和弱碱性树脂，为使树脂能离子化，应采用钠型或氯型。而对强酸性和强碱性树脂，可以采用任何形式。但若抗生素在酸性、碱性条件下易破坏，则不宜采用氢型和羟型树脂。对于偶极离子，应采用氢型树脂吸附。

(2)洗涤。完成离子交换后，洗脱前树脂的洗涤工作相当重要，其对分离质量影响很大。洗涤的目的是将树脂上吸附的废液及夹带的杂质除去。适宜的洗涤剂应能使杂质从树脂上洗脱下来，且不应与有效组分发生化学反应。如链霉素被交换到树脂上后，不能用氨水洗涤，因NH_4^+与链霉素反应生成毒性很大的二链霉胺；也不能用硬水洗涤，因为水中的Ca^{2+}、Mg^{2+}等可将链霉素交换下来，造成收率降低。目前生产中使用软水进行洗涤，常用的洗涤剂有软化水、无盐水、稀酸、稀碱、盐类溶液或其他络合剂等。

4.离子交换过程

离子交换过程是指被交换物质从料液中交换到树脂上的过程，分正交换法和反交换法两种。正交换是指料液自上而下流经树脂，此交换方法有清晰的离子交换带，交换饱和度高，洗脱液质量好，但交换周期长，交换后树脂阻力大，影响交换速率。反交换是指料液自下而上流经树脂层，树脂呈沸腾状，所以对交换设备要求比较高。生产中应根据料液的黏度及工艺条件选择，大多采用正交换法；当交换带较宽时，为了保证分离效果，可采用多罐串联正交换法。在离子交换操作时必须注意，树脂层之上应保持有液层，处理液的温度应在树脂耐热性允许的最高温度以下，树脂层中不能有气泡。

5.洗脱过程

完成离子交换后，将树脂吸附的物质释放出来重新转入溶液的过程称作洗脱。洗脱前，一般先用软水、无盐水、稀酸或盐溶液作为洗涤剂洗涤树脂，去除大量色素和杂质。洗脱剂可选用酸、碱、盐、溶剂等。其中酸、碱洗脱剂是通过改变吸附物的电荷或改变树脂活性基团的解离状态，消除静电结合力，迫使目标物释放出来。盐类洗脱剂是通过高浓度的带同种电荷的离子与目标药物竞争树脂上的活性基团，并取而代之，使吸附物游离出来。

洗脱剂应根据树脂和目标药物的性质来选择。对于强酸性树脂，一般选择氨水、甲醇及甲醇缓冲液等作为洗脱剂；弱酸性树脂用稀硫酸、盐酸等作为洗脱剂；强碱树脂用盐酸—甲醇、乙酸等作为洗脱剂。若被交换的物质用酸、碱洗不下来，或遇酸、碱易破坏，可以用盐溶液作洗脱剂，此外还可以用有机溶剂作洗脱剂。在常温稀水溶液中，离子的水化半径越小，价态越高，越易被树脂交换，但树脂饱和后，价态不再起主要作用，所以可以用低价态、较高浓度的洗脱剂进行洗脱。

洗脱过程是交换的逆过程，一般情况下洗脱条件应与交换条件相反。如吸附在酸性条件下进行，洗脱应在碱性下进行；如吸附在碱性下进行，洗脱应在酸性下进行。洗脱流速应大大低于交换时的流速。为防止洗脱过程 pH 值的变化对药物稳定性的影响，可选用氨水等较缓和的洗脱剂，也可选用缓冲溶液作为洗脱剂。若单靠 pH 值变化洗脱不下来，可以使用有机溶剂，选择有机溶剂的原则是能与水混溶，并且对抗生素溶解度较大。

在洗脱过程中，洗脱液的 pH 值和离子强度可以始终不变，也可以按分离的要求人为地分阶段改变其 pH 值和离子强度，这就是阶段洗脱，常用于多组分分离。这种洗脱液的改变也可以通过仪器来完成，称为连续梯度洗脱。所用仪器称作梯度混合仪，如瑞典 Pharmacia-LKB 公司制造的自动梯度仪。梯度洗脱的效果优于阶段洗脱，特别适用于高分辨率的分析目的。另外，根据工艺要求，常对不同浓度的洗脱液进行分步收集，以获得较高的分离效果。

6.树脂的再生

(1)树脂的再生和转型。所谓树脂的再生就是让使用过的树脂重新获得使用性能的处理过程，包括除去其中的杂质和转型。离子交换树脂一般可重复使用多次，但需进行再生处理。对使用后的树脂首先要去杂质，即用大量的水冲洗，以去除树脂表面和孔隙内部物理吸附的各种杂质；然后再用酸、碱处理，除去与功能基团结合的杂质，使其恢复原有的静电吸附能力。

常用的再生剂有 1%～10% HCl、H_2SO_4、$NaCl$、$NaOH$、Na_2CO_3 及 NH_4OH 等。再生操作时，随着再生剂的通入，树脂的再生程度(再生树脂占全部树脂量的百分率)在不断增加，当上升至一定值时，再要提高再生程度就比较困难，必须耗用大量再生剂，很不经济，故通常控制再生程度在 80%～90%。

动态再生法既可采用顺流再生，也可采用逆流再生。对于顺流交换而言，当顺流再生时，未再生完全的树脂在床层的底部，残留离子会影响分离效果；相反，当逆流再生时，床层底部的树脂再生程度最高，分离效果稳定。动态再生法步骤如下。

①逆洗使树脂分离。动态再生法中，逆洗可使积压结实的树脂冲开松动，同时调整树脂的填充状态，树脂层中的杂质沉淀物与浮游物等被溢流除去，气泡也被除去。逆洗的水量为树脂层原体积的 150%～170%，逆洗时间一般为 10 min。在混合床装置中，逆洗还兼有两种树脂分层的作用。

②将再生剂通过树脂层。逆洗完毕，树脂颗粒沉降后，将再生液通过树脂层，再生剂的选择原则一般为：H 型交换层用酸液；OH 型交换层用碱液；中性交换树脂(复分解反应的离子交换)层用食盐。根据所用树脂的类型，选择适宜的再生剂，离子交换树脂的完全再生条件见表 4-5。

表 4-5 离子交换树脂的完全再生条件

离子交换树脂的种类	再生剂量/(mmol/g)	再生剂浓度/%	离子交换树脂的种类	再生剂量/(mmol/g)	再生剂浓度/%
强酸性阳离子交换树脂	50(HCl)	10	强碱性阴离子交换树脂	50(NaOH)	10
弱酸性阳离子交换树脂	50(NH_4Cl) 40(HCl)	10 5	弱碱性阴离子交换树脂	30(NaCl) 30(NaOH)	10 5

如果离子交换树脂要完全再生，所用再生剂的量必须达到上表中理论量的 3～20 倍，很不经济。在实际工业生产中往往采用部分再生法，再生剂的用量仅为理论用量的 1.5～3 倍。

③树脂层的清洗。再生后要用清水对树脂层进行洗涤，以洗去其中的再生废液。工业上为了回收再生废液，往往先慢速冲洗以回收再生废液，然后快速冲洗。制药生产中所用的洗涤水一般为软水或无盐水。

④树脂的混合。洗涤后，对于混合床还需在其底部通入压缩空气搅拌，使两种树脂充分混匀备用。

与动态再生法对应的是静态再生法，它是将洗涤后的树脂与再生剂反复混合多次，取出再生废液，然后用水对树脂进行洗涤，反复多次，直至再生液被全部洗出。工业中一般不采用此法。

如果离子交换树脂再生后，树脂的形式与下次离子交换所需的形式相同，则可以直接使用；若再生后的形式不符合下次使用的要求，则必须对树脂进行转型处理。如果树脂暂时不用则应浸泡于水中保存。

(2)毒化树脂的逆转。树脂失去交换性能后不能用一般的再生手段重获交换能力的现象称为树脂的毒化。毒化的因素主要有大分子有机物或沉淀物严重堵塞孔隙、活性基团脱落、生成不可逆化合物等，重金属离子也会对树脂毒化。对已毒化的树脂用常规方法处理后，再用酸、碱加热至 40～50 ℃浸泡，以溶出难溶杂质；也可用有机溶剂加热浸泡处理。对不同的毒化原因须采用不同的逆转措施，不是所有被毒化的树脂都能逆转而重新获得交换能力，因此使用时要尽可能减轻毒化现象的发生，以延长树脂的使用寿命。

二、离子交换设备

离子交换设备主要是离子交换罐，是离子交换树脂进行处理、交换、洗脱和再生的场所，即全部离子交换过程都在交换罐中进行。制药工业中常见的离子交换罐包括正交换离子交换罐、反交换离子交换罐和混合离子交换罐。分别介绍如下。

1. 正交换离子交换罐

正交换离子交换罐料液上进下出，结构如图 4-14 和图 4-15 所示，两图的区别是前者使用多孔筛板作为树脂的底部支撑，后者使用细碎卵石块从下部托住树脂。由于进行交换的料液一般是有一定酸性的水溶液，这种交换罐的材质通常是有机玻璃、硬氯乙烯或碳钢，高径比 H/D 在 2～3 之间。有机玻璃交换罐主要用于制备软水和无盐水，优点是罐体透明，利于观察，操作方便，对产品无污染，而且耐腐蚀，加工容易。缺点是价格较贵，承受内压较差，故用于压力不大的场合。硬聚氯乙烯耐腐蚀性好，对产品无污染，材料来源广，价格便宜，加工方便。缺点是不透明，承受内压差，需在罐体上设视镜。用碳钢制作的交换罐内部常衬橡胶、塑料层或涂耐腐蚀层，虽然碳钢工费用较高，但因其耐压，不易损坏和泄漏被广泛用于抗生素行业。

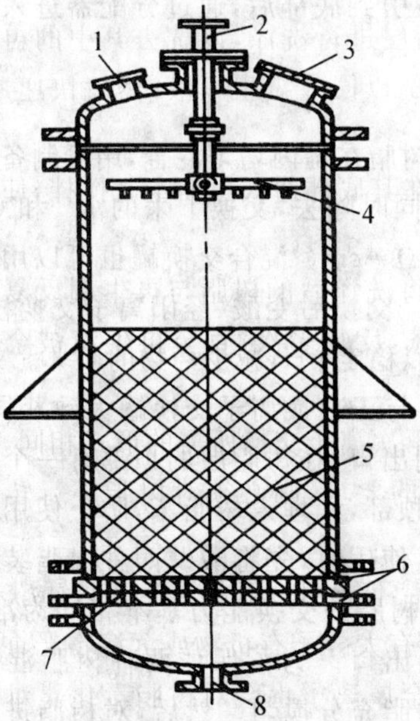

1. 视镜； 2. 进料口； 3. 手孔； 4. 液体分布器；
5. 树脂层； 6. 多孔板； 7. 尼龙布； 8. 出液口

图 4-14　具有多孔支撑的离子交换缺罐

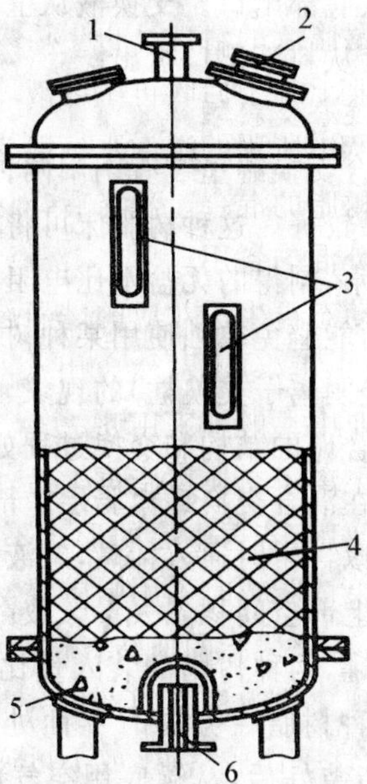

1. 进料口； 2. 人孔； 3. 液位计； 4. 树脂；
5. 卵石层； 6. 出液口

图 4-15　具有细碎卵石块支持层的离子交换罐

因为树脂在酸碱交替洗、交换、再生过程中会发生体积膨胀或缩小，交换罐里的树脂不能装满，装填高度为罐内总高度的50%～70%，根据树脂的膨胀率而定，必要时咨询树脂生产厂商，或做实验确定。使用时，料液、洗液、再生液等从交换罐上部进，下部出，通过视镜观察罐内液体情况，通过罐前管道上的阀门调节液体进出速率。

2.反交换离子交换罐

反交换指料液从罐底进，向上至灌顶出，结构如图4-16所示。进料管从交换罐的上部进入直通底部料液分布器。淋洗、再生液从顶部进入，经分配器到树脂层，从底部出去。与正交换相比，反交换的优点是交换液向上将树脂床冲松，阻力减小，因此，在同样进口压力下，流量较大。此外，反交换时由于液固相对运动加大，树脂内、外间的传质较快，因此，交换速度较快。所以，反交换生产周期短，对于容易降解的药物，产品质量较高。

由于交换使床层较松，树脂装填不能太多，以防交换时被冲出罐外。这种交换罐的下部由多孔筛板支撑。

使用时，洗液、再生液从上部进入，经分配器淋洒到树脂床顶部，向下通过床层，进入底部出口。交换液从上部管道进入，被引到底部后，通过分配器进入树脂床，向上从料液出口引出。

3.混合交换罐

混合交换罐里装有阴阳两种树脂，这两种树脂在罐内均匀混合，用于制备无盐水，效果较好。这种树脂床可将水中阴阳离子同时除去，交换下来的H^+和OH^-结合成水，制得的无盐水比电阻可达$1.8\times10^7\ \Omega\cdot cm$。混合交换罐也可以用于药物提取，能避免单独使用某种树脂时药物溶液经交换后变酸（经阳离子交换柱）或变碱（经阴离子交换柱）的现象，即在交换时可以稳定pH，减少药物的破坏。

混合床的结构和交换过程如图4-16所示，与正交换离子交换罐大致相同，不同的是在混合交换罐树脂层中部有一个再生剂出口，在树脂层的顶部有一个碱液入口用以再生时通入稀碱，碱液入口接近床层顶部，稍埋入树脂床，防止使用碱液再生时上部空间积累大量碱液影响后续操作。使用时，先将酸碱两种树脂装入混合交换罐，两种树脂的装入量比例应当以酸碱树脂的交换能力基本相同为准，并且使两种树脂在分层时界面处于中部再生剂出口。为了保证两种树脂混合均匀，树脂装好后，从罐底用空气向上反吹，将树脂充分搅匀。然后，对树脂进行预处理：即水泡和酸碱交替洗，新树脂需要酸碱交替洗三次，用过的树脂只需一次。预处理的过程和一般交换一样，水、酸、碱均上进下出，或相反，不用中间再生剂出口。

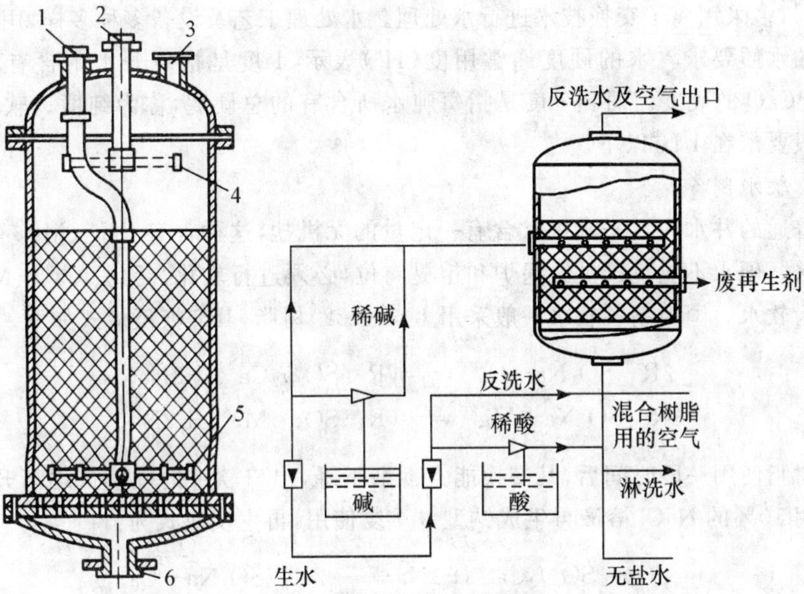

1. 进料口；　2. 淋洗、再生液进口；　3. 交换液出口；　4. 分布器；
5. 分布器；　6. 淋洗、再生液出口

图 4-16　反交换离子交换罐结构示意图

预处理完成后开始交换和洗脱，料液上进下出，不用中间出口，与一般交换没有不同。不同的是再生阶段。由于酸碱树脂的再生剂不同，需要分别再生，因此，必须将两种树脂在罐内分开。办法是从底部通入反洗水，将树脂飘浮起来，由于一般阳离子树脂密度大于阴离子树脂（两者相差 100～130 kg/m^2），阳离子树脂沉在底部，阴离子堆砌其上，形成分层，分层界面在再生剂出口附近。分层后，从上部通入稀碱溶液，下部通入稀酸溶液，两者都从中间再生剂出口引出，这样，在上部的阴离子树脂用稀碱再生的同时，下部阳离子树脂用稀酸再生。由于稀酸或稀碱到达中部出口附近时，酸或碱已被再生过程消耗大部分，浓度很低，因此，此处的酸碱混合很少，不会产生较大的热量。再生结束时，由于酸碱树脂在界面附近没有严格的分开，有部分混合，这部分树脂可在一定程度上中和酸或碱的强度，加上本来使用的是稀碱和稀酸，因此，在界面附近的酸碱混合应当在可控制的范围内。再生结束后，用空气从底部反吹，将酸碱树脂再次混合均匀，继续循环使用。

相关知识五　离子交换技术的工业应用与发展

一、离子交换在水处理中的应用

在药物生产过程中，大量的水作为溶剂或用于清洗。不同用途的水，其水质要求不同，多采用离子交换技术进行水处理。水处理工艺及设备多种多样，用于满足不同的水质要求。水的硬度通常用度（H°）表示，1 度是指每升水中含有相当于 10 mg CaO 的硬度。而吨·度是指每吨水所含有的总硬度，称为纯度。软水的硬度一般要求在 1 H°以下。

1. 软水制备

普通的井水和自来水中常含有一定量的无机盐，这种含有 Ca^{2+}、Mg^{2+} 的水称为硬水。硬水不能直接供给锅炉和粗提岗位，必须进行软化。除去 Ca^{2+}、Mg^{2+} 的水称为软水。国内制备软水一般采用 1×7(732)树脂，其交换反应式如下。

$$2R—SO_3Na+Ca^{2+} \rightleftharpoons (R—SO_3)_2Ca^{2+}+2Na^+$$

$$2R—SO_3Na+Mg^{2+} \rightleftharpoons (R—SO_3)_2Mg^{2+}+2Na^+$$

树脂使用一段时间后，其交换能力逐渐下降，出口软水的硬度也逐渐升高，因此需用 10％的 NaCl 溶液再生成钠型以重复使用，再生反应式为：

$$(R—SO_3)_2Ca^{2+}+2Na^+ \longrightarrow 2R—SO_3Na+Ca^{2+}$$

$$(R—SO_3)_2Mg^{2+}+2Na^+ \longrightarrow 2R—SO_3Na+Mg^{2+}$$

锅炉给水处理中常用磺化煤，它是用发烟硫酸或浓硫酸处理粉碎的褐煤或烟煤而得，黑色无定型颗粒，软化能力为 700(t·d)/m^3 以上。

2. 无盐水制备

无盐水又称去离子水，它是指不含任何盐类及可溶性阴离子和阳离子的水，其纯度较软水高得多，在药物生产中应用较多。无盐水的制备多采用氢型强酸阳离子树脂和羟型强碱或弱碱阴离子树脂。弱碱树脂虽具有交换容量高、再生剂耗量少等优点，但它不能除去弱酸性阴离子如 SiO_3^{2-}、CO_3^{2-} 等，所以水质不如用强碱树脂制得的好。因此，在实际运用时，应根据水质要求和原水质量选用不同的树脂和组合。如采用强酸-强碱组合或强酸-弱碱组合；若原水的硬度较高，也可采用大孔弱酸-强酸-弱酸（或强碱）的组合，以得到较高质量的无盐水。其交换反应式如下。

$$R—SO_3H+MX \longrightarrow R—SO_3M+HX$$

$$R'—OH+HX \longrightarrow R'—X+H_2O$$

式中：M 为金属阳离子；X 为阴离子。

当阴、阳离子树脂需要再生时，可分别用 1 mol/L 的 NaOH 和 HCl 进行处理，再生成氢型和羟基型即可重复使用，再生反应式为：

$$R—SO_3M+HCl \longrightarrow R—SO_3H+MCl$$

$$R'—X+NaOH \longrightarrow R'—OH+NaX$$

当原水中碳酸氢盐、碳酸盐含量较高时，可在阳床和阴床之间装一个CO_2脱气塔，以延长阴离子树脂的使用期限，此法制得的无盐水的电阻率一般可达$6\times10^5\ \Omega\cdot cm$以上。如果水质要求更高，可采用阴、阳离子树脂两次组合或采用混合床装置来制备。混合床是将阴、阳离子树脂混合而成，脱盐效果更好，但再生操作不便，故适于装在强酸—强碱树脂组合的后面以除去残余的少量盐分，提高水质。交换反应式如下。

$$R—SO_3H+R'—OH+MX \longrightarrow R—SO_3M+R'—X+H_2O$$

由上述交换反应可看出，混合床除盐的交换产物为水，故反应完全，所得水质更好，其电阻率可达$(2\times10^7\sim2\times10^8)\ \Omega\cdot cm$，$Cl^-$浓度可降至$0.1\ \mu g/mL$，硬度达0.1以下。另外，避免了复床中阳离子交换床层pH值变化较大的问题。

3. 影响水处理的因素

(1)树脂的选择。树脂的性能决定着水处理的效果。如在硬水软化时，应选择既有较高的软化效率，又有合理的再生效率的离子交换树脂，可选用磺酸型阳离子交换树脂。在无盐水制备中，当水质要求较高时，可采用强酸-弱碱-强酸-强碱的组合。

(2)操作方式和操作条件的影响。在制备无盐水时，根据水质要求和生产具体情况，可选择常法去离子(阳离子树脂→阴离子树脂)、逆法去离子(阴离子树脂→阳离子树脂)、混合床去离子(强酸阳离子树脂与强碱阴离子树脂混合)等操作方式，通过实验确定最佳操作条件，如流速、温度、交换剂粒度、再生程度、再生剂浓度、再生剂类型等。

(3)有机污染问题。在应用离子交换法进行水处理时，通常只关注无机离子的交换，但有机杂质的影响也不可忽略。如果处理地下水，则有机杂质的影响很小。但是如果以地面水作为水源时，则有机杂质的影响较大。有机杂质一般呈酸性，对阴离子树脂污染比较严重。污染分为两种，一种是对树脂颗粒的机械性阻塞，经逆洗后一般能恢复；另一种为化学性不可逆吸附，如吸附单宁酸、腐殖酸后，会使树脂失效。

阴离子树脂被有机物污染后，一般颜色变深，用漂白粉处理后可使颜色变白，但交换能力不能完全恢复，而且会损坏树脂。也可用10%的氯化钠与1%的氢氧化钠混合液进行处理，使有机物在碱性条件下分解，去除污染物而使树脂恢复原色。由于碱性NaCl溶液对树脂没有损害，故可经常用来处理，处理后的树脂的交换能力虽不能完全恢复，但有显著的改善。

解决有机物污染问题，可以从源头抓起，采取预处理方法，以降低原水中的有机物含量。还可以选用抗有机物污染性能较好的树脂，如强碱Ⅱ型树脂、大网格树脂或均孔树脂等，都具有抗有机污染能力较强、工作交换容量高、再生剂耗量低、淋洗容易等优点，用于水处理效果较好。

(4)再生方式的影响。在固定床制备无盐水时，一般采用顺流进行，即原水自上而下流经树脂层。再生时可以采用顺流再生，也可以采用逆流再生。无盐水的质量主要取决于离开交换塔处树脂层的再生程度；顺流再生时，未再生完全的树脂层在交换塔底部，残留离子会影响水质；逆流再生时，交换塔底部的树脂层再生程度最好，故水质较好。采用逆流再生时，为防止乱层，在再生剂从塔底自下而上通入的同时，可以从塔顶通入水、再生剂或空气来压住树脂。

二、离子交换在抗生素工业中的应用

1. 链霉素

链霉素为一强碱性抗生素，在 pH 值为 4～5 时稳定，强酸树脂虽能吸附但很难洗脱，故选用弱酸树脂。链霉素在 pH＞8 和 pH＜4 不稳定。氢型弱酸树脂在酸性溶液中不起交换作用，故采用钠型树脂吸附。吸附前用水稀释发酵液，目的是提高链霉素高价离子的交换选择性。其他低价杂质离子的吸附量饱和后用大量软水正、反洗涤树脂至流出水澄清，方可洗脱。羧酸树脂和 H^+ 的亲和力强，用 5% 的硫酸即可洗脱完全，采取数罐串联洗脱和提高硫酸浓度的方法可以提高洗脱液浓度，减少杂质含量。

2. 庆大霉素

庆大霉素是由小单孢菌产生的一族氨基糖苷类抗生素的总称，目前临床上用的庆大霉素是 C_1、C_2、C_{1A} 3 个主要组成的复合物。它们为碱性抗生素。庆大霉素对广泛 pH 值及热均稳定，因此采用 1×12 或 1×7 强酸树脂（H^+、Na^+、NH_4^+ 型均可）在 pH 7～7.5 吸附，饱和树脂先用稀 $HCl\text{-}NH_4Cl$ 溶液或 0.02 mol/L 氨水洗涤，去除组分杂质及色素，再用无盐水洗涤至无 Cl^-（避免洗脱时生成 NH_4Cl 灰分含量不合格），然后用 1 mol/L 氨水溶液洗脱，在碱性下庆大霉素从阴离子转变为游离碱，故容易洗脱完全。

3. 四环素类抗生素

四环素类抗生素为两性化合物，当 pH 小于 7 时，呈正离子，可用磺酸基树脂吸附。在中性条件下，四环素类以不离解形式存在，此时吸附量很小。氢型磺酸树脂与一价金属离子的交换常数接近于 1，而与金霉素交换时可达 1 000 以上，可见树脂对四环素类抗生素的吸附选择性较其他一价离子大的多。当树脂由 H 型转为 Na 型时，吸附选择性就降低。例如苯乙烯-丁二烯磺酸基树脂吸附四环素，H 型交换常数为 410，Na 型仅为 2 220。

洗脱时如用 H^+、Na^+ 等，其交换常数均小于 1，因此很难洗脱。用CH_3OH溶液洗脱，情况虽有所改善，但洗脱峰不集中。土霉素、四环素在碱性下较稳定，而且转变为负离子，因此可以用 NH_4Cl-NaOH 碱性缓冲液作洗脱剂。

在土霉素、四环素工业生产中，沉淀法较离子交换法更为简便有效，所以除脱色用 122 树脂外，不采用磺酸树脂提取工艺。

4. 青霉素

青霉素为弱酸性抗生素，在溶液中可阴离子化，曾用弱碱树脂吸附，以进行洗脱，洗脱率仅为 65%～70%。此法周期长、易染菌。同时青霉素又是抗生素中较不稳定的化合物，对热、酸、碱及参与微生物代谢的醇都敏感，很易被破坏，所以至今工业上没有用树脂法而是用溶剂萃取法提取。

三、离子交换技术的发展

1. 新型离子交换树脂的开发应用

(1)大网格离子交换树脂。又称大孔离子交换树脂，制造该类树脂时先在聚合物物料中加入一些不参加反应的填充剂(称致孔剂)，聚合物形成后再用溶剂萃取法或水洗蒸馏法将致孔剂除去，这样在树脂颗粒内部就形成了相当大的孔隙。常用的致孔剂有高级醇类有机物、乙苯、二氯甲烷等溶剂，其活性基团通常在聚合后引入，大孔离子交换树脂的合成成功是离子交换技术领域内最重要的发展之一。

一般凝胶离子交换树脂水化后，处在溶胀状态，交联链之间的距离拉长，形成孔隙，这种孔隙通常在 2～3 nm，称为微孔。当凝胶树脂失水或在非水体系中，分子链间的孔隙闭合，由于这种孔隙是不稳定的、暂时性的，所以称为“暂时孔”。因此凝胶树脂在干裂或非水体系中无交换能力，这就限制了离子交换技术的应用。另外，凝胶树脂在水中交换有机大分子比较困难，并且有机大分子被交换后不易洗脱，产生不可逆的“有机污染”而使树脂的交换能力大大降低。若降低树脂的交联度，使孔隙增大，虽然交换能力有所改善，但树脂的机械强度相应降低，使树脂易破碎。大孔树脂的开发应用，克服了上述缺点。

大孔树脂的基本性能与凝胶树脂相似，因其制造时在树脂内部留下的孔径可达 100 nm，甚至 1 000 nm 以上，故称“大孔”，而且此类孔隙不因外界条件而变，因此又称为“永久孔”。由于大孔对光线的漫反射，从外观上看大孔树脂呈不透明状。大孔树脂和凝胶树脂物理性质的比较见表 4-6，普通凝胶树脂与大网格树脂内部结构示意如图 4-17 所示。

表 4-6 大孔树脂和凝胶树脂孔物理性质比较

树脂名称	交联度/%	比表面积/(m^2/g)	孔径/nm	孔隙率/(孔隙 mL/树脂 mL)	外观	孔结构
大孔树脂	15～25	25～100	8～1 000	0.15～0.55	不透明	大孔、凝胶孔
凝胶树脂	2～10	<0.1	<3.0	0.01～0.02	透明或半透明	凝胶孔

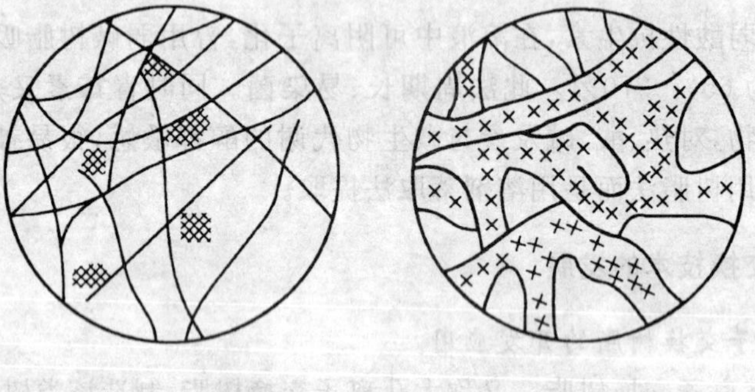

(a) 普通凝胶型树脂　　(b) 大孔型树脂

图 4-17 普通凝胶树脂与大网格树脂内部结构示意图

与凝胶树脂比较，大孔树脂具有以下特点。

①交联度高，溶胀度小，理化稳定性好，机械强度高。

②孔径和比表面积较大，交换速率较快，抗有机污染能力较强，再生容易。

③存在永久性孔隙，使树脂耐胀缩，不易破碎，且可应用于非水体系交换。

④流体阻力小，工艺参数稳定。但大网格树脂具有孔隙率大、密度小、对小离子的交换容量小、洗脱剂用量多、成本高、一次性投资大等缺点。

大网格树脂已应用于维生素 B_{12}、链霉素、四环素、土霉素、竹桃霉素、赤霉素及头孢菌素 C 的提取。例如链霉素提取，过去采用低交联度羧基树脂，机械强度差，树脂损耗大。现国内外都逐步采用大网格羧基树脂，不仅提高了机械强度，而且由于交联度增大，体积交换容量也有所提高。

(2)适用于分离纯化蛋白质的离子交换剂。离子交换剂在蛋白质纯化中应用广泛，在纯化蛋白质的方法中，有 75%都应用了离子交换剂，但传统的离子交换树脂并不适用于提取蛋白质。这是由于蛋白质属于两性电解质，分子量高，具有四级结构，稳定性差。为此，开发了一些具有均匀的大网结构、适当的电荷密度、粒度较小、亲水性强等特性的离子交换剂来提取蛋白质。

最早开发的亲水性离子交换剂是以纤维素为骨架的离子交换剂，虽然价廉，但由于呈纤维状，且有可压缩性，使流动性能和分离能力差。后来研究出球状纤维素，以葡聚糖为骨架的树脂 Sephadex、以琼脂糖为骨架的树脂 Sepharose，Sepharose 具有机械强度高的大孔结构，体积随 pH 值和离子强度的变化较小；上述两种树脂均以多糖作为骨架。另外还有以人造聚合物作为骨架的，如树脂 Trisacry 和 MonoBeads；以二氧化硅为骨架，表面覆盖一层含离子交换基团的高聚物树脂 Spherosil 等，均可用于提取蛋白质。常用的功能基团有强酸、强碱和弱酸、弱碱四种，如二乙氨基乙基、季铵乙基、羧甲基和磺丙基。

由于蛋白质分子大，并且带有多价电荷，因而在交换中必须与多个功能团发生作用，一般认为一个蛋白质分子可与多达 15 个官能团发生作用，因此，吸附的蛋白质分子可能会屏蔽住一些未起作用的功能团，或阻断蛋白质分子扩散进入交换剂的其他区域，使离子交换剂上的活性中心不能完全被利用，造成交换容量降低。

2. 离子交换技术与其他分离技术的结合

(1)离子交换膜和电渗析。

①离子交换膜。将离子交换树脂加工成薄膜状材料，即得离子交换膜，因此离子交换膜与离子交换树脂的性质接近。按活性基团不同可将离子交换膜分为阳离子交换膜，简称阳膜；阴离子交换膜，简称阴膜。阳膜能交换或透过阳离子，阴膜能交换或透过阴离子。

按结构组成不同，离子交换膜可分为异相膜和均相膜两种。异相膜是指将离子交换树脂磨成粉末，加入惰性胶黏剂如聚氯乙烯、聚乙烯、聚乙烯醇等，再经机械混炼加工成膜，由于树脂粉末之间填充着胶黏剂，膜的结构组成是不均匀的，故称为异相膜。均相膜是指以聚乙烯薄膜为载体，首先在苯乙烯、二乙烯苯溶剂中溶胀并以偶氮二异腈为引发剂，在高温、高压和催化剂作用下，于聚乙烯主链上连接支链聚合生成交联结构的共聚体，再用浓硫酸磺化制成阳膜；以氯甲醚氯甲基化后，再经胺化制成阴膜。异相膜的电阻较大，电化学性能也比均相膜差，但机械强度较高，因此水处理一般采用异相膜。近年又研制出半均相膜，它是将聚乙烯粒子浸入苯乙烯、二乙烯苯后，加热聚合，再按上述工艺制成阳膜或阴膜。

②离子交换膜在电渗析技术中的应用。由于离子交换膜具有选择透过的性能，即阳膜能透过阳离子，不易透过阴离子；而阴膜能透过阴离子，不易透过阳离子，所以，离子交换膜可应用于电渗析技术。

电渗析技术主要用于制备无盐水，如图 4-18 所示为三槽电渗析示意。中间室中含有一定量的 NaCl 溶液，当通直流电后，中间室的 Cl^- 透过阴膜，向阳极移动，在阳极上发生电极反应产生 Cl_2；中间室的 Na^+ 透过阳膜，向阴极移动，在阴极上发生电极反应产生 H_2 和 NaOH。这样经过一段时间的通电后，中间室的 NaCl 越来越少，最后得到无盐水。

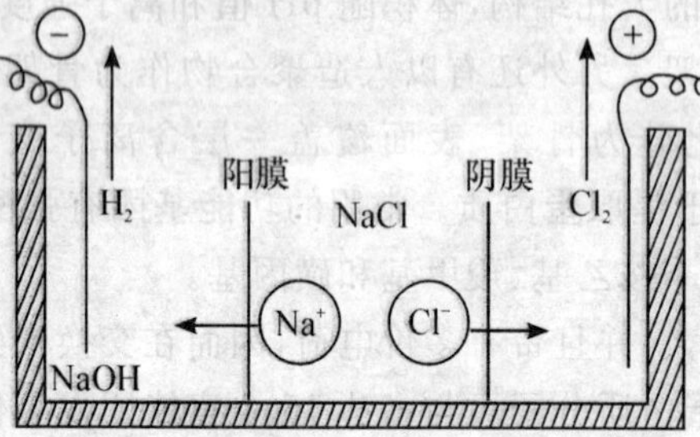

图 4-18　三槽电渗析示意图

利用离子交换膜和电渗析技术制备无盐水是依靠电能来实现的，不需进行树脂再生，避免了废酸、废碱的大量排放，减轻环境污染。为了节省电能，工业上电渗析装置多由几百对膜组成，因为电极反应所消耗的能量不论膜数多少都为定值。

电渗析技术还可用于抗生素和生化药物的精制脱盐。

(2)离子交换色谱。是利用色谱技术，以离子交换树脂为固定相，以适宜的溶剂为移动相，根据各组分与离子交换树脂亲和力的不同，而发生差速迁移，从而实现不同组分的分离。离子交换色谱法成功地应用于多种氨基酸及核苷酸的分离制备或分离分析。

离子交换色谱的装置主要包括蠕动泵、离子交换色谱柱、紫外检测器及部分收集器等。进行离子交换色谱时，先将树脂用展开剂处理，使树脂色谱剂转变为展开剂离子的形式；然后将溶解在少量溶剂（通常为展开剂）中的试样加到色谱柱的上部，再通入展开剂展开，流出液分步收集，测定其含量。在分离制备中，根据检测结果，分段合并各步收集液，并进行浓缩提取。

第三单元　动物中 SOD 提取技术的主要问题和展望

从国内外对动物和植物中 SOD 提取技术的大量研究来看，从动物血液中提取 SOD 多采用加入抗凝血剂分离血球和向血液加入乙醇和氯仿离心去除血红蛋白，不足之处是不利于大规模生产。分离血球采用自然凝固法或“一步直接萃取法”，然后再去除血红蛋白，采用鸡蛋清代替乙醇和氯仿或热变性法是较好的选择，成本低，适合大规模生产。从植物中提取 SOD 多采用磷酸缓冲液提取法，但热变性法在提取部分植物时，SOD 比活力更高，是磷酸缓冲液提取法较好的补充。重复丙酮分级沉淀法和层析分离纯化联合使用，使得收得的 SOD 的纯度和活力都较高，但获得的 SOD 在化妆品和食品中使用，其安全性较差。沉淀分离纯化和层析分离纯化的联合使用是常用的 SOD 纯化方法，多个层析柱串联使用获得较高的比活力和较高的纯化倍数，但是此方法步骤较多，需要的层析柱类型较多，成本较高。如何减少纯化步骤，降低成本，获得高比活力的 SOD 是纯化 SOD 的关键问题。鉴于上述这些问题，提取 SOD 技术还不够成熟，需要进一步在提高产率、比活力和安全性，简化步骤等方面进行研究，再与生产结合，生产出更好的产品。

我国可用来提取 SOD 的动植物资源丰富，价格低廉，SOD 的用途非常广泛，是众多制药厂、日化厂和食品加工厂的重要原料，已呈现出供不应求的趋势，市场上 SOD 的价格飙升。开展 SOD 提取技术研究，充分利用丰富的资源创造更高的效益，具有较大的现实意义。

项目一　超氧化物歧化酶的分离纯化

【目的要求】

(1)通过超氧化物歧化酶的分离纯化，了解有机溶剂沉淀蛋白质以及纤维素离子交换柱层析方法的原理。

(2)掌握测定超氧化物歧化酶活性和比活力的方法。

【实验原理】

超氧化物歧化酶(superoxide dismutase)简称 SOD，它广泛存在于各类生物体内，按其所含金属离子的不同，可分为 3 种：铜锌超氧化物歧化酶(Cu·Zn-SOD)、锰超氧化物歧化酶(Mn-SOD)和铁超氧化物歧化酶(Fe-SOD)。SOD 催化如下反应：

$$O_2^- + O_2^- + 2H^+ \longrightarrow H_2O_2 + O_2$$

在生物体内，它是一种重要的自由基清除剂，能治疗人类多种炎症、放射病及自身免疫性疾病，并具有抗衰老作用，对生物体有保护作用。

在血液里 Cu·Zn-SOD 与血红蛋白等共存于红血球中，当红血球破裂溶血后，用氯仿-乙醇处理溶血液，使血红蛋白沉淀，而 Cu·Zn-SOD 则留在水-乙醇均相溶液中。磷酸氢二钾极易溶于水，在乙醇中的溶解度甚低，将磷酸氢二钾加入水-乙醇均相溶液中时，溶液明显分层，上层是具有 Cu·Zn-SOD 活性的含水乙醇相，下层是溶解大部分磷酸氢二钾的水相（比重大）。用分液漏斗处理，收集上层具有 SOD 活性的含水乙醇相，再加入有机溶剂丙酮，使 SOD 沉淀。极性有机溶剂能引起蛋白质脱去水化层，并降低介电常数而增加带电质点间的相互作用，致使蛋白质颗粒凝集而沉淀。采用这种方法沉淀蛋白质时，要求在低温下操作，并且需要尽量缩短处理时间，避免蛋白质变性。

Cu·Zn-SOD 的 pI 为 4.95。将收集的 SOD 丙酮沉淀物溶于蒸馏水中，在 pH7.6 的条件下，Cu·Zn-SOD 带负电，过 DE-32 纤维素阴离子交换柱可得到进一步纯化。目前常用的活性测定方法为邻苯三酚自氧化法，该法所用试剂和仪器比较普通，测试方便，灵敏度高，是目前应用最广泛的一种测试方法，但对温度、pH、邻苯三酚浓度、SOD 待测液存放时间等诸因素比较敏感，因此测定时要严格控制这些因素。

本实验以新鲜猪血为原料，通过氯仿-乙醇除去杂蛋白，采用 DE-32 纤维素进行纯化，并用邻苯三酚法测定 SOD 的活力。

【实验器材】

1. 材料

新鲜牛血。

2. 器材

离心机、G_3漏斗、抽滤瓶、751 型分光光度计、梯度混合器、玻璃柱 1.0 cm×10 cm、试管、自动收集器、紫外检测仪、移液管、量筒烧杯、分液漏斗。

3. 试剂

(1)0.9%NaCl；

(2)95%乙醇，氯仿，$K_2HPO_4 \cdot 3H_2O$，丙酮；

(3)pH 7.6，2.5 mmol/L 磷酸钾缓冲液；

(4)pH 7.6，200 mmol/L 磷酸钾缓冲液；

(5)10 mmol/L HCl；

(6)6 mmol/L 邻苯三酚（用 10 mmol/L HCl 作溶剂配制），4 ℃下保存；

(7)2.5%草酸钾，DE-32 纤维素；

(8)pH 8.2，100 mmol/L Tris-二甲胂酸钠缓冲液（内含 2 mmol/L 二乙基三氨基五乙酸）：以 200 mmol/L Tris 二甲胂酸钠溶液（内含 4 mmol/L 二乙基三氨基五乙酸）50 mL 加 200 m mol/L HCl 22.38 mL，然后用重蒸水稀释至 100 mL。

【实验方法】

1. 酶的制备

(1)分离细胞。取新鲜猪血 500 mL(加入抗凝剂 2.5% 草酸钾 50 mL), 3 000 r/min 离心 20 min 除去血浆,收集红细胞约 250 mL,加入等体积 0.9% NaCl 溶液,用玻璃棒搅起充分洗涤,3 000 r/min,离心 20 min,弃去上清液(如此反复 3 次),收集洗净的红细胞放入 800 mL 烧杯中,加 250 mL 重蒸水,将烧杯置于冰浴中搅拌溶血 40 min 以上,得溶血液 500 mL。

(2)向溶血液缓慢加入在 4 ℃下预冷过的 95% 乙醇 125 mL(0.25 倍体积),然后再缓慢加入在 4 ℃下预冷过的氯仿 75 mL(0.15 倍体积),搅拌 15 min,室温下 3 000 r/min 离心 20 min,弃去沉淀(血红蛋白),收集上清液约 330 mL(留样 2 mL 测酶活和蛋白含量)。此即酶的粗提液。

(3)向酶粗提液加入 $K_2HPO_4 \cdot 3H_2O$(按 43 g $K_2HPO_4 \cdot 3H_2O$/100 mL 粗提液的比例),转移到分液漏斗,振摇后静置 15 min,见分层明显。收集上层乙醇-氯仿相(微混浊),室温下离心(3 500 r/min)25 min,弃去沉淀,得上清液约 150 mL(留样 1.5 mL 测酶活和蛋白含量)。

(4)向上一步得到的上清液加入 0.75 倍体积在 4 ℃下预冷过的丙酮,Cu·Zn-SOD 便沉淀下来。室温下 3 500 r/min 离心 20 min,收集灰白色沉淀物。将此灰白色沉淀物溶于约 5 mL 重蒸水中(呈悬浮状),在 4 ℃下,对 250 mL pH 7.6,2.5 mmol/L 的磷酸钾缓冲液透析,每隔 0.5 h 以上,换透析外液 1 次,共换 4～5 次。透析内液如出现沉淀,需在室温下 3 500 r/min 离心 25～30 min,弃去沉淀,收集上清液约7 mL(留样 0.5 mL)。

(5)DE-32 纤维素柱层析。DE-32 纤维素的处理:称量 DE-32 纤维素干品 5～6 g,用自来水浮选除去 1～2 min 不下沉的细小颗粒,用 G_3 烧结漏斗抽干,滤饼放入烧杯中,加适量 1 mol/L NaOH 溶液,搅匀后放置 15 min,用 G_3 烧结漏斗抽滤,水洗至中性,滤饼悬浮于 1 mol/L HCl 溶液中,搅匀后放置 10 min 后用 G_3 烧结漏斗抽滤。水洗至中性,滤饼再悬浮于 1 mol/L NaOH 溶液中,抽滤,水洗至中性,最后将滤饼悬浮于层析性平衡缓冲液中待用。

DE-32 纤维素使用后的回收处理与上述步骤相同,只是不用 HCl,所用 NaOH 浓度改为 0.5 mol/L。将上一步所得离心上清液过 DE-32 纤维素柱。柱体 1.0 cm×6 cm,用 pH 7.6,2.5 mmol/L 磷酸钾缓冲液作层析柱平衡液,用 pH 7.6,2.5(100 mL)～200 mmol/L(100 mL)的磷酸钾缓冲液进行梯度洗脱。流速 30 mL/h,每管收集 3 mL。

2.酶蛋白浓度的测定

采用紫外吸收法，先测定不同已知浓度标准酪蛋白在280 nm波长处的光吸收值。绘出标准曲线作定量的依据，再测定样品在280 nm波长处的光吸收值，从标准曲线上查出待测样品的蛋白浓度。

3.酶活性的测定

本实验采用邻苯三酚自氧化法。邻苯三酚自氧化的机理极为复杂，它在碱性条件下，能迅速自氧化，释放出O_2^-，生成带色的中间产物。反应开始后，反应液先变成黄棕色，几分钟后转绿，几小时后又转变成黄色，这是因为生成的中间物不断氧化的结果。这里测定的是邻苯三酚自氧化过程中的初始阶段，中间物的积累在滞留30～45 s后，与时间呈线性关系，一般线性时间维持在4 min的范围内。中间物在420 nm波长处有强烈光吸收，当有SOD存在时，由于它能催化O_2^-与H^+结合生成O_2和H_2O_2，从而阻止了中间物的积累，因此，通过计算就可求出SOD的酶活性。

邻苯三酚自氧化速率受pH值、浓度和温度的影响，其中pH值影响尤甚，因此，测定时要求对pH值严格掌握。

(1)邻苯三酚自氧化速率的测定。在试管中按下表1加入缓冲液和重蒸水，25 ℃下保温20 min，然后加入25 ℃预热过的邻苯三酚(对照管用10 mmol/L HCl代替邻苯三酚)，迅速摇匀，立即倾入比色杯中，在420 nm波长处测定A值，每隔30 s读数一次，要求自氧化速率控制在0.060 A/min(可增减邻苯三酚的加入量，使速率正好是0.060 A/min)，见表4-7。

表4-7 邻苯三酚自氧化速率测定加样表

试剂	对照管/mL	样品管/mL	最终浓度 mmol/L
pH 8.2 100 mmol/L Tris-二甲胂酸钠缓冲液(内含2 mmol/L二乙基三氨基五乙酸)	4.5	4.5	50
重蒸水	4.2	4.2	
10 mmol/L HCl	0.3	—	
6 mmol/L 邻苯三酚	—	0.3	0.2
总体积	9	9	

(2)酶活性的测定。酶活性的测定按表4-8加样，操作与测定邻苯三酚自氧化速率相同。根据酶活性情况可适当增减酶样品的加入量。

酶活性单位的定义：在1 mL反应液中，每分钟抑制邻苯三酚自氧化速率达50%时的酶量定义为一个活性单位，即在420 nm波长处测定时，0.030 A/min为一个活性单位。若每分中抑制邻苯三酚自氧化速率在35%～65%范围，通常可按比例计算，若数值不在此范围时，应增减酶样品加入量。

表 4-8　酶活性测定加样表

试　剂	对照管/mL	样品管/mL	最终浓度 mmol/L
pH 8.2 100 mmol/L Tris-二甲胂酸钠缓冲液(内含 2 mmol/L 二乙基三氨基五乙酸)	4.5	4.5	
酶溶液	—	0.1	
重蒸水	4.2	4.1	
6 mmol/L 邻苯三酚	—	0.3	0.2
10 mmol/L HCl	0.3	—	
总体积	9	9	

(3)活性和比活的计算公式。

$$\text{每毫升酶液活性单位(U/mL)}=\frac{\frac{0.06-\text{酶样品管自氧化速率}}{0.06}\times 100\%}{50\%}\times\text{反应液总体积}\times\frac{\text{酶样品液稀释倍数}}{\text{酶样品液体积}}$$

总活性单位＝每毫升酶液活性单位(U/mL)×酶原液总体积

$$\text{比活}=\frac{\text{每毫升酶液活性单位(U/mL)}}{\text{每毫升蛋白浓度(mg/mL)}}=\frac{\text{总活性单位(U)}}{\text{总蛋白(mg)}}$$

【思考题】

(1)SOD 对人体有何生物学意义？

(2)有机溶剂沉淀 SOD 根据的原理是什么？

项目二　树脂柱纯化法制备谷胱甘肽

【目的要求】

1. 了解树脂柱纯化法制备谷胱甘肽的基本原理
2. 熟悉树脂柱具体应用技术
3. 掌握多肽类生化物质提取纯化的基本操作技术

【实验原理】

谷胱甘肽是由谷氨酸、半胱氨酸和甘氨酸构成的三肽。自然界中谷胱甘肽主要存在于酵母、谷物种子胚芽，人体和动物的心脏、肝脏、肾、肌肉、血液的红细胞和眼球中。动物组织中含量较高，而植物组织中的含量较低。正常人体内还原性谷胱甘肽（GSH）和氧化性谷胱甘肽（GSHG）的比例为 100：1，还原性谷胱甘肽（GSH）分子小，是机体内重要的活性物质，它具有清除自由基、减毒、促进铁质吸收及维持红细胞膜的完整性、维持 DNA 的生物合成、细胞的正常生长及细胞免疫等多种生理功能。在医学上、食品行业及运动保健上具有广泛的应用。

制备谷胱甘肽（GSH）的方法，国内主要为酵母菌生物合成，每克酵母菌干细胞含 GSH 18 mg。所采用的分离提纯 GSH 的方法主要有 2 种，铜盐法和离子交换树脂法。本次实训采用市售或经发酵法制得的干酵母为原料，经加热提取，离心除杂质，阳离子树脂交换、有机溶剂沉析等分离纯化得 GSH 湿品，经真空干燥后即得 GSH 成品。

【实验器材】

1. 材料

干酵母 100 g 市售 732 阳离子交换树脂（60～80 目）。

2. 试剂

硫酸溶液 5 mol/L、1 mol/L，盐酸溶液 2 mol/L、1 mol/L，丙酮、硅藻土、2 mol/L 氢氧化钠、2%偏磷酸溶液、5%碘化钾溶液、淀粉指示剂、0.001 mol/L 的碘酸钾溶液。

3. 器具

低温冰柜、冷冻离心机、不锈钢锅、搪瓷桶、冷冻干燥机、温度计、酸度计、层析柱、布氏漏斗、电瓷炉。

【实验方法】

（一）流程

加热提取→GSH 粗提→树脂柱纯化→GSH 沉析→GSH 的干燥。

（二）操作

1. 提取

将干酵母置于不锈钢锅中，在搅拌的条件下加入 3 倍体积的蒸馏水，再加入 6 倍体积沸腾的蒸馏水，升温至 90～100 ℃，保持 10 min，然后速冷至 2～10 ℃。

2. 粗提液

用 5 mol/L 硫酸调节 pH 值至 2.8～3.0，冷冻离心（3 000 r/min，5～10 ℃）15 min，收集离心液。在离心液中加 0.5%硅藻土助滤，抽滤得到黄色抽提液待用。

3. 粗提液层析

抽提液上 732 阳离子交换树脂柱，流速 6 mL/min，然后用1 mol/L 硫酸洗脱，洗脱流速 2 mL/min，25 min 左右开始收集 5 mL 流出液，进行快速含量测定，当流出液滴定值超过 0.2 mL/mL 时，开始收集，滴定值低于 0.2 mL/mL 时停止洗脱。

(1)732 阳离子交换树脂装柱。将市售 732 阳离子交换树脂磨碎，筛选出 60～80 目。物理方法处理后，先以 4 倍树脂体积的 2 mol/L 盐酸搅拌浸泡 2 h，反复用水洗至近中性后，再用 4 倍体积的 2 mol/L 氢氧化钠溶液搅拌浸泡 2 h，反复用水洗至近中性后，再用 4 倍树脂体积的 2 mol/L 盐酸搅拌浸泡 2 h，最后水洗至中性。按要求装柱后用 1 mol/L 硫酸平衡备用。

(2)GSH 含量快速测定(碘量法)。

①取 5 mL 待测样品，置于 250 mL 锥形瓶内，加入 5 mL 2%偏磷酸溶液，1 mL 5%碘化钾溶液和 2 滴淀粉指示剂，用 0.001 mol/L 的碘酸钾溶液滴定至溶液由无色变为蓝色止。

②计算滴定值(碘酸钾溶液/待测样品，mL/mL)

4. 沉析

将洗脱液倾入搪瓷桶中，在搅拌的条件下加入溶液体积 10 倍的冷丙酮(2～8 ℃)，然后静置沉淀过夜，过滤收集沉淀。

5. 干燥

将沉淀置于真空干燥器中干燥，即得成品。

【注意事项】

(1)用硫酸调节 pH 值时，应用酸度计边测边调。保证其准确性。

(2)离子交换树脂柱层析时应根据滴定值来确定收集洗脱液的间隔时间，随着洗脱时间的增加，收集洗脱液的间隔时间应逐渐缩短。

【思考题】

(1)绘制出 GSH 标准曲线能否快速确定滴定值的大小？如何绘制出 GSH 标准曲线？

(2)提取时为何加热后又要速冷？

教学项目五　香菇多糖的提取分离

知识目标

- 了解香菇的基本情况、性质
- 了解黄酮的理化性质、疗效及应用前景
- 初步掌握黄酮类化合物的提取分离工艺流程

能力目标

- 培养学生的创造性思维
- 培养学生分析问题、解决问题的能力

第一单元　背景知识

知识模块一　香菇简介及营养保健价值

香菇又称香蕈、椎耳、香信、冬菰、厚菇、花菇。冬春季，有些地区夏秋季生长在阔叶树倒木上，在人工栽培中，按发生季节有春生型、夏生型、秋生型、冬生型和春秋生等类型，在段木上单生或群生。分布在我国浙江、福建、台湾、安徽、湖南、湖北、江西、四川、广东、广西、海南、贵州、云南、陕西、甘肃等地区。香菇是我国传统的著名食有菌，在世界上最早人工驯化栽培。香菇营养丰富，味道鲜美，被视为“菇中之王”。

香菇营养丰富，干香菇中含蛋白质 18.64%，脂肪 4.8%，碳水化合物 71%，香菇含有的 10 多种氨基酸中，有异亮氨酸、赖氨酸、苯丙氨酸、蛋氨酸、苏氨酸、缬氨酸等 7 种人体必需的氨基酸，还含有维生素 D、维生素 B_1、维生素 B_2、维生素 PP 及矿物盐和粗纤维等。香菇中的碳水化合物中以半纤维素居多，主要成分是甘露醇、海藻糖和菌糖(mycose)、葡萄糖、戊聚糖、甲基戊聚糖等。由于香菇味道鲜美，营养丰富，因此成为人们经常食用的菌类。

保健价值：

(1)香菇中含不饱和脂肪酸甚高,还含有大量的可转变为维生素D的麦角甾醇和菌甾醇,对于增强抗疾病和预防感冒及治疗有良好效果。

(2)经常食用对预防人体,特别是婴儿因缺乏维生素D而引起的血磷、血钙代谢障碍导致的佝偻病有益,可预防人体各种黏膜及皮肤炎病。

(3)香菇中所含香菇太生(lentysin)可预防血管硬化,可降低人的血压。

(4)从香菇中还分离出降血清胆固醇的成分。

(5)香菇灰分中含有大量钾盐及其他矿质元素,被视为防止酸性食物中毒的理想食品。

知识模块二　香菇多糖的功效

我国不少古籍中记载香菇"益气不饥,治风破血和益胃助食"。民间用来助痘疮、麻疹的诱发,治头痛、头晕。香菇具有很高的药用价值,其所含的香菇多糖和双链核糖核酸,具有较强的抗癌防癌作用,适用于包括白血病在内的多种恶性肿瘤的食物治疗。此外还因其含用胆碱、腺嘌呤、氧化酶和某种核酸物质,对心血管系统、内分泌系统的一些疾病乃至肝硬化等也有食疗和预防作用。现代研究证明,香菇多糖可调节人体内有免疫功能的T细胞活性,可降低甲基胆蒽诱发肿瘤的能力。香菇对癌细胞有强烈的抑制作用,对小白鼠肉瘤180的抑制率为97.5%,对艾氏癌的抑制率为80%。香菇还含有双链核糖核酸,能诱导产生干扰素,具有抗病毒能力。

香菇多糖(Lentinan,简称LNT)是国际上公认的疗效较好的生物反应调节剂,临床主要用于胃癌、肺癌、肠癌及癌性胸腹水等恶性肿瘤的治疗,另外对提高肝炎及艾滋病人的免疫功能等均有较好的作用,也是迄今为止国内唯一个可以供静脉注射的大分子多糖。香菇多糖具有抗病毒、抗肿瘤、调节免疫功能和刺激干扰素形成等多项功能。它的作用已被世界医学生物界做了充分的研究,尤其在日本,它被广泛应用于药品和保健食品中,以它制成的制剂—香菇多糖针剂及片剂,配合放化疗,用于肿瘤患者疗效显著,由于它的特殊的免疫功能,在全世界各地被广泛应用。

研究证明,香菇多糖可调节人体内有免疫功能的T细胞活性,增强免疫功能,可降低甲基胆蒽诱发肿瘤的能力。香菇对癌细胞有强烈的抑制作用,对小白鼠肉瘤180的抑制率为97.5%,对艾氏癌的抑制率为80%,对癌症病人放化疗后的生存质量有明显的提高。

香菇多糖系从担子菌纲伞菌科真菌香菇[Lentinus Modes(Berk)Sing]子实体中提取分离纯化获得的均一组分的多糖。多糖以甘露糖为主,含少量的葡萄糖、微量的岩藻糖、半乳糖、木糖、阿拉伯糖等;肽链由天冬氨酸、组氨酸、丝氨酸、赖氨酸、谷氨酸等18种氨基酸组成。LNT的化学结构是一种以葡萄糖残基为主链的葡聚糖。平均分子质量约为50万单位。香菇多糖1969年在日本首先发现，自此，国内外学者对LINT做了许多深入的研究。近年来，LNT的广泛药理作用研究取得了很大进展。

知识模块三　香菇多糖的药理作用

1. 免疫调节作用

LINT具有免疫调节的作用。它的作用类似一种宿主免疫增强剂，能够刺激关键细胞的成熟、分化和增殖，改善宿主机体平衡，达到恢复或提高宿主细胞对淋巴因子、激素及其他生物活性因子的反应性作用。

(1)对T淋巴细胞的影响。LINT能促进T淋巴细胞活性，提高机体免疫功能，具有宿主介导性抗肿瘤、抗病毒作用。有动物实验证实，关于LINT表达的抗肿瘤活性，T淋巴细胞介导的细胞免疫占有重要地位。LINT能使荷瘤或感染后机体的免疫得以提高，其制剂在动物体内筛选实验中能明显促进体外淋巴细胞培养物的转化作用。因此认为，LNT是一种胸腺依赖型T细胞导向并有巨噬细胞参与的免疫佐剂。其免疫作用特点在于识别脾及肝中抗原的巨噬细胞，促进淋巴细胞活化因子(LAE)的产生，释放各种辅助性T细胞因子。增强宿主腹腔巨噬细胞吞噬率，恢复或刺激辅助性T细胞的功能。

(2)对B淋巴细胞的影响。LNT除了以宿主介导的T淋巴细胞免疫为主外，还通过影响B淋巴细胞而调节机体免疫功能。LNT能促进B细胞增生并转化为浆细胞，抗体生成增加，起到体液免疫增强作用。在动物实验中LNT有促进B淋巴细胞合成、IgM的能力，并能提高免疫低下者的IgAC水平，使脾抗体分泌细胞数目及特异性花结形成细胞数目增多。

(3)对巨噬细胞的影响。LNT在体外不能激活巨噬细胞，但可以增强巨噬细胞对巨噬细胞活化因子(MAF)的反应性，尤其在免疫功能抑制的荷瘤小鼠的实验中更为显著。LINT在体内可使腹腔巨噬细胞扩增、活化，并可诱导杀伤巨噬细胞和抗体依赖性巨噬细胞的细胞毒作用。研究表明，当宿主机体注射LINT几小时后，一些具有生物活性的血清因子如急性期蛋白诱导因子、血管扩张和出血诱导因子、白介素Ⅰ生成诱导因子、白介素Ⅲ和集落刺激因子的水平达到峰值。这些因子作用于淋巴细胞、肝细胞、血管内皮细胞和滑液成纤维细胞后，产生许多有效免疫应答，同时，导致胸腺内的前体T细胞趋于成熟、分化、增殖并向外周释放。LlTl能刺激小鼠腹腔巨噬细胞活化并释放大量NO。同时细胞内GSH含量随NO生成增加而减少，具有一定的相关性。

(4)对 NK 细胞的影响。LlTl 在体外不能激活 NK 细胞和诱导 p-干扰素生成,但在体内能使脾脏和腹腔的 NK 细胞活性增强。LlTl 能提高 NK 细胞对某些血清因子的反应性,从而刺激免疫关键细胞并伴有干扰素分泌以达到杀伤肿瘤细胞的效果。

2. 抗肿瘤作用

研究结果表明 LlTl 具有抗肿瘤作用,尤其对胃癌、肺癌、肝癌、血液系统肿瘤、鼻咽癌、直肠癌和乳腺癌等有抑制和防止术后微转移的效果。LlTl 对肿瘤细胞没有直接杀伤作用,主要是通过宿主增强诱导活化的巨噬细胞及杀伤 T 细胞,提高 NK 细胞活性和增强抗体依赖性巨噬细胞毒作用来发挥抗肿瘤作用。

3. 抗病毒作用

研究表明 LNT 对病毒感染,包括 HIV 的感染均有治疗作用。LNT 对肝炎病毒、带状疱疹病毒、Abelson 病毒、A2(H_2N_2)病毒、腺病毒 12 型及流感病毒等均有抑制作用。临床应用发现 LNT 治疗慢性病毒性肝炎,可使患者增进食欲,增加体重;乏力、腹胀、肝区疼痛等症状消失;增强细胞免疫功能,对感染肝细胞的清除和肝细胞的恢复是有益的。

知识模块四 天然多糖提取分离方法

多糖类化合物广泛存在于动物细胞膜和植物、微生物的细胞壁中,是由醛基和酮基通过苷键连接的高分子聚合物,也是构成生命的四大基本物质之一。近 20 年来,随着天然药物化学、药理研究的不断深入即分析手段突飞猛进的发展,多糖的研究引起了国内外许多学者极大的兴趣。研究表明,天然多糖类化合物具有抗肿瘤和免疫增强作用。因而,天然动植物中免疫多糖的重要生物学效应已越来越受到人们的重视,成为当今研究的热点。

1. 多糖的应用现状和分离方法

(1)天然多糖应用研究现状。多糖作为药物始于 1943 年,20 世纪 50 年代发现真菌多糖具有抗癌作用,后来又发现地衣、花粉及许多植物均含有多糖类化合物,并进行分离提纯,确定了其化学结构、物理化学性质、药理作用,尤其对多糖类化合物的抗肿瘤和免疫增强作用进行深入研究,到了 20 世纪 60 年代作为广谱免疫促进剂而引起了医药界的广泛关注,并逐渐认识到多糖及复合物分子具有极其重要的生物功能。多糖不但能治疗机体免疫系统受到严重损伤的癌症,还能治疗多种免疫缺损疾病,如慢性病毒性肝炎和某些耐药细菌和病毒引起的慢性疾病,以及诸如风湿病之类的自身免疫疾病,有的还能诱导干扰素的产生。同时,作为药物的多糖在治疗肿瘤时,不像一般化疗药物直接杀死生长着的肿瘤细胞,而是促进细胞和体液免疫反应，如激活补体、巨噬细胞、T-淋巴细胞、B-淋巴细胞或加强抗体生成等，以达到抑制和消灭肿瘤细胞的作用，对正常细胞影响很小。紫草和枸杞多糖具有抗突变、抗衰老、增强免疫功能的作用；枸杞多糖等可抵抗自由基过氧化；铁筷子多糖能提高抗氧化酶活性，从而减轻自由基对机体损伤的作用；牛膝、人参多糖可提高小鼠天然杀伤细胞（NKC）的活性，诱生肿瘤坏死因子（TNF）；香菇、商陆、松果、柴胡、云芝多糖可激活巨噬细胞，从而抑制肿瘤生长；从三七、防风、甘草、刺五加中提取的多糖类化合物能激活网状内皮系统，发挥抗肿瘤作用；灵芝多糖通过活化巨噬细胞和蛋白激酶 C（PKC）而发挥免疫增强作用，等等。

目前，已有部分天然多糖类化合物用于临床，显示出良好疗效，且无骨髓抑制等不良反应，可长期应用，预示了它抗肿瘤方面的良好发展前景。同时，多糖在治疗肿瘤、代谢及感染性疾病等方面的应用仍在不断扩大，给近代肿瘤、艾滋病及其他疾病的治疗开辟了新的方向。

(2)天然多糖的分离提纯。

①多糖从其他物质中的分离。将多糖同低分子有机物、无机盐等成分分离，或是同蛋白质、酯类、木质素等其他高分子量的自然产物分离。这样提取的多糖通常具有多分散性，表现在化学组成、聚合度、分子形状等分布不均一。因此，还要将这种多分散的多糖混合物分离纯化成分布均一的单个多糖组分。这种分离具有相当大的困难，但意义重大。因为初步研究表明，某种多糖的药效活性与其组成、分子结构及分子量水平都密切相关。免疫应答对单糖的化学结构是非特异性的，它主要由分子大小决定而不是单糖的化学结构。由于不同的植物中所含成分不同，从其中提取多糖成分的具体方法有很大差异，但通常都包括水提、醇沉、除脂、除蛋白、脱色、柱分离这些基本步骤。具体的提取工艺则根据子实体的种类及多糖的存在部位有所不同。

②单一多糖的分离提纯。按分子大小和形状进行分级（如分级沉淀，分子筛，层析等），也可按分子所带基因的性质进行分级（如按电荷性质分级的电泳，离子交换层析等）。将其大致归纳如下。A. 分级沉淀。利用多糖分子的体积大小和溶解度不同而分离，常用的有机溶剂沉淀法，季铵盐、硫酸盐法，金属络合物法等。B. 柱层析法。a. 只有分子筛作用的凝胶柱层析，如 Sephadex、Saphrose、Biogel 等。b. 离子交换层析，这种分级不仅按电荷性质不同，同时也有分子筛的作用，如带负电荷的多糖可在阴离子型 DEAE-纤维素柱或 DEAE-Sephadex 柱上达到分级，酸性多糖可在阳离子性的羧甲基或黄乙基等凝胶柱上分离。这种离子交换树脂常用水或不同浓度和种类的缓冲溶液或酸碱液洗脱得以分级。检测手段国内仍沿用经典的苯酚-硫酸法，国外用 LKB 柱层析系统，用比旋度、视差折光及紫外检

测器，各组分的峰位自动记录，分离效果好且方便。此外，还有高压液相层系、亲和层析等。C.透析、超滤及超速离心。选用不同规格的超滤膜和透析带进行超滤和透析，以及一定条件下的超速离心操作，可按分子大小差异把多糖样品分级。超滤和透析更常用于除去小分子物质。D.电泳法。主要按多糖的电荷性质不同分级，常用的有聚丙烯酰胺凝胶电泳、醋酸纤维塑膜电一泳。

2.超滤膜在多糖分离中的应用

超滤是一种膜分离技术，所采用的超滤膜能够从水和其他液体中分离出很小的胶体和大分子。由于超滤膜具有不对称微孔结构，且采用摩擦流道和湍流促进结构，减少膜污染，使得在分离过程中大分子溶质和微粒（如胶体，淀粉等）随溶液切向流经膜表面，而小分子物质和溶剂则在压力驱动下穿过致密层上的微孔而进入膜另一侧，因而超滤膜可以长期连续使用并保持较恒定的产量和分离效果。将超滤膜用于多糖这种生物活性物质的分离，具有不损害活性、分离效率高、能耗低、设备简单、可连续生产、无污染等优点。

从天然产物中分离提取多糖的传统工艺，如水提醇析、薄膜浓缩法、冻干法等，均以子实体作为生产原料，工艺复杂，生产周期长，从而增大了生产成本，使工业化生产和大规模临床应用受到限制。20世纪80年代中后期至90年代初，一些热门的新型分离技术如凝胶分离、柱层析、超滤等陆续被尝试用于多糖的分离，为多糖的应用带来新的发展前景。其中，超滤分离颗粒的允许粒度范围为0.1～0.001 μm，而多糖的粒度是0.002～0.01 μm。人们已开始将超滤膜分离技术运用于天然多糖的分离纯化。例如，选用PSA-700或PAN-700型滤膜（截留相对分子质量在70 000左右），采用板框式超滤器进行人参精中试生产，在实际运行70 h中，处理人参精原液3 120 L，平均处理量为9 L/(m^2·h)；结果杂质透过量少，滤液纯度提高，产量本品符合企业标准的一等品质量标准。又如采用截留分子质量为1万单位的内压式聚偏氟乙烯(PVDF)中空纤维超滤膜，提取米糠这种谷物加工的副产物中的植物脂多糖，有效地使蛋白和多糖杂质含量明显下降。

超滤膜分离技术不需加热和化学物质处理，不仅节约能源、无环境污染，且保留生物活性成分的高效价，因而得到愈来愈广泛的应用。

第二单元　香菇多糖的提取

任务一　香菇多糖的化学结构

香菇多糖的化学结构是其生物活性的基础。香菇多糖一般都具有较高抑瘤活性，抑瘤活性与空间结构具有重要关联，所有影响空间结构的因素如侧链、分子量等都会影响抑瘤活性。此外香菇多糖的取代基、溶解度、黏度、给药剂量、给药途径等都会影响其功能活性。

香菇多糖的分子结构是由三股单糖链构成的一种无序形的螺旋状构形物，螺旋层之间主要以氢键固定定位。香菇多糖的功能活性与其三维空间的立体构型也有密切关系。

香菇多糖的结构可分为一级结构、二级结构、三级结构和四级结构。它的一级结构是指其单糖残基的组成、排列序列、连接方式等，香菇多糖的一级结构主链是均多糖，主要有两种：①葡聚糖以$\beta(1\rightarrow3)$糖苷键连接为主，并兼有少量$\beta(1\rightarrow4)$或其他糖苷键，香菇多糖、茯苓多糖、裂褶菌多糖、云芝多糖等都属于这种连接；②甘露聚糖以α-糖苷键连接为主，如：冬虫夏草多糖是$\alpha(1\rightarrow2)$糖苷键连接，银耳多糖和黑木耳多糖是$\alpha(1\rightarrow3)$糖苷键连接。

香菇多糖的二级结构是指多糖骨架链间以氢键结合形成的各种聚合体，这只关系到其分子与营养方面的研究。主链的构象不涉及侧链的空间排布。三级结构是指由多糖中糖残基中的经基、竣基、氨基及其他官能团间通过非共价作用而导致的有序、规则而粗大的空间构象。四级结构是指多糖多聚链间以非共价作用力而结合形成的聚集体。香菇多糖的结构有4型：可拉伸带状、卷曲螺旋状、皱纹状、不规则卷曲状。

图 5-1 为纯化多糖的硅胶-G 薄层层析图，图 5-2 为纯化多糖的凝胶柱层析洗脱液紫外检测结果。

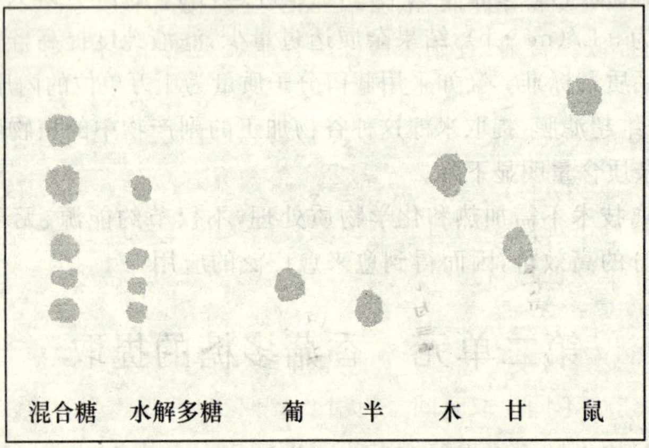

图 5-1 纯化多糖的硅胶-G 薄层层析图

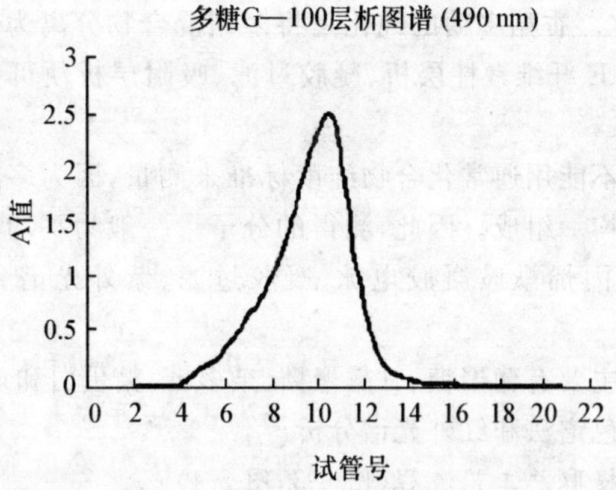

图 5-2　纯化多糖的凝胶柱层析洗脱液紫外检测结果

任务二　香菇多糖的提取工艺

近年来，国内外已从高等担子菌中筛选到 200 余种有生物活性的多糖物质，我国发现有重要价值的香菇多糖近 30 种，并且在多糖的提取纯化、分离鉴定及生物活性等方面进行了深入研究，对生命科学、医药科学的研究和发展具有重要意义。

1. 香菇多糖的提取

香菇多糖是从各类香菇中提取而成的具有显著生理活性的一类物质，根据功能不同可分为结构多糖和活性多糖，活性多糖又有纯多糖和杂多糖之分。香菇多糖存在于香菇的菌丝体和子实体中，香菇菌丝在液体发酵时，有的将多糖分泌到胞外，形成胞外多糖；有的只留在胞内，形成胞内多糖。若直接食用不易达到保健治疗作用，只有将其有效成分提取、浓缩和纯化，才能提高功效。

(1)多糖的提取。目前，香菇多糖可从香菇子实体和采用深层培养发酵液的菌丝体中获得，但以从子实体中提取为主。水可溶性的多糖可采用热水浸提。水不溶性多糖一般用酸或碱提取，常用三氯乙酸、稀盐酸、草酸铵、氢氧化钠等。提取香菇多糖一般用水提醇沉法，不同浓度的乙醇得到氨基酸总含量不同的沉淀物，有时不同浓度的乙醇可沉淀出不同组分的多糖。沉淀相经乙醇、丙酮、乙醚洗涤，或经流水透析再冷冻干燥便可得到多糖粗制品，一般需研究多糖抑瘤活性时以流水透析再冷冻干燥为好。多糖制品若需除去蛋白质，可用 Sevag 法。此外，还有酸提、碱提、双酶浸提、复合酶浸提法等。多糖总量采用苯酚硫酸法测定。影响香菇多糖得率的因素很多，如不同提取时间、浸提比、提取次数、温度、pH 值、溶剂体积和搅拌等。同一原料用不同方法提取所得的多糖结构有差别，不同组织部位得到的多糖结构也不一样。

(2)多糖的纯化。香菇多糖的纯化是将多糖混合物分离为单一的多糖。多糖粗制品依次经 DEAE 纤维素柱层析、凝胶过滤、吸附层析便可分离出各种组分的纯多糖。

多糖纯度标准不能用通常化合物纯度标准来测量，因为多糖纯品实质上是一定分子量范围内的均一组成。因此，测得的分子量一般为平均分子量。目前实验室常用的方法为聚丙烯酰胺凝胶电泳、凝胶过滤、紫外光谱分析和高压液相色谱法。

纯多糖的组分主要有葡聚糖、甘露聚糖、杂多糖、糖蛋白和多糖肽等，常用的组分分析方法有气相色谱法和红外光谱分析。

2. 香菇多糖的提取总工艺流程(图 5-3，图 5-4)

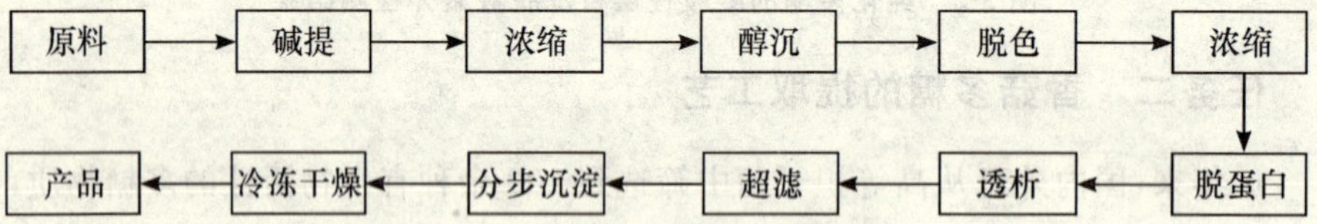

图 5-3　香菇多糖提取总工艺流程图

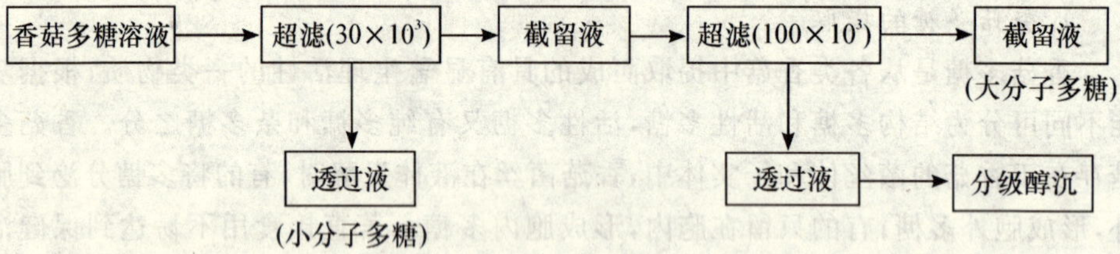

图 5-4　香菇多糖超滤工艺流程图

结果计算：

(1)纯度＝滤液体积×滤液中多糖浓度/干制品质量×100%。

(2)回收率＝制品多糖含量/料液多糖含量×100%。

运用技术方法　膜分离技术

相关知识一　了解膜分离技术的定义和特点

膜分离技术是指物质在推动力作用下由于传递速度不同而得到分离的过程。它是在 20 世纪初出现，20 世纪 60 年代后迅速崛起的一门分离新技术。膜分离技术由于兼有分离、浓缩、纯化和精制的功能，又有高效、节能、环保、分子级过滤及过滤过程简单、易于控制等特征，因此，目前已广泛应用于食品、医药、生物、环保、化工、冶金、能源、石油、水处理、电子、仿生等领域，产生了巨大的经济效益和社会效益，已成为当今分离科学中最重要的手段之一。

膜分离过程是一个高效、环保的分离过程，它是多学科交叉的高新技术，具有较多的优势。与传统的分离技术如蒸馏、吸附、萃取等分离手段相比，膜分离技术在应用上具有以下特点：①高效的分离过程，特别是对热敏性物质的处理；②能耗低，寿命长，维护方便；③品质稳定性好，过程中物质不易变性；④易于操作，在常温下可连续化操作，可直接放大，易于自动化；⑤分离精度高，没有二次污染；⑥灵活性强等。但也存在一些不足：①膜材料价格比较昂贵；②膜面容易污染，使膜性能降低；③耐药，耐热、耐溶剂性能差等。

相关知识二　认识膜的基本特性

一、膜的基本性能

膜是一种在一定流体相间的一薄层凝聚相物质，能把流体相分隔开来成为两部分。膜本身可以是气相、液相和固相或是由两相以上凝集物质所构成的复合体，被膜分隔开的流体相物质是气体或液体。膜的厚度应在0.5 mm以下，但不管膜本身薄到何等程度，至少要具有两个界面，通过它们分别与被膜分隔的两侧的流体相物质接触。

膜可以是完全可透过性的，也可以是半透过性的，但不应该是完全不透过性的；膜的面积可以是很大，独立地存在于流体相间，也可以非常微小，附着于支撑体或载体的微孔隙上；膜分离是一种高效分离技术，流体通过膜的传递是借助于吸着作用及扩散作用，膜具有高度的渗透选择性。

1.膜的分类

膜的分类方法很多，可根据按不同的方式进行分类：

(1)按膜孔径大小分。微滤膜0.025～14 μm、超滤膜0.001～0.02 μm（10～200Å）、反渗透膜0.000 1～0.001 μm（1～10Å）、纳米过滤膜，平均直径2 nm。主要通过筛分作用将大小物质分开。

(2)按膜结构分。对称性膜、不对称膜、复合膜等。对称膜是指膜的横断面的形态、结构均一，否则为不对称膜。对称膜内部孔径均匀，但膜较厚致使流动阻力较大，实用价值较差。而不对称膜具有流动阻力小，透过通量大，机械强度大和不易堵塞等优点，是工业化生产用膜的主导产品。复合膜是膜的表层与底层为不同材料，表层为活性层，厚度为0.1～1.0 μm，起选择性分离作用，底层孔径较大，厚度为 100～200 μm，起机械支撑活性层作用，对膜分离的选择性没有实质影响。

(3)按材料分为。天然高分子材料、合成聚合物膜、无机材料膜等；有机高分子材料可制备各类分离膜；无机材料则多用于制备微滤膜、超滤膜等。

2. 膜的特性

在生产实际应用中，为实现高效率的膜分离操作，对膜材料的选择显得非常重要，必须采用相应的膜材料，主要有以下几个要求：①耐压：要达到有效的分离，各种功能分离膜的微孔是很小的，为提高各种膜的流量和渗透性，就必须施加压力，例反渗透膜可实现 5～15 nm 微粒分离，所需压差为 1 380～1 890 kPa，这就要求膜在一定压力下，不被压破或击穿；②耐温：分离和提纯物质过程的温度范围为 0～82 ℃，清洗和蒸汽消毒系统，温度≥110℃；③耐酸碱性：待处理液的偏酸、偏碱严重影响膜的寿命，例醋酸纤维膜使用 pH 2～8，如偏碱纤维素会水解；④化学相容性：要求膜材料能耐各种化学物质的侵蚀而不致产生膜性能的改变；⑤生物相容性：高分子材料对生物体来说是一个异物，因此必须要求它不使蛋白质和酶发生变性，无抗原性等；⑥低成本。

二、膜组件

膜组件又称膜装置，它由膜、固定膜的支撑体、间隔物以及收纳这些部件的容器构成的一个单元。膜组件的结构根据膜的形式而异，目前市售膜组件主要有 4 种形式：平板式、管式、螺旋卷式和中空纤维式四种。图 5-5 为主要膜组件的结构示意图。

1. 平板式膜组件

平板式膜组件有多枚圆形或长方形平板膜以 1 mm 左右的间隔重叠加工而成，膜间衬设多孔薄膜，供料液或滤液流动。

特点：比管式膜组件的比表面积大，能量消耗介于管式和螺旋卷式膜组件。

2. 管式膜组件

管式膜是将膜固定在内径 10～25 mm，长 3 m 的圆管状多孔支撑体上构成的，10～20 根管式膜并联，或用管线串联，收纳在筒状容器内即构成管式膜组件。

特点：内径较大，结构简单，适合于处理悬浮物含量较高的料液，分离操作完成后易清洗，单根管子可以调换。

3. 螺旋卷式膜组件

两张平板膜固定在多孔性滤液隔网上，两端密封。两张膜的上下分别衬设一张料液隔网，卷绕在空心管上，空心管用于滤液的回收。

特点：比表面积大，结构简单，换新膜容易，价格便宜。但处理悬浮物浓度较高的料液时容易发生堵塞现象。

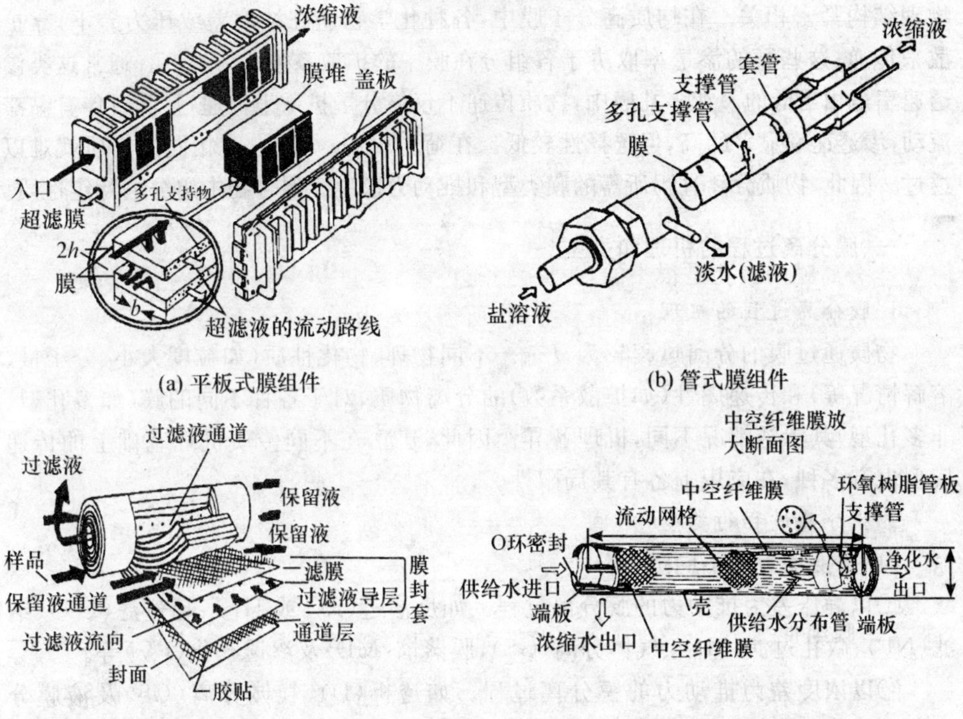

(a) 平板式膜组件　　(b) 管式膜组件

(c)螺旋卷式膜组件　　(d)中空纤维式膜组件

图 5-5　各种膜组件的结构示意图

4. 中空纤维式膜组件

由数百至数百万根中空纤维膜固定在圆筒形容器内构成。

特点：保留体积小，单位体积中所含过滤面积大，可以逆洗，操作压力较低，动力消耗较低。

相关知识三　膜分离过程的机理、类型及问题处理

目前，已工业化的主要膜分离过程有 5～6 种，这些过程的推动力主要是浓度梯度、电势梯度和压力梯度，也可归结为化学势梯度。但在某些过程中这些梯度互有联系，形成一种新的现象，如温差不仅造成热流，也能造成物流，这一现象形成了“热扩散”或“热渗透”。静压差不仅造成流体的流动，也能形成浓度梯度，反渗透就是这种现象。在膜过程中，通常多种推动力同时存在，而且过程中各种组分的流动也同时进行，如反渗透过程中，溶剂透过膜时，伴随着部分溶质同时透过。

流速与推动力间以渗透系数来关联。渗透系数与膜和透过组分的化学性质、

物理结构紧密相关。在均质高分子膜中,各种化学物质在浓度差或压力差下,靠扩散来传递;这些膜的渗透率取决于各组分在膜中的扩散系数和溶解度。通常这类渗透速率是相当低的。在多孔膜中,物质传递不仅靠分子扩散来传递,且同时伴有黏滞流动,渗透速率显著的高,但选择性较低。在荷电膜中,与膜电荷相同的物质就难以透过。因此,物质分离过程所需的膜类型和推动力取决于混合物中组分的特定性质。

一、膜分离过程的机理和类型

1. 膜分离过程的机理

物质通过膜的分离过程较为复杂。不同物理、物化性质(如粒度大小、分子量、溶解情况等)和传递属性(如扩散系数)的分离物质,对于各种不同的膜(如多孔型、非多孔型)其渗透情况不同,机理各异。因此,建立在不同传质机理基础上的传递模型也有多种,在应用上各有其局限性。

2. 膜分离过程的类型

(1)按推动力的不同进行分类。

①以静压差为推动力的膜分离过程。如反渗透(RO 或 HF)、超过滤(UF)、纳滤(NF)、微孔过滤(MF)、气体分离(GS)、膜蒸馏(MD)及渗透气化(PV)等。

②以浓度差为推动力的膜分离过程。如透析(D)、气体分离(GS)及液膜分离等。

③以电位差为推动力的膜分离过程。如电渗析(ED)等。

(2)按操作方式不同进行分类。以菌体或蛋白质浓缩为目的的膜分离一般可分为 3 种操作方式,即开路循环、闭路循环和连续操作。

①开路循环。循环泵关闭,全部溶液用给料泵 F 送回料液槽,只有透过液排出到系统之外。

②闭路循环。浓缩液(未透过的部分)不返回到料液槽,而是利用循环泵 R 送回到膜组件中,形成料液在膜组件中的闭路循环。闭路循环中,循环液中目标产物浓度的增加比开路循环操作快,故透过通量小于开路循环。但其优点是膜组件内的流速可不依靠料液泵的供应速度进行独立的优化设计。

膜分离法与物质大小(直径)的关系见图 5-6;图 5-7 为浓缩操作示意图。

③连续操作。连续操作是在闭路循环的基础上,将浓缩液不断排到系统之外。每一级中均有一个循环泵将液体进行循环,料液由给料泵送入系统中,循环液浓度不同于料液浓度。各级都有一定量的保留液渗出,进入下一级。由于第一级处理量大,所以膜面积也大,以后各级依次减小。最后一级的循环液为成品,浓度最浓,因此,通量较低。

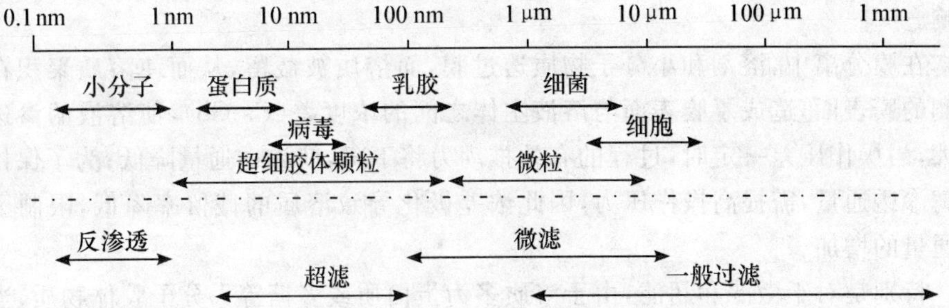

图 5-6　膜分离法与物质大小(直径)的关系

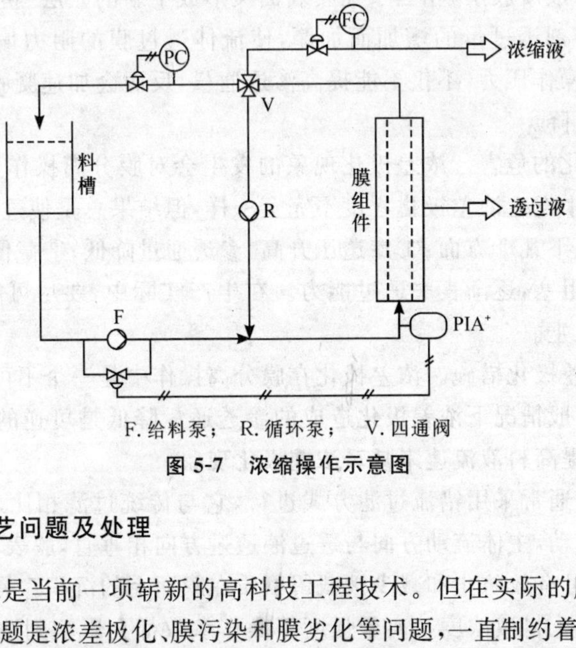

F. 给料泵；　R. 循环泵；　V. 四通阀

图 5-7　浓缩操作示意图

二、常见工艺问题及处理

膜分离技术是当前一项崭新的高科技工程技术。但在实际的膜分离过程中遇到的最突出的问题是浓差极化、膜污染和膜劣化等问题，一直制约着膜技术的发展与应用，不仅造成膜透过通量的快速下降，而且使溶质的阻止率明显下降，影响目标产物的回收率。每年由于这些原因而造成的经济损失达好几亿美元，并严重影响了膜的使用寿命。下面重点介绍膜分离典型工艺中存在的常见问题及解决办法。

1. 浓差极化

(1)造成原因。在膜分离过程中，当溶剂透过膜，而溶质由于透过较慢或不能透过被截留，在膜表面处聚积，使得膜表面上被截留的溶质浓度增大，高于主体中溶质浓度，从而引起溶质从膜表面向主体溶液扩散，这种现象称为浓差极化。浓差极化可使膜的传递性能及膜的处理能力迅速降低，还可缩短膜的使用寿命，它是膜分离过程中不可忽视的问题，为此，必须采取相应措施，以减轻浓差极化现象的影响。

在膜分离中，溶剂和小分子物质透过膜，而溶质被截留，从而使溶质聚积在高压侧的膜表面，造成了膜表面与溶液主体之间的浓度差(Cs-Cb)，使溶液的渗透压增大，当操作压差一定时，过程的有效推动力将下降，使渗透通量降低；为了保持或提高渗透通量，需提高操作压力，因此浓差极化导致溶质的截留率降低，限制了渗透通量的增加。

特别是对于微滤和超滤，由于溶质多为蛋白质或多糖等大分子胶体物质，当膜表面溶质浓度增大到某一值时，溶质呈最紧密排列，胶体物质会由溶胶形成凝胶，从而在膜表面形成凝胶层，相当于在膜表面又形成了新的一层“膜”，该凝胶层的厚度一般会随着溶剂透过量的增加而加厚，使流体透过膜的阻力增大，渗透通量降低，此时再增加操作压力，不仅不能提高渗透通量，反而会加速凝胶层的增厚，使渗透通量进一步下降。

(2)浓差极化的危害。浓差极化现象的发生会对膜分离操作造成许多不利影响，在不同过程中发生浓差极化程度不完全一样，但结果总是使过程性能下降。概括起来主要有以下几个方面：①渗透压升高，渗透通量降低；②截留率降低；③膜面上结垢，使膜孔阻塞，逐渐丧失透过能力。在生产实际中，要尽可能消除或减少浓差极化现象的发生。

(3)减轻浓差极化措施。浓差极化在膜分离操作中是一个不可忽视，且又不可避免的现象。一般情况下浓差极化造成的渗透通量降低是可逆的，可通过改变膜分离操作方式，提高料液流速来减轻浓差极化现象。

膜分离操作通常采用错流过滤方式进行，它与传统过滤相比，错流操作时，料液与膜面平行流动，主体流动方向与透过液透过方向相垂直，膜表面截留的溶质为切向流所带走，可有效防止和减少被截留物质在膜面上的沉积。另外，膜过滤的操作压力、料液流速、料液浓度及离子强度等操作参数都会影响到浓差极化的程度，因此，在实际操作过程中，应设计合理的流通结构，设备装置及工艺操作过程，对工艺条件进行优化，从而减轻浓差极化的影响。

2.膜的污染

(1)膜污染定义。膜污染是指被处理物料中的微粒、胶体粒子或溶质大分子由于与膜存在物理化学相互作用或机械作用而引起的在膜表面形成附着层或在膜孔内吸附、沉积造成膜孔径变小或堵塞，导致膜性能下降的现象。特别是膜的渗透通量下降是一个重要的膜污染标志，也是膜分离中重要的控制指标。通常认为浓差极化是可逆的，而膜污染则是不可逆的，但两者密切相关，常常同时发生，许多情况下正是浓差极化导致了膜的污染，实际上很难将两者明确区分。

(2)膜污染的原因。膜污染通常是由于膜表面形成了附着层和膜孔道发生了堵塞而引起的，造成的原因主要有：

①膜自身结构及颗粒尺寸。膜孔径大小、膜对称性、膜表面光滑度等都影响膜污染的程度。通常选择不对称结构膜较耐污染，膜表面越光滑越不易被污染，另外，当溶质颗粒大小与膜孔相接近时，由于压力的作用，溶质透过膜时把颗粒带向膜面，极易产生堵塞作用，而当膜孔径小于溶质颗粒大小，由于横切流作用，它们在膜表面很难停留聚集，不易堵孔。

②浓差极化引起的凝胶层。对于某些体系，由于浓差极化使得膜表面溶质浓度超过一定值时，在膜表面上形成凝胶层，造成对膜的污染，使流体透过膜的阻力增大，渗透通量降低。

③溶质在膜表面的吸附层。膜分离一旦开始，膜污染就开始，大分子、胶体或细菌与膜的相互作用而吸附或黏附在膜的表面，改变了膜的性质，造成对膜的污染。

④微生物污染。由于细菌黏附在膜表面形成菌群，分泌有利于其他有机物的黏附而形成菌膜，使得膜分离性能下降。

(3)膜污染的清除及预防。膜污染不仅造成透过通量的大幅度下降，而且影响目标产物的回收率。为保证膜分离操作高效稳定地进行，必须对膜进行定期清洗，除去膜表面及膜孔内的污染物，恢复膜的透过性能。

膜污染后需经清洗处理，一般选用水、盐溶液、稀酸、稀碱、表面活性剂、络合剂和酶溶液等为清洗剂。具体采用何种清洗剂要根据膜的性能和污染原因而定，合理确定清洗方法。在生化产品分离生产中，常用物理法、化学法和生物清洗 3 种方法。

①物理清洗是用高流速的水或空气和水的混合流体冲洗膜表面，利用其产生的剪切力来洗涤膜面附着层。一般采用清液通过加大流速循环洗涤，称为正向清洗；采用空气、透过液或清洗剂进行反向冲洗。物理清洗具有不引入新污染物，清晰步骤简单等特点，一般能有效地清除因颗粒沉积造成的膜孔堵塞。

物理清洗往往不能把膜面彻底洗净，特别是对于吸附作用而造成的膜污染，或者由于膜分离操作时间长、压力差大而使膜表面胶层压实造成的污染，需用化学清洗来消除膜污染。

②化学清洗是在水流中加入某种合适的化学药剂，连续循环清洗，能恢复复合污垢，迅速恢复膜通量。如抗生素生产中对发酵液进行超滤分离，每隔一定时间(如运转 1 周)，要求配制 pH＝11 的碱液，对膜组件浸泡 15～20 min 后清洗，以除去膜表面的蛋白质沉淀和有机污染物。又如当膜表面被油脂污染以后，其亲水性

能下降，透水性降低，这时可用热的表面活性剂溶液进行浸泡清洗。化学清洗是减少污染的最重要的方法，可选用的化学试剂很多，可以单独使用，也可复合使用。较为重要的化学清洗剂有酸、碱、螯合剂、表面活性剂、过氧化氢、次氯酸盐、酶（蛋白酶）、磷酸盐、聚磷酸盐等。

③生物清洗是借助微生物、酶等生物活性剂的生物活动去除膜表面及膜内部污染物。但这种方法存在向系统引入新污染物的可能性，且运行与清洗之间转换步骤较多。

在实际生产应用中选择使用哪一种清洗方法，主要取决于膜的构型、膜的种类、耐化学试剂能力、污染程度以及污染物的种类。

另外，膜的劣化也是造成膜透过通量的快速下降的一个重要原因，它是指膜本身的不可逆的质量变化而引起的膜性能的变化。导致膜劣化的主要原因包括：①物理性劣化。膜在高压操作下压密造成透过阻力大的固结或在干燥状态下发生不可逆性变形。②化学性劣化。膜发生水解或氧化反应等造成截留能力的改变。如：醋酸纤维素是有机酯类化合物，乙酰基以酯的形式结合在纤维素分子中，比较容易水解，特别是在酸性较强的溶液中，水解速度更快。水解的结果是乙酰基脱掉，醋酸纤维膜的截留率降低，甚至完全失去截留能力。③生物性劣化。供给料液中由于微生物代谢等原因导致的生物降解反应。

减轻膜劣化的主要措施有研制出性能良好抗劣化的膜材料和选择适宜的操作工艺条件两个方面。

相关知识四　掌握常见膜分离方法的选择依据

膜分离过程兼有分离和浓缩的功能，又有高效、节能、环保及过滤过程简单、易于控制等特点。膜分离方法包含着丰富的内容，在生物分离领域典型的膜分离法包括：微滤、超滤、纳滤、反渗透、透析等。

一、微滤

微滤是目前应用最普遍、总销售额最大的一项压力驱动膜过滤技术，主要用于微粒的分离、净化、浓缩和提纯等工艺，应用范围很广，由最早实验室和微生物检测扩展到医药、食品、饮用水、城市污水处理等方面。

1.微滤的基本概念

微滤又称微孔过滤，是以静压差为推动力，利用微孔滤膜的筛分作用，将滤液中尺寸大于(0.1～10)μm 的微生物和微粒子截留下来，以实现溶液的净化、分离和浓缩的技术。

微滤膜具有明显的孔道结构，在静压差的作用下，小于膜孔的粒子通过滤膜，粒径大于膜孔径的粒子则被阻挡在滤膜面上。其中膜孔径在0.01～0.05 μm滤膜主要用于截留噬菌体、较大病毒或大的胶体颗粒；孔径在0.1～0.22 μm滤膜主要用于试剂超净、高纯水的制备等；孔径在0.45～1 μm滤膜主要用于水的净化、过滤除菌等；孔径在1 μm以上滤膜主要用于超滤前颗粒的分离。微滤膜具有孔径均匀、孔隙率高、滤膜薄等特点，在过滤时介质不会脱落、没有杂质溶出、无毒、使用和更换方便，使用寿命长，膜组件廉价，是目前应用最广、经济价值最大的膜分离技术。

2.微滤的分离机理

微滤主要用于过滤0.01～10 μm大小的颗粒、细菌和胶体，其分离的机理是筛分机理，起决定作用的是微孔滤膜的物理结构，因其结构上的差异而不尽相同。微孔滤膜的截留作用大体可分为以下几种：

(1)机械截留作用。指膜具有截留比它孔径大或与孔径相当的微粒等杂质的作用，此即过筛作用。

(2)物理作用或吸附截留作用。包括吸附和电性能的影响。

(3)架桥作用。在孔的入口处，微粒因为架桥作用也同样可被截留。

(4)网络型膜的网络内部截留作用。将微粒截留在膜的内部而不是在膜的表面。

对滤膜的截留作用来说，除了机械的筛分作用外，微粒等杂质与膜孔之间的相互作用有时较其孔径的大小更显得重要。

3.微滤的操作方式

微滤的过滤过程有两种操作方式：死端过滤和错流过滤。

(1)死端过滤。原料液置于膜的上游，在压差推动下溶剂和小于膜孔的颗粒通过膜，大于膜孔的颗粒被膜截留，截留的微粒在膜表面堆积越来越多，逐渐形成滤饼，随着过程的进行，滤饼不断增厚而压实，使过滤阻力不断增加。在操作压力不变的情况下膜渗透流量下降。死端微滤通常是间歇式的，必须进行定期清除滤饼或更换滤膜。如不及时清洗，会由于膜的污染使膜通量急剧下降而无法使用。该法一般适于实验室等小规模场合。如图5-8(a)所示。

(2)错流过滤。将原料液送入具有许多孔膜壁的管道或薄层流道内，滤液沿着膜表面的切线方向流动，在压力作用下通过膜，料液中的颗粒则被膜截留而停留在膜表面，与死端操作不同的是料液流经膜表面时产生的高剪切力可使沉积在膜表面的颗粒扩散返回主体流，导致颗粒在膜表面的沉积速度与流体经膜表面时由速度梯度产生的剪切力引发的颗粒返回主体流的速度达到平衡，可使膜污染层不再增加而保持在一个较薄的稳定水平上。错流过滤能有效地控制浓差极化和滤饼层的形成。因此在较长周期内保持相对高的能量,一旦滤饼厚度稳定,通量也达到稳态或拟稳态。如图 5-8(b)所示。

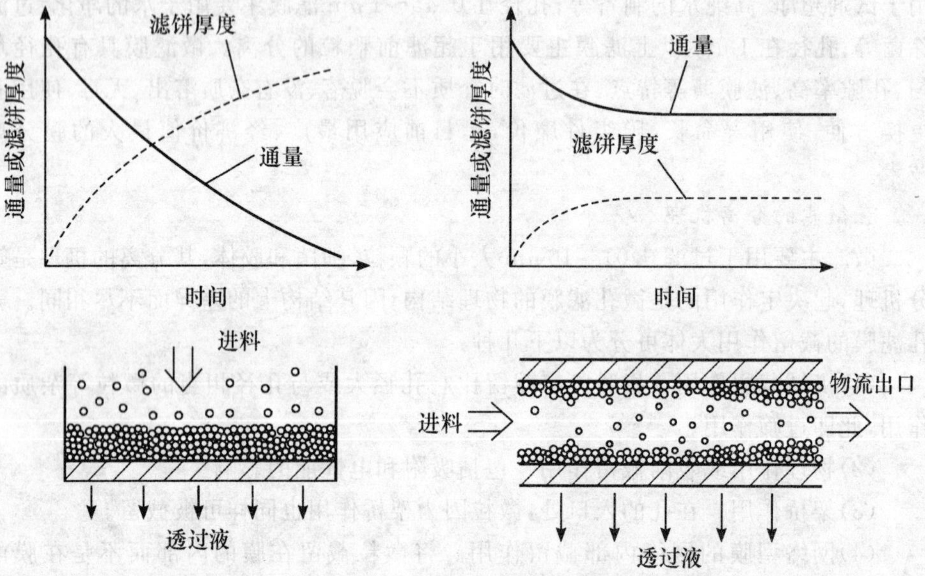

(a) 死端微滤 (b) 错流微滤

图 5-8 微滤的操作方式示意图

4.微滤技术的应用

微孔过滤是膜分离技术的重要组成部分,占整个膜过程工业应用近 40%,是目前应用最普遍的膜分离技术,在高纯水制备、食品饮料、生物制药、生物及微生物的检查分析等方面,都有大量的应用。

(1)实验室中的应用。微孔滤膜在实验室中是检测有形微细杂质的重要工具。主要用途如下:

①微生物检验。例如对饮用水中大肠菌群、游泳池水中假单胞族菌和链球菌、酒中酵母和细菌、软饮料中酵母、医药制品中细菌的检测和空气中微生物的检测等。

②微粒子检测。例如注射剂中不溶性异物,石棉粉尘,航空燃料中的微粒子,水中悬浮物和排气中粉尘的检测,锅炉用水中铁分的分析,放射性尘埃的采样等。

(2)工业中的应用。在食醋制备工业,利用超高分子量聚乙烯微滤膜技术处理食醋,可以完好地保留食醋中原有的对人体有益的成分。在酱油制备工业中,利用微滤代替酱油的高温灭菌，不仅能达到灭菌目的，还可以避免产生焦煳气味、灭菌器结垢及有效成分的损失。在生物制药工业中，利用微滤技术除去可引起血管阻塞、局部缺血和过敏反应的注射液及大输液中的微粒污染等，另外，还有在高纯水制备行业等，应用非常广。

二、超滤

超滤首先出现在19世纪末，最早使用的超滤膜是天然的动物脏器薄膜。一直到1907年才比较系统地研究了超滤膜，并首次采用了“超滤”这一术语。在1963年第一张不对称超滤膜的成功开发，推动了科学家们寻找更优异的超滤膜，进入了超滤大发展时期。超滤技术应用的历史虽不很长，但因其有独特的优点，使它已成为当今膜分离技术领域中重要的单元操作技术。

1.超滤的基本原理

它是利用膜的透过性能，达到分离水中离子、分子以及某种微粒为目的的膜分离技术。它介于微滤和纳滤之间，超滤膜孔径范围为0.001～10 μm。主要用于从液相物质中分离大分子化合物，胶体分散液，乳液。通常，凡是能截留分子量在500以上的高分子膜分离过程被称为超过滤。

超滤膜分离机理是一种机械筛分机理。在静压差为推动力的作用，原料液中溶剂和小溶质粒子从高压的料液侧透过膜到低压侧，即为滤液，而大粒子组分被膜所阻拦，使它们在滤剩液中浓度增大。

溶质在被膜截流的过程中有很多作用方式，除了机械筛分作用外，还有一些其他因素也在一定程度上影响膜的分离特性。作用方式主要包括以下几个方面：①溶质粒径大于膜孔径，溶质在膜面被机械作用；②溶质在过滤膜表面及膜孔中产生吸附；③溶质粒径接近于膜孔径，溶质在孔径中停留，引起阻塞。超滤对去除水中的微粒、胶体、细菌、热源和各种有机物有较好的效果，但它几乎不能截留无机物等。

2.超滤的操作方式

超滤的操作方式可分为：重过滤和错流过滤两大类。

(1)重过滤操作。重过滤操作包括间歇式和连续式两种。它是在不断加水稀释原料的操作下，尽可能高地回收透过组分或除去不需要的盐组分。其特点是设备简单、小型、能耗低，可克服高浓度料液渗透速率低的缺点，能更好地去除渗透组分。通常用于蛋白质、酶之类大分子的提纯。

(2)错流过滤。错流过滤包括间歇式和连续式两种。间歇错流过滤是将料液从储罐连续地泵送至超滤膜装置，然后再回到储罐。随着溶剂被滤出，储罐中料液的液面下降,溶液浓度升高。其特点为操作简单,所需面积小。通常被实验和小型中试系统采用。而连续错流过滤是从储罐将加料液泵送至一个大的循环系统管线中,料液在这个大循环系统中通过泵提供动力,进行循环超滤后成为浓缩产品,慢慢从这个循环系统管线中留出,这个过程中要保持进料和出料的流速相等。

3.超滤膜

超滤膜为多孔膜,可分为对称膜和非对称膜。用于制造超滤膜的材质很多,包括有机高分子聚合物和无机材料。目前常用的有机超滤膜材料主要有乙酸纤维、聚砜、聚丙烯、聚乙烯、聚碳酸酯和尼龙等高分子材料;而无机超滤膜多为陶瓷膜,大多用粒子烧结法制备基膜,并用溶胶-凝胶法制备反应层,制备膜材料可以是高岭土、砖石灰、工业氧化铝等为主要成分的混合材料,反应层成分可分为AI_2O_3、ZrO_2、TiO_2膜,其中以氧化铝为主要成分的无机超滤膜具有较好的应用前景。

4.超滤技术的应用

超滤技术是膜分离手段中重要的单元操作技术,已广泛用于食品、医药、工业废水处理、超纯水制备及生物技术工业中,主要应用在溶液的净化、分离和浓缩方面。如超纯水制备中的应用,许多工业用水要求非常严格,特别是电子工业中许多地方都要使用高纯水。而目前,国内超纯水生产用的原水大多为自来水或井水,其中含有有机物、胶悬体及微粒等,利用超滤技术可以比较好地除去这些物质。净化流程如下:

自来水→预过滤→超滤→反渗透→阴、阳离子交换树脂混合床→超滤→分配系统微滤→使用点微滤→使用。

另外,在果汁的澄清中,利用超滤除去果胶,使果汁澄清,提高果汁质量。在乳品工业中,利用超滤除去乳糖,使奶酪味道更鲜美等。

三、反渗透

反渗透技术是20世纪60年代发展起来的一种膜分离技术,它是继超滤和微滤技术后的又一项膜分离技术,从制备出第一张不对称反渗透膜之后,反渗透技术才逐步进入工业化阶段,推动了整个膜分离过程的崛起。目前,反渗透已成为海水和苦咸水淡化最经济的技术。

1.反渗透的基本原理

反渗透技术是一种压力驱动膜分离技术,是利用反渗透膜只能透过溶剂(水)而截留离子物质或小分子物质的选择透过性,以膜两侧压差为推动力,而实现的对液体混合物分离的膜过程。它是渗透作用的逆过程，如果将溶剂和溶液（或把两种不同浓度的溶液）用只能透过溶剂而不能透过溶质的半透过膜隔开，假定膜两侧的静压力相等，则溶剂在自身化学位差的作用下将自发地穿过半透膜向溶液（或从低浓度溶液向高浓度溶液）一侧流动，这种现象叫做渗透。渗透现象之所以发生是因为膜两侧溶液存在化学位的差异，溶液中溶质浓度越高，溶液的化学位越低，这将导致溶剂自发地从高化学位侧透过膜扩散到低化学位侧，使浓溶液侧液位上升，达到动态平衡后膜两侧溶液的液面便产生一压头 H，以抵消溶剂向溶液方向流动的趋势，此 H 称为该溶液的渗透压 π，见图 5-9(a)。

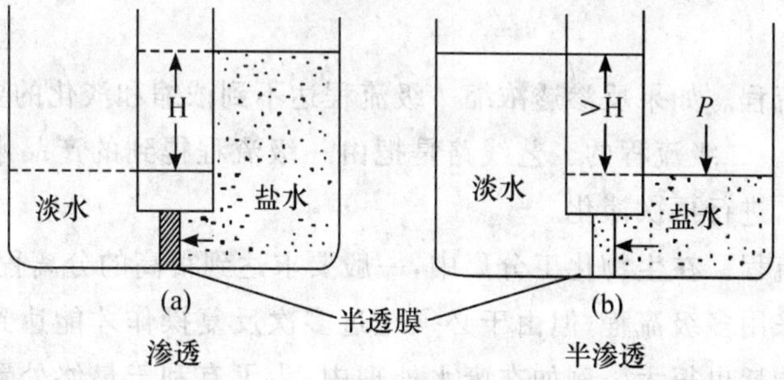

图 5-9　渗透和反渗透示意图

稀溶液的渗透压计算公式：

$$\pi = C_B \cdot R \cdot T$$

式中：C_B 为溶液的摩尔浓度，mol/m^3；R 为气体常数，$Pa \cdot m^3/(mol \cdot L)$；$T$ 为温度，K。

由此可知，渗透压的大小取决于溶液的种类、浓度和温度，而与膜本身无关。

在上述情况下，若在溶液的液面上再施加一个大于 π 的压力 P 时，溶剂将与原来的渗透方向相反，开始从溶液向溶剂一侧流动，这就是所谓的反渗透。凡基于这一原理所进行的浓缩或纯化溶液的分离方法，一般称之为反渗透工艺。对反渗透体系的要求，不但要有高的选择性和高透过率，还必须使操作压力高于溶液的渗透压。

2. 反渗透膜的分类

反渗透膜就是用于反渗透过程的半透膜，它是反渗透器的心脏部分，评价一种反渗透装置质量的优劣，关键在于半透膜性能的好坏。

反渗透膜的分类主要有两种方式：

(1)从物理结构上分，可分为：非对称膜、均质膜、复合膜及动态膜。

(2)从膜的材质上分，可分为乙酸纤维膜、芳香聚酰胺膜、高分子电解质膜、无机质膜及其他。

3.反渗透法的基本流程

反渗透技术作为一种分离、浓缩和提纯的方法，其基本流程常见的有以下4种形式：

(1)一级流程。指在有效横断面保持不变的情况下，原水一次通过反渗透装置便能达到要求的流程。此流程的操作最为简单，能耗也最少。

(2)一级多段流程。当采用反渗透作为浓缩过程时，如果一次浓缩达不到要求时，可以采用这种多段浓缩流程方式。它与一级流程不同的是，有效横断面逐段递减。

(3)二级流程。如果反渗透浓缩一级流程达不到浓缩和淡化的要求时，可采用二级流程方式。二级流程的工艺线路是把由一级流程得到的产品水，送入另一个反渗透单元去，进行再次淡化。

(4)多级流程。在生物化工分离中，一般要求达到很高的分离程度。在这种情况下，就需要采用多级流程，但由于必须经过多次反复操作才能达到要求，所以操作相当繁琐、能耗也很大。例如在废水处理中，为了有利于最终处置，经常要求把废液浓缩至体积很小而浓度很高的程度；又如对淡化水，为达到重复使用或排放的目的，要求产品水的净化程度越高越好。

在工业应用中，有关反渗透法究竟采用哪种级数流程有利，需根据不同的处理对象、要求和所处的条件而定。

4.反渗透技术的应用

反渗透技术在整个的操作过程中无相态的变化，可以避免由于相的变化而造成的许多有害效应，具有显著的优点。目前主要用于苦咸水脱盐、海水淡化、纯水超纯水制备等，在生物、食品、饮料、医药、环保等许多领域中应用广泛。

如海水和苦咸水淡化，是反渗透技术应用规模最大，技术也相对比较成熟的领域。目前国内建成的反渗透海水淡化装置的规模为日产水量350～2 500 m^3。河北建设的日产水量18 000 m^3的“亚海水”脱盐装置是国内最大的使用海水淡化膜的反渗透装置。将成为21世纪解决缺水地区用水问题的重要手段之一。如在生物医药工业中的应用注射用水也是利用反渗透技术来制备的，在美国、日本等国已将反渗透和超滤法制取注射用水正式列入药典。另外，在工业废水处理、牛奶加工、果汁加工和酒的加工等行业中也有较广的应用。

四、透析

透析技术是一种最原始的膜过程，首次在1861年由苏格兰化学家T·Graham提出，他发现涂有蛋清的羊皮纸能起到一种半透膜的作用，晶体物质能够经羊皮纸扩散到水中，而胶体物质不能。最早用于透析的膜主要是羊皮纸、赛璐玢及火棉胶等，现在已更多地把透析原理应用于医学上，以消除病人体内过多的水分和代谢产物，成为现代血液净化的基础。

1.透析的基本原理(图5-10)

透析是一种以浓度梯度为驱动力的膜分离技术，它是利用膜的扩散使各种溶质得以分离的膜过程。如把一张半透膜置于两种溶液之间并使其与之接触时，将会出现双方溶液中的大分子溶质原地不动，小分子溶质(包括溶剂)透过膜而相互交换的现象。

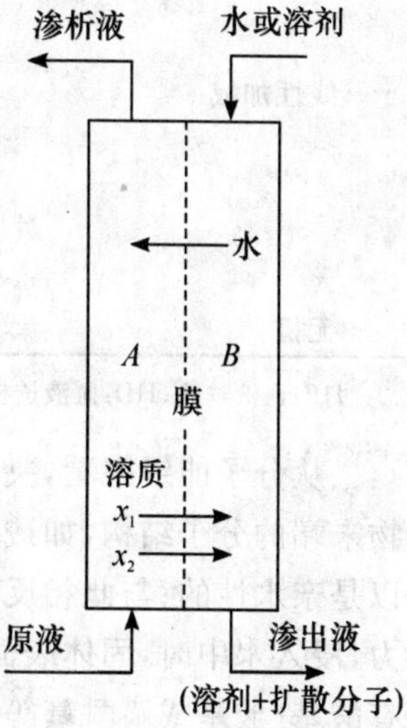

图5-10　透析的原理示意图

透析过程的简单原理如图5-10所示，即中间以膜(虚线)相隔，A侧通原液、B侧通溶剂。如此，溶质由A侧根据扩散原理，而溶剂(水)由B侧根据渗透原理相互进行移动，一般低分子比高分子扩散得快。

透析的目的就是借助这种扩散速度的差，使A侧两组分以上的溶质得以分离。这里的两组分指的是溶质之间的分离，而不是溶剂和溶质的分离。使用的透析膜也是半透膜的一种，它是根据溶质分子的大小和化学性质的不同而具有不同透过速度的选择性透过膜。通常用于分离水溶液中的溶质。

2.透析膜材料

透析膜的主要应用目标是模拟人体肾脏进行血液的透析分离，与反渗透、超滤等膜过程一样，透析膜也是透析装置的核心。透析膜的表征一般包括透过性(溶质透过性和透水性)、机械强度、生物适应性、溶出物的有无及灭菌的难易等。目前，适于用作血液透析和过滤用膜的高分子材料有许多种，根据聚合物形式分类的透析膜材料主要包括疏水性的聚丙烯腈、聚酰胺、聚甲基丙烯酸酯、亲水性的纤维素、聚乙烯及聚乙烯醇等(表5-1)。其中，多种透析膜组件和人工肾等均已商品化，国内外市场上都有出售。

表 5-1 透析膜材料

聚合物形式	聚合物材料	临床应用
线性缩聚 (起源于合成物)	聚酰胺(芳香族) 聚酰胺(脂肪族-芳香族) 聚碳酸酯-聚醚 聚砜 聚醚砜 磺化聚砜	
线性缩聚 (起源于纤维素)	再生纤维素 乙酸纤维素 二乙酸纤维素 三乙酸纤维素	
线性加成	聚丙烯腈 聚丙烯腈-甲代烯丙基磺酸钠 聚乙烯-聚乙烯醇 聚甲基丙烯酸甲酯 聚电解质	
无机	玻璃	

HF:血液过滤;HD:血液透析;HDF:血液透析过滤。

从分子能级来看,决定上述聚合物同水的关系(亲水性、疏水性)的因素是聚合物末端的分子结构,如羧基、胺基及羟基等具有氢键的分子,因其对水有亲和性,所以是亲水性的;与此相反,一些碳氢化合物因具有疏水性质,所以与水就没有亲和力,浸入水中时,固体表面的电荷取决于表面分子结构的离子解离。当聚合物中含有酸基(羧基或磺酰基等)时,将产生带负电荷的表面;当含胺基时将产生带正电荷的表面。另外,当分子内部的电荷分布不均时将产生极性,这不仅对固体表面,即使对蛋白质那样的溶质也会产生。在临床应用中,此等膜材料的亲水性、疏水性及带电荷的膜表面同溶质的相互作用等,都是决定溶质向膜表面吸附或溶质于膜中传递的重要因素。

3.透析技术的应用

透析技术最主要的用途是临床用于肾衰竭患者的血液透析。在血液透析中,透析膜用做肾功能衰竭患者的人工肾,完全替代肾,以除去有毒的低分子量组分,如尿素、肌酸酐、磷酸盐和尿酸。对膜材料的最主要的要求就是血液相容性。

在生物分离方面,主要用于生物大分子溶液的脱盐。由于透析过程以浓度为传质推动力,膜的透过通量很小,不适于大规模生物分离过程,而在实验室中应用较多。

第三单元　能力拓展

项目一　香菇多糖片使用说明

香菇多糖片产品见图 5-11。

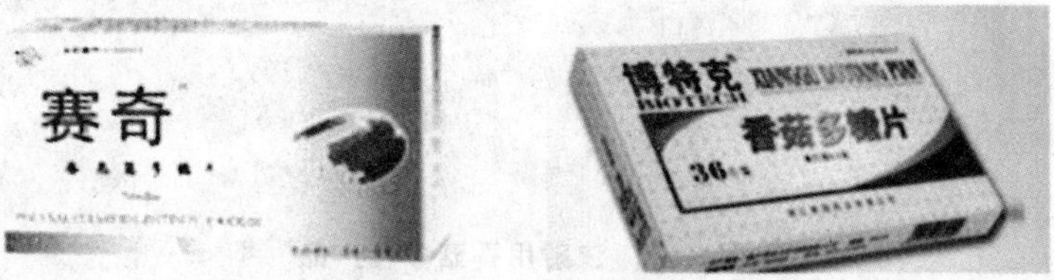

图 5-11　香菇多糖产品

【规格】0.1 g×50 片或 36 片。

【成分】香菇多糖片主要成分为多聚糖肽类物质，多糖中主要有甘露糖、岩藻糖等；多肽部分有天门冬氨酸、组氨酸、丝氨酸、谷氨酸等 18 种氨基酸，且糖肽键全部是 β-键结构，易被人吸收利用。

【主治功能】本品通过激活、调整受体的细胞免疫、体液免疫系统，包括杀伤 T 细胞，自然杀伤细胞（NK）和抗体依赖性巨噬细胞的细胞毒作用（ADMC），增强 T 淋巴细胞、巨噬细胞活性及诱导干扰素作用，达到增强宿主抗病毒、抗肿瘤及抗细菌侵蚀能力。本品为国内独家中药文号，可用于各种肝炎的治疗，也可作为各种肿瘤患者治疗的辅助药物，对于因免疫功能失调带来的各种疾病也有很好的疗效。

项目二　注射用香菇多糖使用说明

图 5-12 为注射用香菇多糖产品。

通用名称：注射用香菇多糖。

英文名：Lentinan for Injection。

汉语拼音：Zhusheyong Xiangguduotang。

主要成分：香菇多糖加适宜的赋形剂，经冷冻干燥的无菌制品，含香菇多糖为标示量的 90.0%～120.0%。

【性状】白色冻干块状物。

【药理作用】①药理：香菇多糖对动物多种肿瘤，如肉瘤 S-180，艾氏腹水瘤有较好的抑制作用。②毒理：本品对 ICR 系小鼠静脉注射急性毒性 LD50 为 304.5 mg/kg(iv)，腹腔注射 LD50＞2 500 mg/kg。6 个月的大鼠长期毒性试验和生殖毒性的研究，均未发现有明显异常。

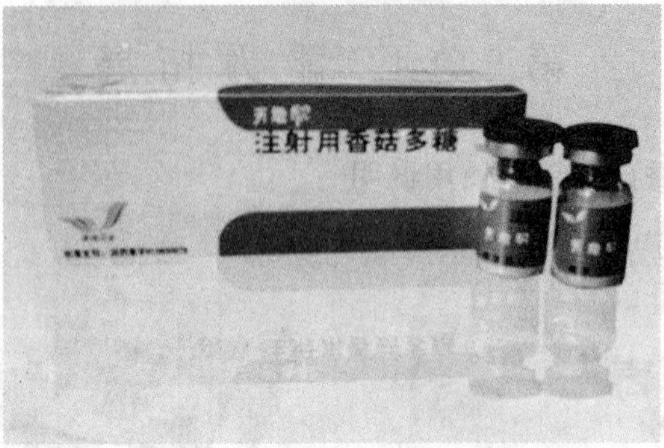

图 5-12　注射用香菇多糖产品

【药代动力学】本品给药后血浓度曲线(大鼠)半衰期 T1/2 为 1.9 h,其后 72 h 呈双指数衰减。主要分布于肝,其次为脾、肺、肾等脏器。绝大部分经尿排出。

【适应证】用于恶性肿瘤的辅助治疗。

【用法用量】一次 1 瓶(1 mg),1 周两次或遵医嘱。用 2 mL 注射用水振摇溶解,加入 250 mL 生理盐水或 5%葡萄糖注射液中静脉滴注,或用 5%葡萄糖注射溶液 5～10 mL 完全溶解后静脉注射。

【不良反应】①休克:较为罕见,因此在病人用药后应密切观察。出现口内异常、畏寒、心律异常、血压下降、呼吸困难等症状时应立即停药并适当及时处理。②皮肤:偶见皮疹、发红,应及时停药,必要进行处理。③呼吸系统:偶见胸部压迫感、咽喉狭窄感,应密切观察。发生时应减慢给药速度,如改静脉推注为滴注或是减慢滴注速度。④消化系统:偶见恶心、呕吐、食欲不振。⑤神经系统:偶见头痛,头重、头晕。⑥血液:偶见红、白细胞及血红蛋白减少。⑦其他:偶见发热、出汗、面部潮红等症状。

【注意事项】①对于本人或家族中容易发生支气管哮喘、荨麻疹等过敏症状的特异性体质患者应慎用。②本品加入溶剂后要用力振摇使其完全溶解即能使用。③本品应根据医生处方和遵照医嘱使用。

【孕妇及哺乳期妇女用药】尚不明确。

【儿童用药】目前尚未用于早产儿、新生儿和婴幼儿的临床经验,要慎重使用。

【老人用药】老年人慎用。

【药物相互作用】本品应尽量避免与维生素 A 制剂混用。

【贮藏】密闭保存。

【规格】1 mg。

【剂型】注射剂。

第四单元　能力实训

项目一　香菇多糖提取分离与总糖含量的测定

【目的要求】

(1)了解香菇多糖制备的基本原理。

(2)掌握糖类物质提取纯化的基本操作技术。

【实验原理】

本实训利用香菇子实体经水浸泡捣碎，酶浸提，乙醇沉析分离可制得香菇多糖粗品，再用 CTAB（溴化十六烷基三甲铵）络合法进一步精制得香菇多糖纯品并进行多糖的鉴定。

【实验器材】

(一)材料

香菇子实体干品 20 g。

(二)试剂

2 mol/L 的氢氧化钠溶液；2 mol/L 氯化钠溶液；2 mol/L 盐酸溶液，无水乙醇；乙醚；浓硫酸；α-萘酚；0.5%甲苯胺乙醇溶液；5%三氯乙酸-正丁醇溶液；复合酶制剂（含果胶酶、纤维素酶和中性蛋白酶食品级复合酶）；活性炭；硅藻土；2%溴化十六烷基三甲铵(CTAB)配制：取 2 g CTAB 溶于 100 mL 蒸馏水中，摇匀备用，斐林试剂。

(三)器具

烧杯（250 mL、500 mL、1 000 mL）、布氏漏斗（8 cm）、抽滤瓶（500 mL）、分液漏斗（250 mL）、量筒（100 mL、10 mL）、离心机、水浴锅、透析纸 、滤纸、层析缸、组织捣碎机、不锈钢锅。

【实验过程】

(一)工艺流程

香菇子实体干品→去梗、去泥、去其他杂质→粉碎至 1 cm 左右→加 80 倍子实体重量的蒸馏水→80 ℃浸提 1.5 h→离心过滤→香菇多糖浸提液。

(二)操作

1.香菇预处理(浸泡捣碎)

选无杂质香菇子实体干品 20 g 放入不锈钢锅中,加水 1 600 mL,于 20～25 ℃浸泡 30 min,置高速组织捣碎机中充分捣碎,制成香菇浆液。

2.酶浸提

将香菇浆液用 2 mol/L 盐酸溶液调 pH 值至 6.3,加入 1%复合酶制剂,50 ℃下酶促反应 40 min,迅速升温至 80 ℃灭酶,并保温浸提约 1.5 h,浸提液于 80 ℃水浴浓缩至糖浆状。[另法:加热提取。香菇子实体 20 g,加水 800 mL,于沸水浴加热搅拌 8 h,离心 (3 000 r/min)20 min 去残渣,上清液用硅藻土助滤,水洗,合并洗滤液于 80 ℃水浴浓缩至糖浆状]。

3.香菇多糖的沉降

(1)有机酸除杂。浓缩液放入烧杯中加入等体积 5%三氯乙酸-正丁醇溶,摇匀,离心(3 000 r/min)15 min 后,用滴管吸去正丁醇层和中层变性蛋白,下层清液备用。

(2)脱色、透析。将下层清液用 2 mol/L 的氢氧化钠溶液调 pH 值至 7,加 1%活性炭 80 ℃加热 15 min 脱色,抽滤,滤液扎袋,流水透析 12 h,透析液 80 ℃水浴浓缩至原体积 1/3,抽滤。

(3)乙醇沉析。滤液加 3 倍量 95%乙醇,搅拌均匀后,离心(3 000 r/min) 15 min。沉淀用无水乙醇洗涤 2 次。乙醚洗涤 1 次,50 ℃以下真空干燥,得香菇多糖粗品,称重。

4.精制

(1)取粗品 1 g,溶于 100 mL 水中,溶解后离心除去不溶物。滤液加 2%CTAB 至沉淀完全。摇匀,静止 2 h,离心(3 000 r/min)15 min,沉淀用 80 ℃热水热涤 3 次,加 100 mL 2 mol/L 氯化钠溶液于 60 ℃解离 4 h,离心(3 000 r/min)15 min,上清液扎袋流水透析 10 h。

(2)透析液 80 ℃浓缩,加三倍量 95%乙醇搅匀,离心(3 000 r/min)15 min,沉淀用无水乙醇、乙醚洗涤,50 ℃以下真空干燥,得精品香菇多糖。

5.多糖的鉴定和含量测定

(1)多糖的鉴定。

①取透析液 1 mL,加入 α-萘酚溶液(α-萘酚 5 g 溶于 95%乙醇)2 滴,摇匀,将试管倾斜,沿试管壁缓缓加入浓硫酸 1.5 mL(勿振动),观察硫酸层与糖溶液界面处颜色变化。

②取透析液浓缩液点于滤纸上,0.5%甲苯胺乙醇溶液染色,观察反应。

③取透析液浓缩液 2 mL 加入 2%CTAB 溶液 2～4 滴,观察现象。

(2)总糖含量。多糖在浓硫酸中水解后，进一步脱水生成糖醛类衍生物，与蒽酮作用形成蓝色化合物，进行比色测定，按表5-2操作，摇匀，置沸水浴中10 min，冷却后，以第三管为空白，在620 nm分光比色，计算总糖含量。

表5-2　样品—蒽酮比色液制备

项目	处理方法		
	1	2	3
样品(mL)	样品稀释液0.5	标准葡萄糖0.5	—
蒸馏水	—	—	0.5 mL
蒽酮(mL)	5.0	5.0	0.5

(3)香菇多糖纸层析。

展开剂：正丙醇、浓氨水、水比为40∶60∶5。

点样：0.5%多糖水溶液20μL，①粗品；②精品。

展开：13 cm吹干。

染色：0.5%甲苯胺乙醇液染色，95%乙醇漂洗。

结果：作图，计算R_f值。

【注意事项】

(1)酶促反应的时间、温度应控制好。

(2)在制备全流程中应时刻注意温度，不能超过80℃。

【思考题】

(1)加入复合酶制剂有何作用？

(2)CTAB络合法与乙醇沉析法分离香菇多糖有何异同？

(3)为何在制备全流程中应时刻注意温度不能超过80 ℃？

项目二　蛋白质的透析

【目的要求】

(1)学习透析的原理。

(2)掌握透析技术的操作。

【实验原理】

透析是利用蛋白质分子不能通过半透膜的性质，使蛋白质和其他小分子物质如无机盐、单糖等分开。常用的半透膜是玻璃纸或称塞璐玢纸、火棉纸或称塞璐锭纸和其他改型的纤维素材料。透析时把待纯化的蛋白质溶液装在半透膜的透析袋里，放入透析液(蒸馏水或缓冲液)中进行的，透析液可以更换，直至透析袋内无机盐等小分子物质降低到最小值为止。

【实验器材】

1. 材料

蛋白质的氯化钠溶液：3 个除去卵黄的鸡蛋清与 700 mL 水及 300 mL 饱和 NaCl 溶液混合后，用数层纱布过滤。

2. 试剂

10％硝酸溶液、1％硝酸银溶液、10％氢氧化钠溶液、1％硫酸铜溶液。

3. 器具

透析管或玻璃纸、烧杯、玻璃棒、电磁搅拌器、试管及试管架。

【实验过程】

(1)卵清蛋白溶液加 10％$CuSO_4$和 10％NaOH，进行双缩脲反应。

(2)在透析管(或玻璃纸装入蛋白质的氯化钠溶液后扎成袋形，系于一横放在烧杯中的玻璃棒上)中装入 10～15 mL 蛋白质的氯化钠溶液并放在盛有蒸馏水的烧杯中。

(3)1 h 后，自烧杯中取水 1～2 mL，加 10％HNO_3溶液数滴使成酸性，再加入 1％ $AgNO_3$ 1～2 滴，检验氯离子的存在。

(4)从烧杯中取水 1～2 mL 水，进行双缩脲反应，检验是否有蛋白质的存在。

(5)不断更换烧杯中的蒸馏水(并用电磁搅拌器不断搅动蒸馏水)，加速透析过程。

(6)数小时后，从烧杯中的水中不再能检出氯离子。此时停止透析并检查透析袋内容物是否有蛋白质或氯离子存在(此次应观察到透析袋中球蛋白沉淀的出现，这是因为球蛋白不溶于纯水的缘故)。

【注意事项】

(1)透析袋使用前应检查是否破裂并进行预处理。

(2)将样品放入透析袋内,两端要封闭(注意袋内不要留气泡)。

(3)透析过程中,注意更换透析袋外水的次数,加快透析速度和效率。

【思考题】

(1)如何检查透析袋内容物是否有蛋白质或氯离子存在?

(2)检验氯离子的存在时为什么要加 10% HNO_3数滴?

(3)常用的半透膜材质有哪些?

参考文献

1. 孙彦.生物分离工程.2版.北京:化学工业出版社,2005.
2. 于文国,卞进发.生化分离技术.北京:化学工业出版社,2006.
3. 徐怀德.天然产物提取工艺学.北京:中国轻工业出版社,2006.
4. 齐香君,等.现代生物制药工艺学.北京:化学工业出版社,2007.
5. 刘俊果.生物产品分离设备与工艺实例.北京:高等教育出版社,2008.
6. 李津,等.生物制药设备和分离纯化技术.北京:化学工业出版社,2003.
7. 郑裕国,薛亚平,金利群.生物加工过程与设备.北京:化学工业出版社,2004.
8. 栾雨时,包永明.生物工程实验技术手册.北京:化学工业出版社,2005.
9. 陈红章,等.生物过程工程与设备.北京:化学工业出版社,2004.
10. 李淑芬,姜忠义.高等制药分离工程.北京:化学工业出版社,2004.
11. 郑怀礼,等.生物絮凝剂与絮凝技术.北京:化学工业出版社,2004.
12. 刘相东,于才渊,等.常用工业干燥设备及应用.北京:化学工业出版社,2004.
13. 贾士儒.生物工程专业实验.北京:中国轻工业出版社,2004.
14. 劳为德.动物细胞与转基因动物制药.北京:化学工业出版社,2003.

图书在版编目(CIP)数据

生化分离技术/李万才主编. —北京:中国农业大学出版社,2009.2
高职高专教育“十一五”规划教材
ISBN 978-7-81117-737-4

Ⅰ.生… Ⅱ.李… Ⅲ.生物化学-分离-高等学校:技术学校-教材
Ⅳ.TQ033

中国版本图书馆 CIP 数据核字(2009)第 023153 号

书　　名 生化分离技术
作　　者 李万才　主编

策划编辑 姚慧敏　陈巧莲　伍　斌　　**责任编辑** 潘晓丽
封面设计 郑　川　　**责任校对** 王晓凤　陈　莹
出版发行 中国农业大学出版社
社　　址 北京市海淀区圆明园西路 2 号　　**邮政编码** 100193
电　　话 发行部 010-62731190,2620　　读者服务部 010-62732336
编辑部 010-62732617,2618　　出　版　部 010-62733440
网　　址 http://www.cau.edu.cn/caup　　**e-mail** cbsszs@cau.edu.cn
经　　销 新华书店
印　　刷 北京时代华都印刷有限公司
版　　次 2009 年 2 月第 1 版　　2009 年 2 月第 1 次印刷
规　　格 787×980　16 开本　19 印张　346 千字
定　　价 27.00 元